FÜNFSTELLIGE LOGARITHMISCHE TAFELN

VON AUGUST

37. AUFLAGE

VERLAG von VEIT & Comp. in LEIPZIG

Vollständige

logarithmische und trigonometrische TAFELN

von

Dr. E. F. August.

Siebenunddreißigste Auflage

in der Bearbeitung von

Dr. F. August,
Professor an der Königl. vereinigten Artillerie- und Ingenieur-Schule bei Berlin.

Leipzig,
Verlag von Veit & Comp.
1915

Stereotypendruck von Metzger & Wittig in Leipzig.

Vorwort zur elften Auflage.

In den dreißig Jahren seit seinem ersten Erscheinen ist dieses Büchlein bis auf kleine Zusätze in den Erläuterungen stets in unveränderter Form wieder aufgelegt worden und hat sich in weiten Kreisen sowohl für den Schulunterricht, als für die Benutzung zu wissenschaftlichen und technischen Zwecken durchaus bewährt. Nur in einigen Punkten hatten sich im Laufe dieser langen Zeit Änderungen als wünschenswert herausgestellt, zu deren Vornahme der durch Abnutzung der bisherigen Stereotypplatten nötig gewordene neue Satz der Tafeln die günstige Gelegenheit bot. Ich habe diese Veränderungen nach reiflicher Überlegung und nach Einholung des Rates hochgeschätzter Mathematiker und Schulmänner vorgenommen und fühle mich verpflichtet, für die große Bereitwilligkeit, mit welcher meine Umfrage von nah und fern beantwortet worden ist, zugleich im Namen der Herren Verleger den verbindlichsten Dank auszusprechen. Die Überzeugung, daß die von mir durchgeführten Veränderungen in der Tat als Verbesserungen zu betrachten sind, konnte durch die fast allseitige Zustimmung zu meinen Vorschlägen nur bestärkt werden; die vielfachen mir bei dieser Gelegenheit mitgeteilten Wünsche habe ich berücksichtigt, soweit dies dem Gesamtzweck des Buches zu entsprechen schien, und so darf ich wohl hoffen, daß die vorliegende Umarbeitung der Logarithmentafeln sich einer günstigen Aufnahme erfreuen werde.

Diejenigen Eigenschaften, durch welche sich das Buch besonders von ähnlichen Werken unterschied, habe ich ihm zu erhalten gesucht. Die Haupttafeln, von denen sich namentlich die logarithmisch-trigonometrischen durch ihre übersichtliche Anordnung auszeichnen, haben nur insofern eine Änderung erfahren, als ich ihnen zur größeren Bequemlichkeit die Proportionalteile zugefügt habe, und zwar bei den trigonometrischen Tafeln für die Dezimalteilung der Minute, wie sie ja immer mehr in Gebrauch kommt. Außer dem Vorteil einfacherer Rechnung ist die Dezimaleinteilung der Minute der Einteilung in Sekunden bei fünfstelligen Tafeln schon deshalb vorzuziehen, weil es nicht ratsam ist, ein Intervall mit selbständiger Benennung in die Rechnung einzuführen, welches so klein ist, daß man nur in den seltensten Fällen ein Rechnungsresultat mit entsprechender Genauigkeit erhält.

Auf die Dezimalteilung der Minute ist auch die zur Kreis- und Winkelmessung dienende kleine Tafel III eingerichtet. Für die Logarithmen der Sinus und Tangenten kleiner Winkel sind statt der früheren Hilfstafel Formeln unter den ersten Seiten der logarithmisch-trigonometrischen Tafeln gegeben, welche eine ebenso bequeme Rechnung gestatten und den Vorteil gewähren, daß man es mit einer Tafel weniger zu tun hat. Die Einklammerung der zum einfachen Interpolieren ungeeigneten Differenzen wird den Anfänger vor Fehlern schützen und auch dem geübten Rechner bei schnellem Rechnen dienlich sein.

Als eine nützliche Beigabe des Werkes habe ich die abgekürzte siebenstellige Tafel beibehalten. Wenn auch der Rechner von Fach statt ihrer sich der großen Tafeln bedienen wird, so kommt es doch namentlich beim Schulunterricht bisweilen vor, daß man ohne Benutzung eines anderen Buches einen oder den anderen Wert mit größerer Genauigkeit zu erhalten wünscht, wenn auch vermittelst einer kleinen Nebenrechnung. Auch scheint es im pädagogischen Interesse wünschenswert, daß der Schüler sich gewöhnt, die Genauigkeit der Rechnung dem jedesmaligen Zwecke entsprechend einzurichten; das wird ihn vor allzu mechanischer Benutzung der Tafeln bewahren.

Dagegen habe ich die Faktorentafel und die Gaussschen Logarithmen fortgelassen, weil sie nur für besondere Zwecke hervorragenden Nutzen gewähren, während man sich meist der bekannten trigonometrischen Formeln bedient, um denselben Zweck zu erreichen, und weil es pädagogisch gewiß richtiger ist, sich mit der geringsten Zahl von Hilfsmitteln zu begnügen.

Die nicht logarithmische Tafel der trigonometrischen Funktionen habe ich in Intervallen von zehn zu zehn Minuten durchgeführt, während sie früher nur auf ganze Grade und auf die Minuten des ersten Grades ausgedehnt war. Diese Tafel ist für den Anfangsunterricht in der Trigonometrie von Nutzen, da sie das begrifflich Einfachere wiedergibt, sie ist ferner häufig bequemer als die logarithmische Tafel, namentlich bei einfachen Rechnungen und wenn man nur vier bis fünf Stellen anwendet, wobei meist die gewöhnliche Interpolation gestattet ist; da die Werte siebenstellig gegeben sind, verschafft sie die Möglichkeit, für einzelne Zwecke durch ein umständlicheres Interpolationsverfahren eine größere Genauigkeit zu erreichen, als mit der logarithmisch-trigonometrischen; sie entspricht insofern der abgekürzten siebenstelligen Logarithmentafel, und bietet zugleich Gelegenheit zu einer lehrreichen Anwendung allgemeinerer Interpolationsmethoden.

Hinsichtlich der Aufstellung der Tafel bemerke ich, daß ich diejenigen Funktionswerte, welche in den Vega-Hülsseschen Tafeln und in den Vlacqschen Tafeln um eine Einheit der letzten Stelle differieren, mit Hilfe der Calletschen Tafeln kontrolliert habe. Dies machte eine umständliche Interpolationsrechnung nötig, da die Calletschen Tafeln zwar auf 15 Dezimalstellen genau, aber in Intervallen von einem Tausendstel des Quadranten angelegt sind. Ich fand hierbei teils die Vegaschen, teils die

Vlacqschen Werte als die richtigeren. Namentlich fand ich auch alle diejenigen Verbesserungen gerechtfertigt, welche in den älteren Auflagen dieses Buches nach den Berechnungen von Lehmann vorgenommen waren.

Die Tafel der Quadratzahlen habe ich wegen ihrer Anwendung bei Fehlerrechnungen u. dgl. auf mehrfachen Wunsch beibehalten. Die Angaben aus der Astronomie, mathematischen Geographie und Physik, welche ich auf den letzten vier Seiten der Tafeln neu aufgenommen habe, werden gewiß vielen Lehrern willkommen sein. Hinsichtlich der astronomischen Tafeln bin ich dem Herrn Dr. Becker von der hiesigen Sternwarte, der mir bereitwilligst die den neuesten Berechnungen entsprechenden Zahlen mitgeteilt hat, zu besonderem Danke verpflichtet.

Eine gänzliche Umarbeitung haben die Erläuterungen erfahren. Es ist aus ihnen alles fortgelassen, was nicht unmittelbar auf die Benutzung und Einrichtung der Tafeln Bezug hat, namentlich alle Entwickelungen und Formeln aus der ebenen und sphärischen Trigonometrie. Diese Entwickelungen gehören in ein Lehrbuch, deren es jetzt viele und kürzer gefaßte gibt, als beim ersten Erscheinen der Tafeln. Die Grundformeln soll der Schüler im Kopfe haben; nur dann wird er geschickt mit ihnen operieren. Der praktische Rechner aber, der häufig kompliziertere Formeln braucht, wird selten gerade die Formeln finden, welche er haben will. Dagegen habe ich einen Punkt eingehend besprochen, der sonst meist nur sehr oberflächlich oder gar nicht behandelt wird, nämlich die Beurteilung der erreichbaren Genauigkeit. Diese ist für ein wirkliches Verständnis der Rechnung ebensowohl von höchster Bedeutung, wie für die praktische Verwendung der Resultate, und gehört recht eigentlich in die Erläuterungen. Ich habe mich bemüht, diesen Gegenstand, über welchen vielfach unklare Vorstellungen herrschen, so darzustellen, daß ein mit den Elementen der Analysis bekannter Schüler für den wichtigsten Fall, für die einfachen Logarithmen, der Beweisführung vollständig folgen kann, und daß er einsehen kann, wie sich die Untersuchung auf alle durch Potenzreihen darstellbaren Funktionen ausdehnen läßt.

Die Anordnung der Tabellen habe ich so getroffen, daß die am häufigsten gebrauchten voranstehen, nämlich die fünfstelligen logarithmischen und trigonometrischen.

Vorwort zur dreiundzwanzigsten Auflage.

Seit der vierzehnten Auflage sind auf S. 36 einige Werte nach Angabe des Herrn Professor Mehler in Elbing und nach den Vorschlägen des Herrn Geheimrat Professor Förster in Berlin und des Herrn Professor Becker in Gotha die astronomischen Tabellen verbessert. In der neunzehnten ist im Anschluß an die gesetzliche Einführung der mitteleuropäischen Zeit eine Änderung und Erweiterung der Ortstafel vorgenommen worden.

Die jetzt vorliegende Auflage enthält eine Verbesserung der Tabelle V nach den Vorschlägen des Herrn P. Winnertz in Krefeld. Die Zahl der in die Abteilung A aufgenommenen Mantiffen konnte nämlich beträchtlich verkleinert werden, ohne den Zweck dieser Abteilung zu beeinträchtigen. Hierdurch ist es möglich geworden, die Mantiffen in A in ebenso großer Schrift zu setzen, wie die in B, was für das Auge eine große Erleichterung ist. Gleichzeitig sind, um die erreichbare Genauigkeit zu vermehren, jene Mantiffen achtstellig gegeben. Im Zusammenhange mit diesen Verbesserungen wurde in den Erläuterungen eine Änderung der §§ 10—13 erforderlich.

Berlin, im Januar 1900.

Der Herausgeber.

Inhalt.

I.

Die

dekadischen oder Briggsschen Logarithmen

von 1 bis 1000 vollständig mit Kennziffer und fünfstelliger Mantisse, ohne Differenzen, für ganzzahlige dreiziffrige Numeri. Seite 2—7.

N.	L. 0	1	2	3	4
0	— ∞	0,00 000	0,30 103	0,47 712	0,60 206
1	1,00 000	1,04 139	1,07 918	1,11 394	1,14 613
2	1,30 103	1,32 222	1,34 242	1,36 173	1,38 021
3	1,47 712	1,49 136	1,50 515	1,51 851	1,53 148
4	1,60 206	1,61 278	1,62 325	1,63 347	1,64 345
5	1,69 897	1,70 757	1,71 600	1,72 428	1,73 239
6	1,77 815	1,78 533	1,79 239	1,79 934	1,80 618
7	1,84 510	1,85 126	1,85 733	1,86 332	1,86 923
8	1,90 309	1,90 849	1,91 381	1,91 908	1,92 428
9	1,95 424	1,95 904	1,96 379	1,96 848	1,97 313
10	2,00 000	2,00 432	2,00 860	2,01 284	2,01 703
11	2,04 139	2,04 532	2,04 922	2,05 308	2,05 690
12	2,07 918	2,08 279	2,08 636	2,08 991	2,09 342
13	2,11 394	2,11 727	2,12 057	2,12 385	2,12 710
14	2,14 613	2,14 922	2,15 229	2,15 534	2,15 836
15	2,17 609	2,17 898	2,18 184	2,18 469	2,18 752
16	2,20 412	2,20 683	2,20 952	2,21 219	2,21 484
17	2,23 045	2,23 300	2,23 553	2,23 805	2,24 055
18	2,25 527	2,25 768	2,26 007	2,26 245	2,26 482
19	2,27 875	2,28 103	2,28 330	2,28 556	2,28 780
20	2,30 103	2,30 320	2,30 535	2,30 750	2,30 963
21	2,32 222	2,32 428	2,32 634	2,32 838	2,33 041
22	2,34 242	2,34 439	2,34 635	2,34 830	2,35 025
23	2,36 173	2,36 361	2,36 549	2,36 736	2,36 922
24	2,38 021	2,38 202	2,38 382	2,38 561	2,38 739
25	2,39 794	2,39 967	2,40 140	2,40 312	2,40 483
26	2,41 497	2,41 664	2,41 830	2,41 996	2,42 160
27	2,43 136	2,43 297	2,43 457	2,43 616	2,43 775
28	2,44 716	2,44 871	2,45 025	2,45 179	2,45 332
29	2,46 240	2,46 389	2,46 538	2,46 687	2,46 835
30	2,47 712	2,47 857	2,48 001	2,48 144	2,48 287
31	2,49 136	2,49 276	2,49 415	2,49 554	2,49 693
32	2,50 515	2,50 651	2,50 786	2,50 920	2,51 055
33	2,51 851	2,51 983	2,52 114	2,52 244	2,52 375
34	2,53 148	2,53 275	2,53 403	2,53 529	2,53 656
N.	L. 0	1	2	3	4

N.	L. 5	6	7	8	9
0	0,69 897	0,77 815	0,84 510	0,90 309	0,95 424
1	1,17 609	1,20 412	1,23 045	1,25 527	1,27 875
2	1,39 794	1,41 497	1,43 136	1,44 716	1,46 240
3	1,54 407	1,55 630	1,56 820	1,57 978	1,59 106
4	1,65 321	1,66 276	1,67 210	1,68 124	1,69 020
5	1,74 036	1,74 819	1,75 587	1,76 343	1,77 085
6	1,81 291	1,81 954	1,82 607	1,83 251	1,83 885
7	1,87 506	1,88 081	1,88 649	1,89 209	1,89 763
8	1,92 942	1,93 450	1,93 952	1,94 448	1,94 939
9	1,97 772	1,98 227	1,98 677	1,99 123	1,99 564
10	2,02 119	2,02 531	2,02 938	2,03 342	2,03 743
11	2,06 070	2,06 446	2,06 819	2,07 188	2,07 555
12	2,09 691	2,10 037	2,10 380	2,10 721	2,11 059
13	2,13 033	2,13 354	2,13 672	2,13 988	2,14 301
14	2,16 137	2,16 435	2,16 732	2,17 026	2,17 319
15	2,19 033	2,19 312	2,19 590	2,19 866	2,20 140
16	2,21 748	2,22 011	2,22 272	2,22 531	2,22 789
17	2,24 304	2,24 551	2,24 797	2,25 042	2,25 285
18	2,26 717	2,26 951	2,27 184	2,27 416	2,27 646
19	2,29 003	2,29 226	2,29 447	2,29 667	2,29 885
20	2,31 175	2,31 387	2,31 597	2,31 806	2,32 015
21	2,33 244	2,33 445	2,33 646	2,33 846	2,34 044
22	2,35 218	2,35 411	2,35 603	2,35 793	2,35 984
23	2,37 107	2,37 291	2,37 475	2,37 658	2,37 840
24	2,38 917	2,39 094	2,39 270	2,39 445	2,39 620
25	2,40 654	2,40 824	2,40 993	2,41 162	2,41 330
26	2,42 325	2,42 488	2,42 651	2,42 813	2,42 975
27	2,43 933	2,44 091	2,44 248	2,44 404	2,44 560
28	2,45 484	2,45 637	2,45 788	2,45 939	2,46 090
29	2,46 982	2,47 129	2,47 276	2,47 422	2,47 567
30	2,48 430	2,48 572	2,48 714	2,48 855	2,48 996
31	2,49 831	2,49 969	2,50 106	2,50 243	2,50 379
32	2,51 188	2,51 322	2,51 455	2,51 587	2,51 720
33	2,52 504	2,52 634	2,52 763	2,52 892	2,53 020
34	2,53 782	2,53 908	2,54 033	2,54 158	2,54 283
N.	L. 5	6	7	8	9

N.	L. 0	1	2	3	4
35	2,54 407	2,54 531	2,54 654	2,54 777	2,54 900
36	2,55 630	2,55 751	2,55 871	2,55 991	2,56 110
37	2,56 820	2,56 937	2,57 054	2,57 171	2,57 287
38	2,57 978	2,58 092	2,58 206	2,58 320	2,58 433
39	2,59 106	2,59 218	2,59 329	2,59 439	2,59 550
40	2,60 206	2,60 314	2,60 423	2,60 531	2,60 638
41	2,61 278	2,61 384	2,61 490	2,61 595	2,61 700
42	2,62 325	2,62 428	2,62 531	2,62 634	2,62 737
43	2,63 347	2,63 448	2,63 548	2,63 649	2,63 749
44	2,64 345	2,64 444	2,64 542	2,64 640	2,64 738
45	2,65 321	2,65 418	2,65 514	2,65 610	2,65 706
46	2,66 276	2,66 370	2,66 464	2,66 558	2,66 652
47	2,67 210	2,67 302	2,67 394	2,67 486	2,67 578
48	2,68 124	2,68 215	2,68 305	2,68 395	2,68 485
49	2,69 020	2,69 108	2,69 197	2,69 285	2,69 373
50	2,69 897	2,69 984	2,70 070	2,70 157	2,70 243
51	2,70 757	2,70 842	2,70 927	2,71 012	2,71 096
52	2,71 600	2,71 684	2,71 767	2,71 850	2,71 933
53	2,72 428	2,72 509	2,72 591	2,72 673	2,72 754
54	2,73 239	2,73 320	2,73 400	2,73 480	2,73 560
55	2,74 036	2,74 115	2,74 194	2,74 273	2,74 351
56	2,74 819	2,74 896	2,74 974	2,75 051	2,75 128
57	2,75 587	2,75 664	2,75 740	2,75 815	2,75 891
58	2,76 343	2,76 418	2,76 492	2,76 567	2,76 641
59	2,77 085	2,77 159	2,77 232	2,77 305	2,77 379
60	2,77 815	2,77 887	2,77 960	2,78 032	2,78 104
61	2,78 533	2,78 604	2,78 675	2,78 746	2,78 817
62	2,79 239	2,79 309	2,79 379	2,79 449	2,79 518
63	2,79 934	2,80 003	2,80 072	2,80 140	2,80 209
64	2,80 618	2,80 686	2,80 754	2,80 821	2,80 889
65	2,81 291	2,81 358	2,81 425	2,81 491	2,81 558
66	2,81 954	2,82 020	2,82 086	2,82 151	2,82 217
67	2,82 607	2,82 672	2,82 737	2,82 802	2,82 866
68	2,83 251	2,83 315	2,83 378	2,83 442	2,83 506
69	2,83 885	2,83 948	2,84 011	2,84 073	2,84 136
N.	L. 0	1	2	3	4

N.	L. 5	6	7	8	9
35	2,55 023	2,55 145	2,55 267	2,55 388	2,55 509
36	2,56 229	2,56 348	2,56 467	2,56 585	2,56 703
37	2,57 403	2,57 519	2,57 634	2,57 749	2,57 864
38	2,58 546	2,58 659	2,58 771	2,58 883	2,58 995
39	2,59 660	2,59 770	2,59 879	2,59 988	2,60 097
40	2,60 746	2,60 853	2,60 959	2,61 066	2,61 172
41	2,61 805	2,61 909	2,62 014	2,62 118	2,62 221
42	2,62 839	2,62 941	2,63 043	2,63 144	2,63 246
43	2,63 849	2,63 949	2,64 048	2,64 147	2,64 246
44	2,64 836	2,64 933	2,65 031	2,65 128	2,65 225
45	2,65 801	2,65 896	2,65 992	2,66 087	2,66 181
46	2,66 745	2,66 839	2,66 932	2,67 025	2,67 117
47	2,67 669	2,67 761	2,67 852	2,67 943	2,68 034
48	2,68 574	2,68 664	2,68 753	2,68 842	2,68 931
49	2,69 461	2,69 548	2,69 636	2,69 723	2,69 810
50	2,70 329	2,70 415	2,70 501	2,70 586	2,70 672
51	2,71 181	2,71 265	2,71 349	2,71 433	2,71 517
52	2,72 016	2,72 099	2,72 181	2,72 263	2,72 346
53	2,72 835	2,72 916	2,72 997	2,73 078	2,73 159
54	2,73 640	2,73 719	2,73 799	2,73 878	2,73 957
55	2,74 429	2,74 507	2,74 586	2,74 663	2,74 741
56	2,75 205	2,75 282	2,75 358	2,75 435	2,75 511
57	2,75 967	2,76 042	2,76 118	2,76 193	2,76 268
58	2,76 716	2,76 790	2,76 864	2,76 938	2,77 012
59	2,77 452	2,77 525	2,77 597	2,77 670	2,77 743
60	2,78 176	2,78 247	2,78 319	2,78 390	2,78 462
61	2,78 888	2,78 958	2,79 029	2,79 099	2,79 169
62	2,79 588	2,79 657	2,79 727	2,79 796	2,79 865
63	2,80 277	2,80 346	2,80 414	2,80 482	2,80 550
64	2,80 956	2,81 023	2,81 090	2,81 158	2,81 224
65	2,81 624	2,81 690	2,81 757	2,81 823	2,81 889
66	2,82 282	2,82 347	2,82 413	2,82 478	2,82 543
67	2,82 930	2,82 995	2,83 059	2,83 123	2,83 187
68	2,83 569	2,83 632	2,83 696	2,83 759	2,83 822
69	2,84 198	2,84 261	2,84 323	2,84 386	2,84 448
N.	L. 5	6	7	8	9

N.	L. 0	1	2	3	4
70	2,84 510	2,84 572	2,84 634	2,84 696	2,84 757
71	2,85 126	2,85 187	2,85 248	2,85 309	2,85 370
72	2,85 733	2,85 794	2,85 854	2,85 914	2,85 974
73	2,86 332	2,86 392	2,86 451	2,86 510	2,86 570
74	2,86 923	2,86 982	2,87 040	2,87 099	2,87 157
75	2,87 506	2,87 564	2,87 622	2,87 679	2,87 737
76	2,88 081	2,88 138	2,88 195	2,88 252	2,88 309
77	2,88 649	2,88 705	2,88 762	2,88 818	2,88 874
78	2,89 209	2,89 265	2,89 321	2,89 376	2,89 432
79	2,89 763	2,89 818	2,89 873	2,89 927	2,89 982
80	2,90 309	2,90 363	2,90 417	2,90 472	2,90 526
81	2,90 849	2,90 902	2,90 956	2,91 009	2,91 062
82	2,91 381	2,91 434	2,91 487	2,91 540	2,91 593
83	2,91 908	2,91 960	2,92 012	2,92 065	2,92 117
84	2,92 428	2,92 480	2,92 531	2,92 583	2,92 634
85	2,92 942	2,92 993	2,93 044	2,93 095	2,93 146
86	2,93 450	2,93 500	2,93 551	2,93 601	2,93 651
87	2,93 952	2,94 002	2,94 052	2,94 101	2,94 151
88	2,94 448	2,94 498	2,94 547	2,94 596	2,94 645
89	2,94 939	2,94 988	2,95 036	2,95 085	2,95 134
90	2,95 424	2,95 472	2,95 521	2,95 569	2,95 617
91	2,95 904	2,95 952	2,95 999	2,96 047	2,96 095
92	2,96 379	2,96 426	2,96 473	2,96 520	2,96 567
93	2,96 848	2,96 895	2,96 942	2,96 988	2,97 035
94	2,97 313	2,97 359	2,97 405	2,97 451	2,97 497
95	2,97 772	2,97 818	2,97 864	2,97 909	2,97 955
96	2,98 227	2,98 272	2,98 318	2,98 363	2,98 408
97	2,98 677	2,98 722	2,98 767	2,98 811	2,98 856
98	2,99 123	2,99 167	2,99 211	2,99 255	2,99 300
99	2,99 564	2,99 607	2,99 651	2,99 695	2,99 739
N.	L. 0	1	2	3	4

N.	L. 5	6	7	8	9
70	2,84 819	2,84 880	2,84 942	2,85 003	2,85 065
71	2,85 431	2,85 491	2,85 552	2,85 612	2,85 673
72	2,86 034	2,86 094	2,86 153	2,86 213	2,86 273
73	2,86 629	2,86 688	2,86 747	2,86 806	2,86 864
74	2,87 216	2,87 274	2,87 332	2,87 390	2,87 448
75	2,87 795	2,87 852	2,87 910	2,87 967	2,88 024
76	2,88 366	2,88 423	2,88 480	2,88 536	2,88 593
77	2,88 930	2,88 986	2,89 042	2,89 098	2,89 154
78	2,89 487	2,89 542	2,89 597	2,89 653	2,89 708
79	2,90 037	2,90 091	2,90 146	2,90 200	2,90 255
80	2,90 580	2,90 634	2,90 687	2,90 741	2,90 795
81	2,91 116	2,91 169	2,91 222	2,91 275	2,91 328
82	2,91 645	2,91 698	2,91 751	2,91 803	2,91 855
83	2,92 169	2,92 221	2,92 273	2,92 324	2,92 376
84	2,92 686	2,92 737	2,92 788	2,92 840	2,92 891
85	2,93 197	2,93 247	2,93 298	2,93 349	2,93 399
86	2,93 702	2,93 752	2,93 802	2,93 852	2,93 902
87	2,94 201	2,94 250	2,94 300	2,94 349	2,94 399
88	2,94 694	2,94 743	2,94 792	2,94 841	2,94 890
89	2,95 182	2,95 231	2,95 279	2,95 328	2,95 376
90	2,95 665	2,95 713	2,95 761	2,95 809	2,95 856
91	2,96 142	2,96 190	2,96 237	2,96 284	2,96 332
92	2,96 614	2,96 661	2,96 708	2,96 755	2,96 802
93	2,97 081	2,97 128	2,97 174	2,97 220	2,97 267
94	2,97 543	2,97 589	2,97 635	2,97 681	2,97 727
95	2,98 000	2,98 046	2,98 091	2,98 137	2,98 182
96	2,98 453	2,98 498	2,98 543	2,98 588	2,98 632
97	2,98 900	2,98 945	2,98 989	2,99 034	2,99 078
98	2,99 344	2,99 388	2,99 432	2,99 476	2,99 520
99	2,99 782	2,99 826	2,99 870	2,99 913	2,99 957
N.	L. 5	6	7	8	9

Bemerkung.

Die vorangehenden, wie die folgenden Tafeln haben für jeden darin enthaltenen Logarithmus einen Spalten-Index und einen Zeilen-Index, ersteren über und unter der Spalte, worin der Logarithmus steht, letzteren in gleicher Zeile mit ihm, links vor dem Strich, unter N.

Der Spalten-Index ist die letzte Ziffer der zu dem Logarithmus gehörigen Zahl, der Zeilen-Index gibt die dieser vorangehenden Ziffern an. Z. B. Zur Zahl 783 gehört der Logarithmus 2,89376. Sein Zeilen-Index ist 78, der Spalten-Index 3. Weiteres über die Einrichtung der Tafel II findet man in den Erläuterungen.

II.

Die fünfziffrigen Mantissen

zu den

dekadischen Logarithmen

aller vierziffrigen Zahlen von 1000—9999 mit Proportionalteilen, für beliebige Numeri. (Seite 10—35.)

N.	L. 0	1	2	3	4	5	6	7	8	9
100	00 000	043	087	130	173	217	260	303	346	389
101	432	475	518	561	604	647	689	732	775	817
102	860	903	945	988	*030	*072	*115	*157	*199	*242
103	01 284	326	368	410	452	494	536	578	620	662
104	703	745	787	828	870	912	953	995	*036	*078
105	02 119	160	202	243	284	325	366	407	449	490
106	531	572	612	653	694	735	776	816	857	898
107	938	979	*019	*060	*100	*141	*181	*222	*262	*302
108	03 342	383	423	463	503	543	583	623	663	703
109	743	782	822	862	902	941	981	*021	*060	*100
110	04 139	179	218	258	297	336	376	415	454	493
111	532	571	610	650	689	727	766	805	844	883
112	922	961	999	*038	*077	*115	*154	*192	*231	*269
113	05 308	346	385	423	461	500	538	576	614	652
114	690	729	767	805	843	881	918	956	994	*032
115	06 070	108	145	183	221	258	296	333	371	408
116	446	483	521	558	595	633	670	707	744	781
117	819	856	893	930	967	*004	*041	*078	*115	*151
118	07 188	225	262	298	335	372	408	445	482	518
119	555	591	628	664	700	737	773	809	846	882
120	918	954	990	*027	*063	*099	*135	*171	*207	*243
121	08 279	314	350	386	422	458	493	529	565	600
122	636	672	707	743	778	814	849	884	920	955
123	991	*026	*061	*096	*132	*167	*202	*237	*272	*307
124	09 342	377	412	447	482	517	552	587	621	656
125	691	726	760	795	830	864	899	934	968	*003
126	10 037	072	106	140	175	209	243	278	312	346
127	380	415	449	483	517	551	585	619	653	687
128	721	755	789	823	857	890	924	958	992	*025
129	11 059	093	126	160	193	227	261	294	327	361
130	394	428	461	494	528	561	594	628	661	694
131	727	760	793	826	860	893	926	959	992	*024
132	12 057	090	123	156	189	222	254	287	320	352
133	385	418	450	483	516	548	581	613	646	678
134	710	743	775	808	840	872	905	937	969	*001
N.	L. 0	1	2	3	4	5	6	7	8	9

P. P.

	44	43	42
1	4,4	4,3	4,[illegible]
2	8,8	8,6	8,[illegible]
3	13,2	12,9	12,[illegible]
4	17,6	17,2	16,[illegible]
5	22,0	21,5	21,[illegible]
6	26,4	25,8	25,[illegible]
7	30,8	30,1	29,[illegible]
8	35,2	34,4	33,[illegible]
9	39,6	38,7	37,[illegible]
	41	**40**	**39**
1	4,1	4,0	3,[illegible]
2	8,2	8,0	7,[illegible]
3	12,3	12,0	11,[illegible]
4	16,4	16,0	15,[illegible]
5	20,5	20,0	19,[illegible]
6	24,6	24,0	23,[illegible]
7	28,7	28,0	27,[illegible]
8	32,8	32,0	31,[illegible]
9	36,9	36,0	35,[illegible]
	38	**37**	**3[illegible]**
1	3,8	3,7	3,[illegible]
2	7,6	7,4	7,[illegible]
3	11,4	11,1	10,[illegible]
4	15,2	14,8	14,[illegible]
5	19,0	18,5	18,[illegible]
6	22,8	22,2	21,[illegible]
7	26,6	25,9	25,[illegible]
8	30,4	29,6	28,[illegible]
9	34,2	33,3	32,[illegible]
	35	**34**	**3[illegible]**
1	3,5	3,4	3,[illegible]
2	7,0	6,8	6,[illegible]
3	10,5	10,2	9,[illegible]
4	14,0	13,6	13[illegible]
5	17,5	17,0	16,[illegible]
6	21,0	20,4	19,[illegible]
7	24,5	23,8	23[illegible]
8	28,0	27,2	26,[illegible]
9	31,5	30,6	29[illegible]

P. P.

N.	L. 0	1	2	3	4	5	6	7	8	9
135	13 033	066	098	130	162	194	226	258	290	322
136	354	386	418	450	481	513	545	577	609	640
137	672	704	735	767	799	830	862	893	925	956
138	988	*019	*051	*082	*114	*145	*176	*208	*239	*270
139	14 301	333	364	395	426	457	489	520	551	582
140	613	644	675	706	737	768	799	829	860	891
141	922	953	983	*014	*045	*076	*106	*137	*168	*198
142	15 229	259	290	320	351	381	412	442	473	503
143	534	564	594	625	655	685	715	746	776	806
144	836	866	897	927	957	987	*017	*047	*077	*107
145	16 137	167	197	227	256	286	316	346	376	406
146	435	465	495	524	554	584	613	643	673	702
147	732	761	791	820	850	879	909	938	967	997
148	17 026	056	085	114	143	173	202	231	260	289
149	319	348	377	406	435	464	493	522	551	580
150	609	638	667	696	725	754	782	811	840	869
151	898	926	955	984	*013	*041	*070	*099	*127	*156
152	18 184	213	241	270	298	327	355	384	412	441
153	469	498	526	554	583	611	639	667	696	724
154	752	780	808	837	865	893	921	949	977	*005
155	19 033	061	089	117	145	173	201	229	257	285
156	312	340	368	396	424	451	479	507	535	562
157	590	618	645	673	700	728	756	783	811	838
158	866	893	921	948	976	*003	*030	*058	*085	*112
159	20 140	167	194	222	249	276	303	330	358	385
160	412	439	466	493	520	548	575	602	629	656
161	683	710	737	763	790	817	844	871	898	925
162	952	978	*005	*032	*059	*085	*112	*139	*165	*192
163	21 219	245	272	299	325	352	378	405	431	458
164	484	511	537	564	590	617	643	669	696	722
165	748	775	801	827	854	880	906	932	958	985
166	22 011	037	063	089	115	141	167	194	220	246
167	272	298	324	350	376	401	427	453	479	505
168	531	557	583	608	634	660	686	712	737	763
169	789	814	840	866	891	917	943	968	994	*019
N.	L. 0	1	2	3	4	5	6	7	8	9

P. P.

	32	31
1	3,2	3,1
2	6,4	6,2
3	9,6	9,3
4	12,8	12,4
5	16,0	15,5
6	19,2	18,6
7	22,4	21,7
8	25,6	24,8
9	28,8	27,9

	30	29
1	3,0	2,9
2	6,0	5,8
3	9,0	8,7
4	12,0	11,6
5	15,0	14,5
6	18,0	17,4
7	21,0	20,3
8	24,0	23,2
9	27,0	26,1

	28	27
1	2,8	2,7
2	5,6	5,4
3	8,4	8,1
4	11,2	10,8
5	14,0	13,5
6	16,8	16,2
7	19,6	18,9
8	22,4	21,6
9	25,2	24,3

	26
1	2,6
2	5,2
3	7,8
4	10,4
5	13,0
6	15,6
7	18,2
8	20,8
9	23,4

P. P.

N.	L. 0	1	2	3	4	5	6	7	8	9
170	23 045	070	096	121	147	172	198	223	249	274
171	300	325	350	376	401	426	452	477	502	528
172	553	578	603	629	654	679	704	729	754	779
173	805	830	855	880	905	930	955	980	*005	*030
174	24 055	080	105	130	155	180	204	229	254	279
175	304	329	353	378	403	428	452	477	502	527
176	551	576	601	625	650	674	699	724	748	773
177	797	822	846	871	895	920	944	969	993	*018
178	25 042	066	091	115	139	164	188	212	237	261
179	285	310	334	358	382	406	431	455	479	503
180	527	551	575	600	624	648	672	696	720	744
181	768	792	816	840	864	888	912	935	959	983
182	26 007	031	055	079	102	126	150	174	198	221
183	245	269	293	316	340	364	387	411	435	458
184	482	505	529	553	576	600	623	647	670	694
185	717	741	764	788	811	834	858	881	905	928
186	951	975	998	*021	*045	*068	*091	*114	*138	*161
187	27 184	207	231	254	277	300	323	346	370	393
188	416	439	462	485	508	531	554	577	600	623
189	646	669	692	715	738	761	784	807	830	852
190	875	898	921	944	967	989	*012	*035	*058	*081
191	28 103	126	149	171	194	217	240	262	285	307
192	330	353	375	398	421	443	466	488	511	533
193	556	578	601	623	646	668	691	713	735	758
194	780	803	825	847	870	892	914	937	959	981
195	29 003	026	048	070	092	115	137	159	181	203
196	226	248	270	292	314	336	358	380	403	425
197	447	469	491	513	535	557	579	601	623	645
198	667	688	710	732	754	776	798	820	842	863
199	885	907	929	951	973	994	*016	*038	*060	*081
200	30 103	125	146	168	190	211	233	255	276	298
201	320	341	363	384	406	428	449	471	492	514
202	535	557	578	600	621	643	664	685	707	728
203	750	771	792	814	835	856	878	899	920	942
204	963	984	*006	*027	*048	*069	*091	*112	*133	*154
N.	L. 0	1	2	3	4	5	6	7	8	9

P. P.

	26	25
1	2,6	2,5
2	5,2	5,0
3	7,8	7,5
4	10,4	10,0
5	13,0	12,5
6	15,6	15,0
7	18,2	17,5
8	20,8	20,0
9	23,4	22,5

	24	23
1	2,4	2,3
2	4,8	4,6
3	7,2	6,9
4	9,6	9,2
5	12,0	11,5
6	14,4	13,8
7	16,8	16,1
8	19,2	18,4
9	21,6	20,7

	22	21
1	2,2	2,1
2	4,4	4,2
3	6,6	6,3
4	8,8	8,4
5	11,0	10,5
6	13,2	12,6
7	15,4	14,7
8	17,6	16,8
9	19,8	18,9

P. P.

N.	L.	0	1	2	3	4	5	6	7	8	9
205	31	175	197	218	239	260	281	302	323	345	366
206		387	408	429	450	471	492	513	534	555	576
207		597	618	639	660	681	702	723	744	765	785
208		806	827	848	869	890	911	931	952	973	994
209	32	015	035	056	077	098	118	139	160	181	201
210		222	243	263	284	305	325	346	366	387	408
211		428	449	469	490	510	531	552	572	593	613
212		634	654	675	695	715	736	756	777	797	818
213		838	858	879	899	919	940	960	980	*001	*021
214	33	041	062	082	102	122	143	163	183	203	224
215		244	264	284	304	325	345	365	385	405	425
216		445	465	486	506	526	546	566	586	606	626
217		646	666	686	706	726	746	766	786	806	826
218		846	866	885	905	925	945	965	985	*005	*025
219	34	044	064	084	104	124	143	163	183	203	223
220		242	262	282	301	321	341	361	380	400	420
221		439	459	479	498	518	537	557	577	596	616
222		635	655	674	694	713	733	753	772	792	811
223		830	850	869	889	908	928	947	967	986	*005
224	35	025	044	064	083	102	122	141	160	180	199
225		218	238	257	276	295	315	334	353	372	392
226		411	430	449	468	488	507	526	545	564	583
227		603	622	641	660	679	698	717	736	755	774
228		793	813	832	851	870	889	908	927	946	965
229		984	*003	*021	*040	*059	*078	*097	*116	*135	*154
230	36	173	192	211	229	248	267	286	305	324	342
231		361	380	399	418	436	455	474	493	511	530
232		549	568	586	605	624	642	661	680	698	717
233		736	754	773	791	810	829	847	866	884	903
234		922	940	959	977	996	*014	*033	*051	*070	*088
235	37	107	125	144	162	181	199	218	236	254	273
236		291	310	328	346	365	383	401	420	438	457
237		475	493	511	530	548	566	585	603	621	639
238		658	676	694	712	731	749	767	785	803	822
239		840	858	876	894	912	931	949	967	985	*003

P. P.

	21	20	19	18
1	2,1	2,0	1,9	1,8
2	4,2	4,0	3,8	3,6
3	6,3	6,0	5,7	5,4
4	8,4	8,0	7,6	7,2
5	10,5	10,0	9,5	9,0
6	12,6	12,0	11,4	10,8
7	14,7	14,0	13,3	12,6
8	16,8	16,0	15,2	14,4
9	18,9	18,0	17,1	16,2

N. L. 0 1 2 3 4 5 6 7 8 9 P. P.

N.	L.	0	1	2	3	4	5	6	7	8	9
240	38	021	039	057	075	093	112	130	148	166	184
241		202	220	238	256	274	292	310	328	346	364
242		382	399	417	435	453	471	489	507	525	543
243		561	578	596	614	632	650	668	686	703	721
244		739	757	775	792	810	828	846	863	881	899
245		917	934	952	970	987	*005	*023	*041	*058	*076
246	39	094	111	129	146	164	182	199	217	235	252
247		270	287	305	322	340	358	375	393	410	428
248		445	463	480	498	515	533	550	568	585	602
249		620	637	655	672	690	707	724	742	759	777
250		794	811	829	846	863	881	898	915	933	950
251		967	985	*002	*019	*037	*054	*071	*088	*106	*123
252	40	140	157	175	192	209	226	243	261	278	295
253		312	329	346	364	381	398	415	432	449	466
254		483	500	518	535	552	569	586	603	620	637
255		654	671	688	705	722	739	756	773	790	807
256		824	841	858	875	892	909	926	943	960	976
257		993	*010	*027	*044	*061	*078	*095	*111	*128	*145
258	41	162	179	196	212	229	246	263	280	296	313
259		330	347	363	380	397	414	430	447	464	481
260		497	514	531	547	564	581	597	614	631	647
261		664	681	697	714	731	747	764	780	797	814
262		830	847	863	880	896	913	929	946	963	979
263		996	*012	*029	*045	*062	*078	*095	*111	*127	*144
264	42	160	177	193	210	226	243	259	275	292	308
265		325	341	357	374	390	406	423	439	455	472
266		488	504	521	537	553	570	586	602	619	635
267		651	667	684	700	716	732	749	765	781	797
268		813	830	846	862	878	894	911	927	943	959
269		975	991	*008	*024	*040	*056	*072	*088	*104	*120
270	43	136	152	169	185	201	217	233	249	265	281
271		297	313	329	345	361	377	393	409	425	441
272		457	473	489	505	521	537	553	569	584	600
273		616	632	648	664	680	696	712	727	743	759
274		775	791	807	823	838	854	870	886	902	917

N. L. 0 1 2 3 4 5 6 7 8 9

P. P.

	19	18	17	16
1	1,9	1,8	1,7	1,6
2	3,8	3,6	3,4	3,2
3	5,7	5,4	5,1	4,8
4	7,6	7,2	6,8	6,4
5	9,5	9,0	8,5	8,0
6	11,4	10,8	10,2	9,6
7	13,3	12,6	11,9	11,2
8	15,2	14,4	13,6	12,8
9	17,1	16,2	15,3	14,4

P. P.

N.	L. 0	1	2	3	4	5	6	7	8	9
275	43 933	949	965	981	996	*012	*028	*044	*059	*075
276	44 091	107	122	138	154	170	185	201	217	232
277	248	264	279	295	311	326	342	358	373	389
278	404	420	436	451	467	483	498	514	529	545
279	560	576	592	607	623	638	654	669	685	700
280	716	731	747	762	778	793	809	824	840	855
281	871	886	902	917	932	948	963	979	994	*010
282	45 025	040	056	071	086	102	117	133	148	163
283	179	194	209	225	240	255	271	286	301	317
284	332	347	362	378	393	408	423	439	454	469
285	484	500	515	530	545	561	576	591	606	621
286	637	652	667	682	697	712	728	743	758	773
287	788	803	818	834	849	864	879	894	909	924
288	939	954	969	984	*000	*015	*030	*045	*060	*075
289	46 090	105	120	135	150	165	180	195	210	225
290	240	255	270	285	300	315	330	345	359	374
291	389	404	419	434	449	464	479	494	509	523
292	538	553	568	583	598	613	627	642	657	672
293	687	702	716	731	746	761	776	790	805	820
294	835	850	864	879	894	909	923	938	953	967
295	982	997	*012	*026	*041	*056	*070	*085	*100	*114
296	47 129	144	159	173	188	202	217	232	246	261
297	276	290	305	319	334	349	363	378	392	407
298	422	436	451	465	480	494	509	524	538	553
299	567	582	596	611	625	640	654	669	683	698
300	712	727	741	756	770	784	799	813	828	842
301	857	871	885	900	914	929	943	958	972	986
302	48 001	015	029	044	058	073	087	101	116	130
303	144	159	173	187	202	216	230	244	259	273
304	287	302	316	330	344	359	373	387	401	416
305	430	444	458	473	487	501	515	530	544	558
306	572	586	601	615	629	643	657	671	686	700
307	714	728	742	756	770	785	799	813	827	841
308	855	869	883	897	911	926	940	954	968	982
309	996	*010	*024	*038	*052	*066	*080	*094	*108	*122

N. L. 0 1 2 3 4 5 6 7 8 9 P. P.

P. P.

	16	15	14
1	1,6	1,5	1,4
2	3,2	3,0	2,8
3	4,8	4,5	4,2
4	6,4	6,0	5,6
5	8,0	7,5	7,0
6	9,6	9,0	8,4
7	11,2	10,5	9,8
8	12,8	12,0	11,2
9	14,4	13,5	12,6

N.	L.	0	1	2	3	4	5	6	7	8	9	P. P.
310	49	136	150	164	178	192	206	220	234	248	262	
311		276	290	304	318	332	346	360	374	388	402	
312		415	429	443	457	471	485	499	513	527	541	
313		554	568	582	596	610	624	638	651	665	679	
314		693	707	721	734	748	762	776	790	803	817	
315		831	845	859	872	886	900	914	927	941	955	
316		969	982	996	*010	*024	*037	*051	*065	*079	*092	14
317	50	106	120	133	147	161	174	188	202	215	229	1 1,4
318		243	256	270	284	297	311	325	338	352	365	2 2,8
319		379	393	406	420	433	447	461	474	488	501	3 4,2
320		515	529	542	556	569	583	596	610	623	637	4 5,6
321		651	664	678	691	705	718	732	745	759	772	5 7,0
322		786	799	813	826	840	853	866	880	893	907	6 8,4
323		920	934	947	961	974	987	*001	*014	*028	*041	7 9,8
324	51	055	068	081	095	108	121	135	148	162	175	8 11,2
325		188	202	215	228	242	255	268	282	295	308	9 12,6
326		322	335	348	362	375	388	402	415	428	441	
327		455	468	481	495	508	521	534	548	561	574	
328		587	601	614	627	640	654	667	680	693	706	
329		720	733	746	759	772	786	799	812	825	838	
330		851	865	878	891	904	917	930	943	957	970	
331		983	996	*009	*022	*035	*048	*061	*075	*088	*101	13
332	52	114	127	140	153	166	179	192	205	218	231	1 1,3
333		244	257	270	284	297	310	323	336	349	362	2 2,6
334		375	388	401	414	427	440	453	466	479	492	3 3,9
335		504	517	530	543	556	569	582	595	608	621	4 5,2
336		634	647	660	673	686	699	711	724	737	750	5 6,5
337		763	776	789	802	815	827	840	853	866	879	6 7,8
338		892	905	917	930	943	956	969	982	994	*007	7 9,1
339	53	020	033	046	058	071	084	097	110	122	135	8 10,4
340		148	161	173	186	199	212	224	237	250	263	9 11,7
341		275	288	301	314	326	339	352	364	377	390	
342		403	415	428	441	453	466	479	491	504	517	
343		529	542	555	567	580	593	605	618	631	643	
344		656	668	681	694	706	719	732	744	757	769	
N.	L.	0	1	2	3	4	5	6	7	8	9	P. P.

N.	L.	0	1	2	3	4	5	6	7	8	9
345	53	782	794	807	820	832	845	857	870	882	895
346		908	920	933	945	958	970	983	995	*008	*020
347	54	033	045	058	070	083	095	108	120	133	145
348		158	170	183	195	208	220	233	245	258	270
349		283	295	307	320	332	345	357	370	382	394
350		407	419	432	444	456	469	481	494	506	518
351		531	543	555	568	580	593	605	617	630	642
352		654	667	679	691	704	716	728	741	753	765
353		777	790	802	814	827	839	851	864	876	888
354		900	913	925	937	949	962	974	986	998	*011
355	55	023	035	047	060	072	084	096	108	121	133
356		145	157	169	182	194	206	218	230	242	255
357		267	279	291	303	315	328	340	352	364	376
358		388	400	413	425	437	449	461	473	485	497
359		509	522	534	546	558	570	582	594	606	618
360		630	642	654	666	678	691	703	715	727	739
361		751	763	775	787	799	811	823	835	847	859
362		871	883	895	907	919	931	943	955	967	979
363		991	*003	*015	*027	*038	*050	*062	*074	*086	*098
364	56	110	122	134	146	158	170	182	194	205	217
365		229	241	253	265	277	289	301	312	324	336
366		348	360	372	384	396	407	419	431	443	455
367		467	478	490	502	514	526	538	549	561	573
368		585	597	608	620	632	644	656	667	679	691
369		703	714	726	738	750	761	773	785	797	808
370		820	832	844	855	867	879	891	902	914	926
371		937	949	961	972	984	996	*008	*019	*031	*043
372	57	054	066	078	089	101	113	124	136	148	159
373		171	183	194	206	217	229	241	252	264	276
374		287	299	310	322	334	345	357	368	380	392
375		403	415	426	438	449	461	473	484	496	507
376		519	530	542	553	565	576	588	600	611	623
377		634	646	657	669	680	692	703	715	726	738
378		749	761	772	784	795	807	818	830	841	852
379		864	875	887	898	910	921	933	944	955	967
N.	L.	0	1	2	3	4	5	6	7	8	9

P. P.

	13
1	1,3
2	2,6
3	3,9
4	5,2
5	6,5
6	7,8
7	9,1
8	10,4
9	11,7

	12
1	1,2
2	2,4
3	3,6
4	4,8
5	6,0
6	7,2
7	8,4
8	9,6
9	10,8

	11
1	1,1
2	2,2
3	3,3
4	4,4
5	5,5
6	6,6
7	7,7
8	8,8
9	9,9

N.	L.	0	1	2	3	4	5	6	7	8	9
380	57	978	990	*001	*013	*024	*035	*047	*058	*070	*081
381	58	092	104	115	127	138	149	161	172	184	195
382		206	218	229	240	252	263	274	286	297	309
383		320	331	343	354	365	377	388	399	410	422
384		433	444	456	467	478	490	501	512	524	535
385		546	557	569	580	591	602	614	625	636	647
386		659	670	681	692	704	715	726	737	749	760
387		771	782	794	805	816	827	838	850	861	872
388		883	894	906	917	928	939	950	961	973	984
389		995	*006	*017	*028	*040	*051	*062	*073	*084	*095
390	59	106	118	129	140	151	162	173	184	195	207
391		218	229	240	251	262	273	284	295	306	318
392		329	340	351	362	373	384	395	406	417	428
393		439	450	461	472	483	494	506	517	528	539
394		550	561	572	583	594	605	616	627	638	649
395		660	671	682	693	704	715	726	737	748	759
396		770	780	791	802	813	824	835	846	857	868
397		879	890	901	912	923	934	945	956	966	977
398		988	999	*010	*021	*032	*043	*054	*065	*076	*086
399	60	097	108	119	130	141	152	163	173	184	195
400		206	217	228	239	249	260	271	282	293	304
401		314	325	336	347	358	369	379	390	401	412
402		423	433	444	455	466	477	487	498	509	520
403		531	541	552	563	574	584	595	606	617	627
404		638	649	660	670	681	692	703	713	724	735
405		746	756	767	778	788	799	810	821	831	842
406		853	863	874	885	895	906	917	927	938	949
407		959	970	981	991	*002	*013	*023	*034	*045	*055
408	61	066	077	087	098	109	119	130	140	151	162
409		172	183	194	204	215	225	236	247	257	268
410		278	289	300	310	321	331	342	352	363	374
411		384	395	405	416	426	437	448	458	469	479
412		490	500	511	521	532	542	553	563	574	584
413		595	606	616	627	637	648	658	669	679	690
414		700	711	721	731	742	752	763	773	784	794
N.	L.	0	1	2	3	4	5	6	7	8	9

P. P.

	12
1	1,2
2	2,4
3	3,6
4	4,8
5	6,0
6	7,2
7	8,4
8	9,6
9	10,8

	11
1	1,1
2	2,2
3	3,3
4	4,4
5	5,5
6	6,6
7	7,7
8	8,8
9	9,9

P. P.

N.	L. 0	1	2	3	4	5	6	7	8	9
415	61 805	815	826	836	847	857	868	878	888	899
416	909	920	930	941	951	962	972	982	993	*003
417	62 014	024	034	045	055	066	076	086	097	107
418	118	128	138	149	159	170	180	190	201	211
419	221	232	242	252	263	273	284	294	304	315
420	325	335	346	356	366	377	387	397	408	418
421	428	439	449	459	469	480	490	500	511	521
422	531	542	552	562	572	583	593	603	613	624
423	634	644	655	665	675	685	696	706	716	726
424	737	747	757	767	778	788	798	808	818	829
425	839	849	859	870	880	890	900	910	921	931
426	941	951	961	972	982	992	*002	*012	*022	*033
427	63 043	053	063	073	083	094	104	114	124	134
428	144	155	165	175	185	195	205	215	225	236
429	246	256	266	276	286	296	306	317	327	337
430	347	357	367	377	387	397	407	417	428	438
431	448	458	468	478	488	498	508	518	528	538
432	548	558	568	579	589	599	609	619	629	639
433	649	659	669	679	689	699	709	719	729	739
434	749	759	769	779	789	799	809	819	829	839
435	849	859	869	879	889	899	909	919	929	939
436	949	959	969	979	988	998	*008	*018	*028	*038
437	64 048	058	068	078	088	098	108	118	128	137
438	147	157	167	177	187	197	207	217	227	237
439	246	256	266	276	286	296	306	316	326	335
440	345	355	365	375	385	395	404	414	424	434
441	444	454	464	473	483	493	503	513	523	532
442	542	552	562	572	582	591	601	611	621	631
443	640	650	660	670	680	689	699	709	719	729
444	738	748	758	768	777	787	797	807	816	826
445	836	846	856	865	875	885	895	904	914	924
446	933	943	953	963	972	982	992	*002	*011	*021
447	65 031	040	050	060	070	079	089	099	108	118
448	128	137	147	157	167	176	186	196	205	215
449	225	234	244	254	263	273	283	292	302	312
N.	L. 0	1	2	3	4	5	6	7	8	9

P. P.

	11
1	1,1
2	2,2
3	3,3
4	4,4
5	5,5
6	6,6
7	7,7
8	8,8
9	9,9

	10
1	1,0
2	2,0
3	3,0
4	4,0
5	5,0
6	6,0
7	7,0
8	8,0
9	9,0

	9
1	0,9
2	1,8
3	2,7
4	3,6
5	4,5
6	5,4
7	6,3
8	7,2
9	8,1

N.	L. 0	1	2	3	4	5	6	7	8	9
450	65 321	331	341	350	360	369	379	389	398	408
451	418	427	437	447	456	466	475	485	495	504
452	514	523	533	543	552	562	571	581	591	600
453	610	619	629	639	648	658	667	677	686	696
454	706	715	725	734	744	753	763	772	782	792
455	801	811	820	830	839	849	858	868	877	887
456	896	906	916	925	935	944	954	963	973	982
457	992	*001	*011	*020	*030	*039	*049	*058	*068	*077
458	66 087	096	106	115	124	134	143	153	162	172
459	181	191	200	210	219	229	238	247	257	266
460	276	285	295	304	314	323	332	342	351	361
461	370	380	389	398	408	417	427	436	445	455
462	464	474	483	492	502	511	521	530	539	549
463	558	567	577	586	596	605	614	624	633	642
464	652	661	671	680	689	699	708	717	727	736
465	745	755	764	773	783	792	801	811	820	829
466	839	848	857	867	876	885	894	904	913	922
467	932	941	950	960	969	978	987	997	*006	*015
468	67 025	034	043	052	062	071	080	089	099	108
469	117	127	136	145	154	164	173	182	191	201
470	210	219	228	237	247	256	265	274	284	293
471	302	311	321	330	339	348	357	367	376	385
472	394	403	413	422	431	440	449	459	468	477
473	486	495	504	514	523	532	541	550	560	569
474	578	587	596	605	614	624	633	642	651	660
475	669	679	688	697	706	715	724	733	742	752
476	761	770	779	788	797	806	815	825	834	843
477	852	861	870	879	888	897	906	916	925	934
478	943	952	961	970	979	988	997	*006	*015	*024
479	68 034	043	052	061	070	079	088	097	106	115
480	124	133	142	151	160	169	178	187	196	205
481	215	224	233	242	251	260	269	278	287	296
482	305	314	323	332	341	350	359	368	377	386
483	395	404	413	422	431	440	449	458	467	476
484	485	494	502	511	520	529	538	547	556	565
N.	L. 0	1	2	3	4	5	6	7	8	9

P. P.

	10
1	1,0
2	2,0
3	3,0
4	4,0
5	5,0
6	6,0
7	7,0
8	8,0
9	9,0

	9
1	0,9
2	1,8
3	2,7
4	3,6
5	4,5
6	5,4
7	6,3
8	7,2
9	8,1

P. P.

N.	L. 0	1	2	3	4	5	6	7	8	9	P. P.
485	68 574	583	592	601	610	619	628	637	646	655	
486	664	673	681	690	699	708	717	726	735	744	
487	753	762	771	780	789	797	806	815	824	833	
488	842	851	860	869	878	886	895	904	913	922	
489	931	940	949	958	966	975	984	993	*002	*011	
490	69 020	028	037	046	055	064	073	082	090	099	
491	108	117	126	135	144	152	161	170	179	188	9
492	197	205	214	223	232	241	249	258	267	276	1 | 0,9
493	285	294	302	311	320	329	338	346	355	364	2 | 1,8
494	373	381	390	399	408	417	425	434	443	452	3 | 2,7
495	461	469	478	487	496	504	513	522	531	539	4 | 3,6
496	548	557	566	574	583	592	601	609	618	627	5 | 4,5
497	636	644	653	662	671	679	688	697	705	714	6 | 5,4
498	723	732	740	749	758	767	775	784	793	801	7 | 6,3
499	810	819	827	836	845	854	862	871	880	888	8 | 7,2
500	897	906	914	923	932	940	949	958	966	975	9 | 8,1
501	984	992	*001	*010	*018	*027	*036	*044	*053	*062	
502	70 070	079	088	096	105	114	122	131	140	148	
503	157	165	174	183	191	200	209	217	226	234	
504	243	252	260	269	278	286	295	303	312	321	
505	329	338	346	355	364	372	381	389	398	406	
506	415	424	432	441	449	458	467	475	484	492	8
507	501	509	518	526	535	544	552	561	569	578	1 | 0,8
508	586	595	603	612	621	629	638	646	655	663	2 | 1,6
509	672	680	689	697	706	714	723	731	740	749	3 | 2,4
510	757	766	774	783	791	800	808	817	825	834	4 | 3,2
511	842	851	859	868	876	885	893	902	910	919	5 | 4,0
512	927	935	944	952	961	969	978	986	995	*003	6 | 4,8
513	71 012	020	029	037	046	054	063	071	079	088	7 | 5,6
514	096	105	113	122	130	139	147	155	164	172	8 | 6,4
515	181	189	198	206	214	223	231	240	248	257	9 | 7,2
516	265	273	282	290	299	307	315	324	332	341	
517	349	357	366	374	383	391	399	408	416	425	
518	433	441	450	458	466	475	483	492	500	508	
519	517	525	533	542	550	559	567	575	584	592	
N.	L. 0	1	2	3	4	5	6	7	8	9	P. P.

N.	L.	0	1	2	3	4	5	6	7	8	9
520	71	600	609	617	625	634	642	650	659	667	675
521		684	692	700	709	717	725	734	742	750	759
522		767	775	784	792	800	809	817	825	834	842
523		850	858	867	875	883	892	900	908	917	925
524		933	941	950	958	966	975	983	991	999	*008
525	72	016	024	032	041	049	057	066	074	082	090
526		099	107	115	123	132	140	148	156	165	173
527		181	189	198	206	214	222	230	239	247	255
528		263	272	280	288	296	304	313	321	329	337
529		346	354	362	370	378	387	395	403	411	419
530		428	436	444	452	460	469	477	485	493	501
531		509	518	526	534	542	550	558	567	575	583
532		591	599	607	616	624	632	640	648	656	665
533		673	681	689	697	705	713	722	730	738	746
534		754	762	770	779	787	795	803	811	819	827
535		835	843	852	860	868	876	884	892	900	908
536		916	925	933	941	949	957	965	973	981	989
537		997	*006	*014	*022	*030	*038	*046	*054	*062	*070
538	73	078	086	094	102	111	119	127	135	143	151
539		159	167	175	183	191	199	207	215	223	231
540		239	247	255	263	272	280	288	296	304	312
541		320	328	336	344	352	360	368	376	384	392
542		400	408	416	424	432	440	448	456	464	472
543		480	488	496	504	512	520	528	536	544	552
544		560	568	576	584	592	600	608	616	624	632
545		640	648	656	664	672	679	687	695	703	711
546		719	727	735	743	751	759	767	775	783	791
547		799	807	815	823	830	838	846	854	862	870
548		878	886	894	902	910	918	926	933	941	949
549		957	965	973	981	989	997	*005	*013	*020	*028
550	74	036	044	052	060	068	076	084	092	099	107
551		115	123	131	139	147	155	162	170	178	186
552		194	202	210	218	225	233	241	249	257	265
553		273	280	288	296	304	312	320	327	335	343
554		351	359	367	374	382	390	398	406	414	421
N.	L.	0	1	2	3	4	5	6	7	8	9

P. P.

	9
1	0,9
2	1,8
3	2,7
4	3,6
5	4,5
6	5,4
7	6,3
8	7,2
9	8,1

	8
1	0,8
2	1,6
3	2,4
4	3,2
5	4,0
6	4,8
7	5,6
8	6,4
9	7,2

P. P.

N.	L.	0	1	2	3	4	5	6	7	8	9
555	74	429	437	445	453	461	468	476	484	492	500
556		507	515	523	531	539	547	554	562	570	578
557		586	593	601	609	617	624	632	640	648	656
558		663	671	679	687	695	702	710	718	726	733
559		741	749	757	764	772	780	788	796	803	811
560		819	827	834	842	850	858	865	873	881	889
561		896	904	912	920	927	935	943	950	958	966
562		974	981	989	997	*005	*012	*020	*028	*035	*043
563	75	051	059	066	074	082	089	097	105	113	120
564		128	136	143	151	159	166	174	182	189	197
565		205	213	220	228	236	243	251	259	266	274
566		282	289	297	305	312	320	328	335	343	351
567		358	366	374	381	389	397	404	412	420	427
568		435	442	450	458	465	473	481	488	496	504
569		511	519	526	534	542	549	557	565	572	580
570		587	595	603	610	618	626	633	641	648	656
571		664	671	679	686	694	702	709	717	724	732
572		740	747	755	762	770	778	785	793	800	808
573		815	823	831	838	846	853	861	868	876	884
574		891	899	906	914	921	929	937	944	952	959
575		967	974	982	989	997	*005	*012	*020	*027	*035
576	76	042	050	057	065	072	080	087	095	103	110
577		118	125	133	140	148	155	163	170	178	185
578		193	200	208	215	223	230	238	245	253	260
579		268	275	283	290	298	305	313	320	328	335
580		343	350	358	365	373	380	388	395	403	410
581		418	425	433	440	448	455	462	470	477	485
582		492	500	507	515	522	530	537	545	552	559
583		567	574	582	589	597	604	612	619	626	634
584		641	649	656	664	671	678	686	693	701	708
585		716	723	730	738	745	753	760	768	775	782
586		790	797	805	812	819	827	834	842	849	856
587		864	871	879	886	893	901	908	916	923	930
588		938	945	953	960	967	975	982	989	997	*004
589	77	012	019	026	034	041	048	056	063	070	078
N.	L.	0	1	2	3	4	5	6	7	8	9

P. P.

	8
1	0,8
2	1,6
3	2,4
4	3,2
5	4,0
6	4,8
7	5,6
8	6,4
9	7,2

	7
1	0,7
2	1,4
3	2,1
4	2,8
5	3,5
6	4,2
7	4,9
8	5,6
9	6,3

P. P.

N.	L. 0	1	2	3	4	5	6	7	8	9	P. P.
590	77 085	093	100	107	115	122	129	137	144	151	
591	159	166	173	181	188	195	203	210	217	225	
592	232	240	247	254	262	269	276	283	291	298	
593	305	313	320	327	335	342	349	357	364	371	
594	379	386	393	401	408	415	422	430	437	444	
595	452	459	466	474	481	488	495	503	510	517	
596	525	532	539	546	554	561	568	576	583	590	8
597	597	605	612	619	627	634	641	648	656	663	1 0,8
598	670	677	685	692	699	706	714	721	728	735	2 1,6
599	743	750	757	764	772	779	786	793	801	808	3 2,4
600	815	822	830	837	844	851	859	866	873	880	4 3,2
601	887	895	902	909	916	924	931	938	945	952	5 4,0 6 4,8
602	960	967	974	981	988	996	*003	*010	*017	*025	7 5,6
603	78 032	039	046	053	061	068	075	082	089	097	8 6,4
604	104	111	118	125	132	140	147	154	161	168	9 7,2
605	176	183	190	197	204	211	219	226	233	240	
606	247	254	262	269	276	283	290	297	305	312	
607	319	326	333	340	347	355	362	369	376	383	
608	390	398	405	412	419	426	433	440	447	455	
609	462	469	476	483	490	497	504	512	519	526	
610	533	540	547	554	561	569	576	583	590	597	
611	604	611	618	625	633	640	647	654	661	668	7
612	675	682	689	696	704	711	718	725	732	739	1 0,7
613	746	753	760	767	774	781	789	796	803	810	2 1,4
614	817	824	831	838	845	852	859	866	873	880	3 2,1
615	888	895	902	909	916	923	930	937	944	951	4 2,8
616	958	965	972	979	986	993	*000	*007	*014	*021	5 3,5 6 4,2
617	79 029	036	043	050	057	064	071	078	085	092	7 4,9
618	099	106	113	120	127	134	141	148	155	162	8 5,6
619	169	176	183	190	197	204	211	218	225	232	9 6,3
620	239	246	253	260	267	274	281	288	295	302	
621	309	316	323	330	337	344	351	358	365	372	
622	379	386	393	400	407	414	421	428	435	442	
623	449	456	463	470	477	484	491	498	505	511	
624	518	525	532	539	546	553	560	567	574	581	
N.	L. 0	1	2	3	4	5	6	7	8	9	P. P.

N.	L. 0	1	2	3	4	5	6	7	8	9	P. P.
625	79 588	595	602	609	616	623	630	637	644	650	
626	657	664	671	678	685	692	699	706	713	720	
627	727	734	741	748	754	761	768	775	782	789	
628	796	803	810	817	824	831	837	844	851	858	
629	865	872	879	886	893	900	906	913	920	927	
630	934	941	948	955	962	969	975	982	989	996	
631	80 003	010	017	024	030	037	044	051	058	065	7
632	072	079	085	092	099	106	113	120	127	134	1 | 0,7
633	140	147	154	161	168	175	182	188	195	202	2 | 1,4
634	209	216	223	229	236	243	250	257	264	271	3 | 2,1
635	277	284	291	298	305	312	318	325	332	339	4 | 2,8
636	346	353	359	366	373	380	387	393	400	407	5 | 3,5
637	414	421	428	434	441	448	455	462	468	475	6 | 4,2
638	482	489	496	502	509	516	523	530	536	543	7 | 4,9
639	550	557	564	570	577	584	591	598	604	611	8 | 5,6
640	618	625	632	638	645	652	659	665	672	679	9 | 6,3
641	686	693	699	706	713	720	726	733	740	747	
642	754	760	767	774	781	787	794	801	808	814	
643	821	828	835	841	848	855	862	868	875	882	
644	889	895	902	909	916	922	929	936	943	949	
645	956	963	969	976	983	990	996	*003	*010	*017	
646	81 023	030	037	043	050	057	064	070	077	084	6
647	090	097	104	111	117	124	131	137	144	151	1 | 0,6
648	158	164	171	178	184	191	198	204	211	218	2 | 1,2
649	224	231	238	245	251	258	265	271	278	285	3 | 1,8
650	291	298	305	311	318	325	331	338	345	351	4 | 2,4
651	358	365	371	378	385	391	398	405	411	418	5 | 3,0
652	425	431	438	445	451	458	465	471	478	485	6 | 3,6
653	491	498	505	511	518	525	531	538	544	551	7 | 4,2
654	558	564	571	578	584	591	598	604	611	617	8 | 4,8
655	624	631	637	644	651	657	664	671	677	684	9 | 5,4
656	690	697	704	710	717	723	730	737	743	750	
657	757	763	770	776	783	790	796	803	809	816	
658	823	829	836	842	849	856	862	869	875	882	
659	889	895	902	908	915	921	928	935	941	948	
N.	L. 0	1	2	3	4	5	6	7	8	9	P. P.

N.	L. 0	1	2	3	4	5	6	7	8	9
660	81 954	961	968	974	981	987	994	*000	*007	*014
661	82 020	027	033	040	046	053	060	066	073	079
662	086	092	099	105	112	119	125	132	138	145
663	151	158	164	171	178	184	191	197	204	210
664	217	223	230	236	243	249	256	263	269	276
665	282	289	295	302	308	315	321	328	334	341
666	347	354	360	367	373	380	387	393	400	406
667	413	419	426	432	439	445	452	458	465	471
668	478	484	491	497	504	510	517	523	530	536
669	543	549	556	562	569	575	582	588	595	601
670	607	614	620	627	633	640	646	653	659	666
671	672	679	685	692	698	705	711	718	724	730
672	737	743	750	756	763	769	776	782	789	795
673	802	808	814	821	827	834	840	847	853	860
674	866	872	879	885	892	898	905	911	918	924
675	930	937	943	950	956	963	969	975	982	988
676	995	*001	*008	*014	*020	*027	*033	*040	*046	*052
677	83 059	065	072	078	085	091	097	104	110	117
678	123	129	136	142	149	155	161	168	174	181
679	187	193	200	206	213	219	225	232	238	245
680	251	257	264	270	276	283	289	296	302	308
681	315	321	327	334	340	347	353	359	366	372
682	378	385	391	398	404	410	417	423	429	436
683	442	448	455	461	467	474	480	487	493	499
684	506	512	518	525	531	537	544	550	556	563
685	569	575	582	588	594	601	607	613	620	626
686	632	639	645	651	658	664	670	677	683	689
687	696	702	708	715	721	727	734	740	746	753
688	759	765	771	778	784	790	797	803	809	816
689	822	828	835	841	847	853	860	866	872	879
690	885	891	897	904	910	916	923	929	935	942
691	948	954	960	967	973	979	985	992	998	*004
692	84 011	017	023	029	036	042	048	055	061	067
693	073	080	086	092	098	105	111	117	123	130
694	136	142	148	155	161	167	173	180	186	192
N.	L. 0	1	2	3	4	5	6	7	8	9

P. P.

	7
1	0,7
2	1,4
3	2,1
4	2,8
5	3,5
6	4,2
7	4,9
8	5,6
9	6,3

	6
1	0,6
2	1,2
3	1,8
4	2,4
5	3,0
6	3,6
7	4,2
8	4,8
9	5,4

P. P.

N.	L. 0	1	2	3	4	5	6	7	8	9
695	84 198	205	211	217	223	230	236	242	248	255
696	261	267	273	280	286	292	298	305	311	317
697	323	330	336	342	348	354	361	367	373	379
698	386	392	398	404	410	417	423	429	435	442
699	448	454	460	466	473	479	485	491	497	504
700	510	516	522	528	535	541	547	553	559	566
701	572	578	584	590	597	603	609	615	621	628
702	634	640	646	652	658	665	671	677	683	689
703	696	702	708	714	720	726	733	739	745	751
704	757	763	770	776	782	788	794	800	807	813
705	819	825	831	837	844	850	856	862	868	874
706	880	887	893	899	905	911	917	924	930	936
707	942	948	954	960	967	973	979	985	991	997
708	85 003	009	016	022	028	034	040	046	052	058
709	065	071	077	083	089	095	101	107	114	120
710	126	132	138	144	150	156	163	169	175	181
711	187	193	199	205	211	217	224	230	236	242
712	248	254	260	266	272	278	285	291	297	303
713	309	315	321	327	333	339	345	352	358	364
714	370	376	382	388	394	400	406	412	418	425
715	431	437	443	449	455	461	467	473	479	485
716	491	497	503	509	516	522	528	534	540	546
717	552	558	564	570	576	582	588	594	600	606
718	612	618	625	631	637	643	649	655	661	667
719	673	679	685	691	697	703	709	715	721	727
720	733	739	745	751	757	763	769	775	781	788
721	794	800	806	812	818	824	830	836	842	848
722	854	860	866	872	878	884	890	896	902	908
723	914	920	926	932	938	944	950	956	962	968
724	974	980	986	992	998	*004	*010	*016	*022	*028
725	86 034	040	046	052	058	064	070	076	082	088
726	094	100	106	112	118	124	130	136	141	147
727	153	159	165	171	177	183	189	195	201	207
728	213	219	225	231	237	243	249	255	261	267
729	273	279	285	291	297	303	308	314	320	326
N.	L. 0	1	2	3	4	5	6	7	8	9

P. P.

	6
1	0,6
2	1,2
3	1,8
4	2,4
5	3,0
6	3,6
7	4,2
8	4,8
9	5,4

	5
1	0,5
2	1,0
3	1,5
4	2,0
5	2,5
6	3,0
7	3,5
8	4,0
9	4,5

P. P.

N.	L.	0	1	2	3	4	5	6	7	8	9	P. P.
730	86	332	338	344	350	356	362	368	374	380	386	
731		392	398	404	410	415	421	427	433	439	445	
732		451	457	463	469	475	481	487	493	499	504	
733		510	516	522	528	534	540	546	552	558	564	
734		570	576	581	587	593	599	605	611	617	623	
735		629	635	641	646	652	658	664	670	676	682	
736		688	694	700	705	711	717	723	729	735	741	6
737		747	753	759	764	770	776	782	788	794	800	1 | 0,6
738		806	812	817	823	829	835	841	847	853	859	2 | 1,2
739		864	870	876	882	888	894	900	906	911	917	3 | 1,8
740		923	929	935	941	947	953	958	964	970	976	4 | 2,4
741		982	988	994	999	*005	*011	*017	*023	*029	*035	5 | 3,0
742	87	040	046	052	058	064	070	075	081	087	093	6 | 3,6
743		099	105	111	116	122	128	134	140	146	151	7 | 4,2
744		157	163	169	175	181	186	192	198	204	210	8 | 4,8
745		216	221	227	233	239	245	251	256	262	268	9 | 5,4
746		274	280	286	291	297	303	309	315	320	326	
747		332	338	344	349	355	361	367	373	379	384	
748		390	396	402	408	413	419	425	431	437	442	
749		448	454	460	466	471	477	483	489	495	500	
750		506	512	518	523	529	535	541	547	552	558	
751		564	570	576	581	587	593	599	604	610	616	5
752		622	628	633	639	645	651	656	662	668	674	1 | 0,5
753		679	685	691	697	703	708	714	720	726	731	2 | 1,0
754		737	743	749	754	760	766	772	777	783	789	3 | 1,5
755		795	800	806	812	818	823	829	835	841	846	4 | 2,0
756		852	858	864	869	875	881	887	892	898	904	5 | 2,5
757		910	915	921	927	933	938	944	950	955	961	6 | 3,0
758		967	973	978	984	990	996	*001	*007	*013	*018	7 | 3,5
759	88	024	030	036	041	047	053	058	064	070	076	8 | 4,0
760		081	087	093	098	104	110	116	121	127	133	9 | 4,5
761		138	144	150	156	161	167	173	178	184	190	
762		195	201	207	213	218	224	230	235	241	247	
763		252	258	264	270	275	281	287	292	298	304	
764		309	315	321	326	332	338	343	349	355	360	
N.	L.	0	1	2	3	4	5	6	7	8	9	P. P.

N.	L. 0	1	2	3	4	5	6	7	8	9
765	88 366	372	377	383	389	395	400	406	412	417
766	423	429	434	440	446	451	457	463	468	474
767	480	485	491	497	502	508	513	519	525	530
768	536	542	547	553	559	564	570	576	581	587
769	593	598	604	610	615	621	627	632	638	643
770	649	655	660	666	672	677	683	689	694	700
771	705	711	717	722	728	734	739	745	750	756
772	762	767	773	779	784	790	795	801	807	812
773	818	824	829	835	840	846	852	857	863	868
774	874	880	885	891	897	902	908	913	919	925
775	930	936	941	947	953	958	964	969	975	981
776	986	992	997	*003	*009	*014	*020	*025	*031	*037
777	89 042	048	053	059	064	070	076	081	087	092
778	098	104	109	115	120	126	131	137	143	148
779	154	159	165	170	176	182	187	193	198	204
780	209	215	221	226	232	237	243	248	254	260
781	265	271	276	282	287	293	298	304	310	315
782	321	326	332	337	343	348	354	360	365	371
783	376	382	387	393	398	404	409	415	421	426
784	432	437	443	448	454	459	465	470	476	481
785	487	492	498	504	509	515	520	526	531	537
786	542	548	553	559	564	570	575	581	586	592
787	597	603	609	614	620	625	631	636	642	647
788	653	658	664	669	675	680	686	691	697	702
789	708	713	719	724	730	735	741	746	752	757
790	763	768	774	779	785	790	796	801	807	812
791	818	823	829	834	840	845	851	856	862	867
792	873	878	883	889	894	900	905	911	916	922
793	927	933	938	944	949	955	960	966	971	977
794	982	988	993	998	*004	*009	*015	*020	*026	*031
795	90 037	042	048	053	059	064	069	075	080	086
796	091	097	102	108	113	119	124	129	135	140
797	146	151	157	162	168	173	179	184	189	195
798	200	206	211	217	222	227	233	238	244	249
799	255	260	266	271	276	282	287	293	298	304
N.	L. 0	1	2	3	4	5	6	7	8	9

P. P.

	6
1	0,6
2	1,2
3	1,8
4	2,4
5	3,0
6	3,6
7	4,2
8	4,8
9	5,4

	5
1	0,5
2	1,0
3	1,5
4	2,0
5	2,5
6	3,0
7	3,5
8	4,0
9	4,5

P. P.

N.	L. 0	1	2	3	4	5	6	7	8	9
800	90 309	314	320	325	331	336	342	347	352	358
801	363	369	374	380	385	390	396	401	407	412
802	417	423	428	434	439	445	450	455	461	466
803	472	477	482	488	493	499	504	509	515	520
804	526	531	536	542	547	553	558	563	569	574
805	580	585	590	596	601	607	612	617	623	628
806	634	639	644	650	655	660	666	671	677	682
807	687	693	698	703	709	714	720	725	730	736
808	741	747	752	757	763	768	773	779	784	789
809	795	800	806	811	816	822	827	832	838	843
810	849	854	859	865	870	875	881	886	891	897
811	902	907	913	918	924	929	934	940	945	950
812	956	961	966	972	977	982	988	993	998	*004
813	91 009	014	020	025	030	036	041	046	052	057
814	062	068	073	078	084	089	094	100	105	110
815	116	121	126	132	137	142	148	153	158	164
816	169	174	180	185	190	196	201	206	212	217
817	222	228	233	238	243	249	254	259	265	270
818	275	281	286	291	297	302	307	312	318	323
819	328	334	339	344	350	355	360	365	371	376
820	381	387	392	397	403	408	413	418	424	429
821	434	440	445	450	455	461	466	471	477	482
822	487	492	498	503	508	514	519	524	529	535
823	540	545	551	556	561	566	572	577	582	587
824	593	598	603	609	614	619	624	630	635	640
825	645	651	656	661	666	672	677	682	687	693
826	698	703	709	714	719	724	730	735	740	745
827	751	756	761	766	772	777	782	787	793	798
828	803	808	814	819	824	829	834	840	845	850
829	855	861	866	871	876	882	887	892	897	903
830	908	913	918	924	929	934	939	944	950	955
831	960	965	971	976	981	986	991	997	*002	*007
832	92 012	018	023	028	033	038	044	049	054	059
833	065	070	075	080	085	091	096	101	106	111
834	117	122	127	132	137	143	148	153	158	163
N.	L. 0	1	2	3	4	5	6	7	8	9

P. P.

	6
1	0,6
2	1,2
3	1,8
4	2,4
5	3,0
6	3,6
7	4,2
8	4,8
9	5,4

	5
1	0,5
2	1,0
3	1,5
4	2,0
5	2,5
6	3,0
7	3,5
8	4,0
9	4,5

P. P.

N.	L. 0	1	2	3	4	5	6	7	8	9
835	92 169	174	179	184	189	195	200	205	210	215
836	221	226	231	236	241	247	252	257	262	267
837	273	278	283	288	293	298	304	309	314	319
838	324	330	335	340	345	350	355	361	366	371
839	376	381	387	392	397	402	407	412	418	423
840	428	433	438	443	449	454	459	464	469	474
841	480	485	490	495	500	505	511	516	521	526
842	531	536	542	547	552	557	562	567	572	578
843	583	588	593	598	603	609	614	619	624	629
844	634	639	645	650	655	660	665	670	675	681
845	686	691	696	701	706	711	716	722	727	732
846	737	742	747	752	758	763	768	773	778	783
847	788	793	799	804	809	814	819	824	829	834
848	840	845	850	855	860	865	870	875	881	886
849	891	896	901	906	911	916	921	927	932	937
850	942	947	952	957	962	967	973	978	983	988
851	993	998	*003	*008	*013	*018	*024	*029	*034	*039
852	93 044	049	054	059	064	069	075	080	085	090
853	095	100	105	110	115	120	125	131	136	141
854	146	151	156	161	166	171	176	181	186	192
855	197	202	207	212	217	222	227	232	237	242
856	247	252	258	263	268	273	278	283	288	293
857	298	303	308	313	318	323	328	334	339	344
858	349	354	359	364	369	374	379	384	389	394
859	399	404	409	414	420	425	430	435	440	445
860	450	455	460	465	470	475	480	485	490	495
861	500	505	510	515	520	526	531	536	541	546
862	551	556	561	566	571	576	581	586	591	596
863	601	606	611	616	621	626	631	636	641	646
864	651	656	661	666	671	676	682	687	692	697
865	702	707	712	717	722	727	732	737	742	747
866	752	757	762	767	772	777	782	787	792	797
867	802	807	812	817	822	827	832	837	842	847
868	852	857	862	867	872	877	882	887	892	897
869	902	907	912	917	922	927	932	937	942	947
N.	L. 0	1	2	3	4	5	6	7	8	9

P. P.

	6
1	0,6
2	1,2
3	1,8
4	2,4
5	3,0
6	3,6
7	4,2
8	4,8
9	5,4

	5
1	0,5
2	1,0
3	1,5
4	2,0
5	2,5
6	3,0
7	3,5
8	4,0
9	4,5

N.	L. 0	1	2	3	4	5	6	7	8	9
870	93 952	957	962	967	972	977	982	987	992	997
871	94 002	007	012	017	022	027	032	037	042	047
872	052	057	062	067	072	077	082	086	091	096
873	101	106	111	116	121	126	131	136	141	146
874	151	156	161	166	171	176	181	186	191	196
875	201	206	211	216	221	226	231	236	240	245
876	250	255	260	265	270	275	280	285	290	295
877	300	305	310	315	320	325	330	335	340	345
878	349	354	359	364	369	374	379	384	389	394
879	399	404	409	414	419	424	429	433	438	443
880	448	453	458	463	468	473	478	483	488	493
881	498	503	507	512	517	522	527	532	537	542
882	547	552	557	562	567	571	576	581	586	591
883	596	601	606	611	616	621	626	630	635	640
884	645	650	655	660	665	670	675	680	685	689
885	694	699	704	709	714	719	724	729	734	738
886	743	748	753	758	763	768	773	778	783	787
887	792	797	802	807	812	817	822	827	832	836
888	841	846	851	856	861	866	871	876	880	885
889	890	895	900	905	910	915	919	924	929	934
890	939	944	949	954	959	963	968	973	978	983
891	988	993	998	*002	*007	*012	*017	*022	*027	*032
892	95 036	041	046	051	056	061	066	071	075	080
893	085	090	095	100	105	109	114	119	124	129
894	134	139	143	148	153	158	163	168	173	177
895	182	187	192	197	202	207	211	216	221	226
896	231	236	240	245	250	255	260	265	270	274
897	279	284	289	294	299	303	308	313	318	323
898	328	332	337	342	347	352	357	361	366	371
899	376	381	386	390	395	400	405	410	415	419
900	424	429	434	439	444	448	453	458	463	468
901	472	477	482	487	492	497	501	506	511	516
902	521	525	530	535	540	545	550	554	559	564
903	569	574	578	583	588	593	598	602	607	612
904	617	622	626	631	636	641	646	650	655	660

| N. | L. 0 | 1 | 2 | 3 | 4 | 5 | 6 | 7 | 8 | 9 |

P. P.

	5
1	0,5
2	1,0
3	1,5
4	2,0
5	2,5
6	3,0
7	3,5
8	4,0
9	4,5

	4
1	0,4
2	0,8
3	1,2
4	1,6
5	2,0
6	2,4
7	2,8
8	3,2
9	3,6

P. P.

N.	L. 0	1	2	3	4	5	6	7	8	9	P. P.
905	95 665	670	674	679	684	689	694	698	703	708	
906	713	718	722	727	732	737	742	746	751	756	
907	761	766	770	775	780	785	789	794	799	804	
908	809	813	818	823	828	832	837	842	847	852	
909	856	861	866	871	875	880	885	890	895	899	
910	904	909	914	918	923	928	933	938	942	947	
911	952	957	961	966	971	976	980	985	990	995	
912	999	*004	*009	*014	*019	*023	*028	*033	*038	*042	
913	96 047	052	057	061	066	071	076	080	085	090	
914	095	099	104	109	114	118	123	128	133	137	
915	142	147	152	156	161	166	171	175	180	185	
916	190	194	199	204	209	213	218	223	227	232	
917	237	242	246	251	256	261	265	270	275	280	
918	284	289	294	298	303	308	313	317	322	327	
919	332	336	341	346	350	355	360	365	369	374	
920	379	384	388	393	398	402	407	412	417	421	
921	426	431	435	440	445	450	454	459	464	468	
922	473	478	483	487	492	497	501	506	511	515	
923	520	525	530	534	539	544	548	553	558	562	
924	567	572	577	581	586	591	595	600	605	609	
925	614	619	624	628	633	638	642	647	652	656	
926	661	666	670	675	680	685	689	694	699	703	
927	708	713	717	722	727	731	736	741	745	750	
928	755	759	764	769	774	778	783	788	792	797	
929	802	806	811	816	820	825	830	834	839	844	
930	848	853	858	862	867	872	876	881	886	890	
931	895	900	904	909	914	918	923	928	932	937	
932	942	946	951	956	960	965	970	974	979	984	
933	988	993	997	*002	*007	*011	*016	*021	*025	*030	
934	97 035	039	044	049	053	058	063	067	072	077	
935	081	086	090	095	100	104	109	114	118	123	
936	128	132	137	142	146	151	155	160	165	169	
937	174	179	183	188	192	197	202	206	211	216	
938	220	225	230	234	239	243	248	253	257	262	
939	267	271	276	280	285	290	294	299	304	308	
N.	L. 0	1	2	3	4	5	6	7	8	9	P. P.

P. P.

	5
1	0,5
2	1,0
3	1,5
4	2,0
5	2,5
6	3,0
7	3,5
8	4,0
9	4,5

	4
1	0,4
2	0,8
3	1,2
4	1,6
5	2,0
6	2,4
7	2,8
8	3,2
9	3,6

N.	L. 0	1	2	3	4	5	6	7	8	9
940	97 313	317	322	327	331	336	340	345	350	354
941	359	364	368	373	377	382	387	391	396	400
942	405	410	414	419	424	428	433	437	442	447
943	451	456	460	465	470	474	479	483	488	493
944	497	502	506	511	516	520	525	529	534	539
945	543	548	552	557	562	566	571	575	580	585
946	589	594	598	603	607	612	617	621	626	630
947	635	640	644	649	653	658	663	667	672	676
948	681	685	690	695	699	704	708	713	717	722
949	727	731	736	740	745	749	754	759	763	768
950	772	777	782	786	791	795	800	804	809	813
951	818	823	827	832	836	841	845	850	855	859
952	864	868	873	877	882	886	891	896	900	905
953	909	914	918	923	928	932	937	941	946	950
954	955	959	964	968	973	978	982	987	991	996
955	98 000	005	009	014	019	023	028	032	037	041
956	046	050	055	059	064	068	073	078	082	087
957	091	096	100	105	109	114	118	123	127	132
958	137	141	146	150	155	159	164	168	173	177
959	182	186	191	195	200	204	209	214	218	223
960	227	232	236	241	245	250	254	259	263	268
961	272	277	281	286	290	295	299	304	308	313
962	318	322	327	331	336	340	345	349	354	358
963	363	367	372	376	381	385	390	394	399	403
964	408	412	417	421	426	430	435	439	444	448
965	453	457	462	466	471	475	480	484	489	493
966	498	502	507	511	516	520	525	529	534	538
967	543	547	552	556	561	565	570	574	579	583
968	588	592	597	601	605	610	614	619	623	628
969	632	637	641	646	650	655	659	664	668	673
970	677	682	686	691	695	700	704	709	713	717
971	722	726	731	735	740	744	749	753	758	762
972	767	771	776	780	784	789	793	798	802	807
973	811	816	820	825	829	834	838	843	847	851
974	856	860	865	869	874	878	883	887	892	896

| N. | L. 0 | 1 | 2 | 3 | 4 | 5 | 6 | 7 | 8 | 9 |

P. P.

	5
1	0,5
2	1,0
3	1,5
4	2,0
5	2,5
6	3,0
7	3,5
8	4,0
9	4,5

	4
1	0,4
2	0,8
3	1,2
4	1,6
5	2,0
6	2,4
7	2,8
8	3,2
9	3,6

N.	L. 0	1	2	3	4	5	6	7	8	9
975	98 900	905	909	914	918	923	927	932	936	941
976	945	949	954	958	963	967	972	976	981	985
977	989	994	998	*003	*007	*012	*016	*021	*025	*029
978	99 034	038	043	047	052	056	061	065	069	074
979	078	083	087	092	096	100	105	109	114	118
980	123	127	131	136	140	145	149	154	158	162
981	167	171	176	180	185	189	193	198	202	207
982	211	216	220	224	229	233	238	242	247	251
983	255	260	264	269	273	277	282	286	291	295
984	300	304	308	313	317	322	326	330	335	339
985	344	348	352	357	361	366	370	374	379	383
986	388	392	396	401	405	410	414	419	423	427
987	432	436	441	445	449	454	458	463	467	471
988	476	480	484	489	493	498	502	506	511	515
989	520	524	528	533	537	542	546	550	555	559
990	564	568	572	577	581	585	590	594	599	603
991	607	612	616	621	625	629	634	638	642	647
992	651	656	660	664	669	673	677	682	686	691
993	695	699	704	708	712	717	721	726	730	734
994	739	743	747	752	756	760	765	769	774	778
995	782	787	791	795	800	804	808	813	817	822
996	826	830	835	839	843	848	852	856	861	865
997	870	874	878	883	887	891	896	900	904	909
998	913	917	922	926	930	935	939	944	948	952
999	957	961	965	970	974	978	983	987	991	996
N.	L. 0	1	2	3	4	5	6	7	8	9

P. P.

	5
1	0,5
2	1,0
3	1,5
4	2,0
5	2,5
6	3,0
7	3,5
8	4,0
9	4,5

	4
1	0,4
2	0,8
3	1,2
4	1,6
5	2,0
6	2,4
7	2,8
8	3,2
9	3,6

P. P.

$\pi = 3{,}14159$

$\lg\pi = 0{,}4971499$

$\lg 1^\circ = 8{,}2418774 - 10$

$\lg 1' = 6{,}4637261 - 10$

(siehe auch folgende Seite Taf. III.)

$e = 2{,}71828$

$\lg e = 0{,}434294$

$\frac{1}{\lg e} = 2{,}302585$

$\lg(\lg e) = 0{,}63778 - 1$

$\lg\left(\frac{1}{\lg e}\right) = 0{,}36222$

(siehe auch Seite 139 Taf. VII.)

III.

Tafel zur Kreis- und Winkelmeſſung.

Die Länge des Halbkreiſes iſt $\pi r = 3{,}14159265358979 r$.

$$\frac{1}{\pi} = 0{,}3183099;\ \pi^2 = 9{,}8696044;\ \sqrt{\pi} = 1{,}7724539.$$

$$\lg \pi = 0{,}4971499.$$

Iſt b der zu einem Centriwinkel gehörige Bogen, r der Radius, ſo iſt $\frac{b}{r}$ die Maſszahl des Winkels (auch der Arkus genannt). Der Winkel 1 iſt derjenige, deſſen Bogen gleich dem Radius iſt.

Hieraus folgt:

$$180^\circ = \pi;\ 1^\circ = \frac{\pi}{180};\ 1' = \frac{\pi}{10800}\ \left(1'' = \frac{\pi}{648000}\right)$$

$1^\circ = 0{,}0174533$	$1' = 0{,}0002909$	$1\pi = 3{,}1415927$	$\frac{1}{\pi} = 0{,}3183099$
$2^\circ = 0{,}0349066$	$2' = 0{,}0005818$	$2\pi = 6{,}2831853$	$\frac{2}{\pi} = 0{,}6366198$
$3^\circ = 0{,}0523599$	$3' = 0{,}0008727$	$3\pi = 9{,}4247780$	$\frac{3}{\pi} = 0{,}9549297$
$4^\circ = 0{,}0698132$	$4' = 0{,}0011636$	$4\pi = 12{,}5663706$	$\frac{4}{\pi} = 1{,}2732395$
$5^\circ = 0{,}0872665$	$5' = 0{,}0014544$	$5\pi = 15{,}7079633$	$\frac{5}{\pi} = 1{,}5915494$
$6^\circ = 0{,}1047198$	$6' = 0{,}0017453$	$6\pi = 18{,}8495559$	$\frac{6}{\pi} = 1{,}9098593$
$7^\circ = 0{,}1221730$	$7' = 0{,}0020362$	$7\pi = 21{,}9911486$	$\frac{7}{\pi} = 2{,}2281692$
$8^\circ = 0{,}1396263$	$8' = 0{,}0023271$	$8\pi = 25{,}1327412$	$\frac{8}{\pi} = 2{,}5464791$
$9^\circ = 0{,}1570796$	$9' = 0{,}0026180$	$9\pi = 28{,}2743339$	$\frac{9}{\pi} = 2{,}8647890$

Hiernach kann der Wert eines in Graden, Minuten etc. gegebenen Winkels berechnet werden.

Um aus dem Werte eines Winkels die Anzahl der Grade, Minuten etc., die er enthält, zu berechnen, dienen folgende Formeln:

$$1 = \frac{180^\circ}{\pi} = \frac{10800'}{\pi} \left(= \frac{648000''}{\pi}\right),\ \text{alſo:}$$

$$\begin{aligned}
1 &= 57^\circ\ 17{,}747' = 3437{,}747' \\
2 &= 114^\circ\ 35{,}494' = 6875{,}494' \\
3 &= 171^\circ\ 53{,}240' = 10313{,}240' \\
4 &= 229^\circ\ 10{,}987' = 13750{,}987' \\
5 &= 286^\circ\ 28{,}734' = 17188{,}734' \\
6 &= 343^\circ\ 46{,}481' = 20626{,}481' \\
7 &= 401^\circ\ \ 4{,}227' = 24064{,}227' \\
8 &= 458^\circ\ 21{,}974' = 27501{,}974' \\
9 &= 515^\circ\ 39{,}721' = 30939{,}721'
\end{aligned}$$

Beiſpiele findet man in den Erläuterungen.

IV.

Fünfſtellige Logarithmen

der trigonometrischen Funktionen von Minute zu Minute.

(Jede Kennziffer iſt um 10 vermehrt.)

Seite 38—127.

Formeln zur Berechnung der Logarithmen der Sinus und Tangenten kleiner Winkel, unter den Tafeln Seite 39 und 41.

0 Grad.

Min.	Sinus	Diff.	Tangens	C.D.	Cotang.	Diff.	Cosinus	
0	— ∞		— ∞		∞	0	10,00000	60
1	6,46373	(30103)	6,46373	(30103)	13,53627		10,00000	59
2	6,76476	(17609)	6,76476	(17609)	13,23524		10,00000	58
3	6,94085	(12494)	6.94085	(12494)	13,05915		10,00000	57
4	7,06579	(9691)	7,06579	(9691)	12,93421		10,00000	56
5	7,16270	(7918)	7,16270	(7918)	12,83730	0	10,00000	55
6	7,24188	(6694)	7,24188	(6694)	12,75812		10,00000	54
7	7,30882	(5800)	7,30882	(5800)	12,69118		10,00000	53
8	7,36682	(5115)	7,36682	(5115)	12,63318		10,00000	52
9	7,41797	(4576)	7,41797	(4576)	12,58203		10,00000	51
10	7,46373	(4139)	7,46373	(4139)	12,53627	0	10,00000	50
11	7,50512	(3779)	7,50512	(3779)	12,49488		10,00000	49
12	7,54291	(3476)	7,54291	(3476)	12,45709		10,00000	48
13	7,57767	(3218)	7,57767	(3219)	12,42233		10,00000	47
14	7,60985	(2997)	7,60986	(2996)	12,39014		10,00000	46
15	7,63982	(2802)	7,63982	(2803)	12,36018	0	10,00000	45
16	7,66784	(2633)	7,66785	(2633)	12,33215	1	10,00000	44
17	7,69417	(2483)	7,69418	(2482)	12,30582	0	9,99999	43
18	7,71900	(2348)	7,71900	(2348)	12,28100		9,99999	42
19	7,74248	(2227)	7,74248	(2228)	12,25752		9,99999	41
20	7·76475	(2119)	7,76476	(2119)	12,23524	0	9,99999	40
21	7,78594	(2021)	7,78595	(2020)	12,21405		9,99999	39
22	7,80615	(1930)	7,80615	(1931)	12,19385		9,99999	38
23	7,82545	(1848)	7,82546	(1848)	12,17454		9,99999	37
24	7,84393	(1773)	7,84394	(1773)	12,15606		9,99999	36
25	7,86166	(1704)	7,86167	(1704)	12,13833	0	9,99999	35
26	7,87870	(1639)	7,87871	(1639)	12,12129		9,99999	34
27	7,89509	(1579)	7,89510	(1579)	12,10490		9,99999	33
28	7,91088	(1524)	7,91089	(1524)	12,08911	1	9,99999	32
29	7,92612	(1472)	7,92613	(1473)	12,07387	0	9,99998	31
30	7,94084		7,94086		12,05914		9,99998	30
	Cosinus	Diff.	Cotang.	C.D.	Tangens	Diff.	Sinus	Min.

89 Grad.

Die eingeklammerten Differenzen geben beim einfachen Interpolieren nicht fünf Decimalstellen genau. Dagegen gelten, wenn der Winkel kleiner als 8° ist, folgende Formeln auf fünf Decimalstellen:

0 Grad.

Min.	Sinus	Diff.	Tangens	C.D.	Cotang.	Diff.	Cosinus	
30	7,94084	(1424)	7,94086	(1424)	12,05914	0	9,99998	30
31	7,95508	(1379)	7,95510	(1379)	12,04490		9,99998	29
32	7,96887	(1336)	7,96889	(1336)	12,03111		9,99998	28
33	7,98223	(1297)	7,98225	(1297)	12,01775		9,99998	27
34	7,99520	(1259)	7,99522	(1259)	12,00478		9,99998	26
35	8,00779	(1223)	8,00781	(1223)	11,99219	0	9,99998	25
36	8,02002	(1190)	8,02004	(1190)	11,97996	1	9,99998	24
37	8,03192	(1158)	8,03194	(1159)	11,96806	0	9,99997	23
38	8,04350	(1128)	8,04353	(1128)	11,95647		9,99997	22
39	8,05478	(1100)	8,05481	(1100)	11,94519		9,99997	21
40	8,06578	(1072)	8,06581	(1072)	11,93419	0	9,99997	20
41	8,07650	(1046)	8,07653	(1047)	11,92347		9,99997	19
42	8,08696	(1022)	8,08700	(1022)	11,91300		9,99997	18
43	8,09718	(999)	8,09722	(998)	11,90278	1	9,99997	17
44	8,10717	(976)	8,10720	(976)	11,89280	0	9,99996	16
45	8,11693	(954)	8,11696	(955)	11,88304	0	9,99996	15
46	8,12647	(934)	8,12651	(934)	11,87349		9,99996	14
47	8,13581	(914)	8,13585	(915)	11,86415		9,99996	13
48	8,14495	(896)	8,14500	(895)	11,85500		9,99996	12
49	8,15391	(877)	8,15395	(878)	11,84605	1	9,99996	11
50	8,16268	(860)	8,16273	(860)	11,83727	0	9,99995	10
51	8,17128	(843)	8,17133	(843)	11,82867		9,99995	9
52	8,17971	(827)	8,17976	(828)	11,82024		9,99995	8
53	8,18798	(812)	8,18804	(812)	11,81196		9,99995	7
54	8,19610	(797)	8,19616	(797)	11,80384	1	9,99995	6
55	8,20407	(782)	8,20413	(782)	11,79587	0	9,99994	5
56	8,21189	(769)	8,21195	(769)	11,78805		9,99994	4
57	8,21958	(755)	8,21964	(756)	11,78036		9,99994	3
58	8,22713	(743)	8,22720	(742)	11,77280		9,99994	2
59	8,23456	(730)	8,23462	(730)	11,76538	1	9,99994	1
60	8,24186		8,24192		11,75808		9,99993	0
	Cosinus	Diff.	Cotang.	C.D.	Tangens	Diff.	Sinus	Min.

89 Grad.

$\lg \sin x' = \lg 1' + \lg x + \frac{1}{3} \lg \cos x'$; oder $\lg x = \lg \sin x' - \frac{1}{3} \lg \cos x' - \lg 1'$;
$\lg \operatorname{tg} x' = \lg 1' + \lg x - \frac{2}{3} \lg \cos x'$; oder $\lg x = \lg \operatorname{tg} x' + \frac{2}{3} \lg \cos x' - \lg 1'$;
$\lg 1' = 6{,}46373 - 10$.

1 Grad.

Min.	Sinus	Diff.	Tangens	C.D.	Cotang.	Diff.	Cosinus	
0	8,24186	(717)	8,24192	(718)	11,75808	0	9,99993	60
1	8,24903	(706)	8,24910	(706)	11,75090		9,99993	59
2	8,25609	(695)	8,25616	(696)	11,74384		9,99993	58
3	8,26304	(684)	8,26312	(684)	11,73688	1	9,99993	57
4	8,26988	(673)	8,26996	(673)	11,73004	0	9,99992	56
5	8,27661	(663)	8,27669	(663)	11,72331	0	9,99992	55
6	8,28324	(653)	8,28332	(654)	11,71668		9,99992	54
7	8,28977	(644)	8,28986	(643)	11,71014		9,99992	53
8	8,29621	(634)	8,29629	(634)	11,70371	1	9,99992	52
9	8,30255	(624)	8,30263	(625)	11,69737		9,99991	51
10	8,30879	(616)	8,30888	(617)	11,69112	0	9,99991	50
11	8,31495	(608)	8,31505	(607)	11,68495	1	9,99991	49
12	8,32103	(599)	8,32112	(599)	11,67888	0	9,99990	48
13	8,32702	(590)	8,32711	(591)	11,67289		9,99990	47
14	8,33292	(583)	8,33302	(584)	11,66698		9,99990	46
15	8,33875	(575)	8,33886	(575)	11,66114	1	9,99990	45
16	8,34450	(568)	8,34461	(568)	11,65539	0	9,99989	44
17	8,35018	(560)	8,35029	(561)	11,64971		9,99989	43
18	8,35578	(553)	8,35590	(553)	11,64410		9,99989	42
19	8,36131	(547)	8,36143	(546)	11,63857	1	9,99989	41
20	8,36678	(539)	8,36689	(540)	11,63311	0	9,99988	40
21	8,37217	(533)	8,37229	(533)	11,62771		9,99988	39
22	8,37750	(526)	8,37762	(527)	11,62238	1	9,99988	38
23	8,38276	(520)	8,38289	(520)	11,61711	0	9,99987	37
24	8,38796	(514)	8,38809	(514)	11,61191		9,99987	36
25	8,39310	(508)	8,39323	(509)	11,60677	1	9,99987	35
26	8,39818	(502)	8,39832	(502)	11,60168	0	9,99986	34
27	8,40320	(496)	8,40334	(496)	11,59666		9,99986	33
28	8,40816	(491)	8,40830	(491)	11,59170	1	9,99986	32
29	8,41307	(485)	8,41321	(486)	11,58679	0	9,99985	31
30	8,41792		8,41807		11,58193		9,99985	30
	Cosinus	Diff.	Cotang.	C.D.	Tangens	Diff.	Sinus	Min.

88 Grad.

Die eingeklammerten Differenzen geben beim einfachen Interpolieren nicht fünf Decimalstellen genau. Dagegen gelten, wenn der Winkel kleiner als 8° ist, folgende Formeln auf fünf Decimalstellen:

1 Grad.

Min.	Sinus	Diff.	Tangens	C.D.	Cotang.	Diff.	Cosinus	
30	8,41792		8,41807		11,58193		9,99985	30
		(480)		(480)		0		
31	8,42272		8,42287		11,57713		9,99985	29
		(474)		(475)		1		
32	8,42746		8,42762		11,57238		9,99984	28
		(470)		(470)		0		
33	8,43216		8,43232		11,56768		9,99984	27
		(464)		(464)				
34	8,43680		8,43696		11,56304		9,99984	26
		(459)		(460)		1		
35	8,44139		8,44156		11,55844		9,99983	25
		(455)		(455)		0		
36	8,44594		8,44611		11,55389		9,99983	24
		(450)		(450)				
37	8,45044		8,45061		11,54939		9,99983	23
		(445)		(446)		1		
38	8,45489		8,45507		11,54493		9,99982	22
		(441)		(441)		0		
39	8,45930		8,45948		11,54052		9,99982	21
		(436)		(437)				
40	8,46366		8,46385		11,53615		9,99982	20
		(433)		(432)		1		
41	8,46799		8,46817		11,53183		9,99981	19
		(427)		(428)		0		
42	8,47226		8,47245		11,52755		9,99981	18
		(424)		(424)				
43	8,47650		8,47669		11,52331		9,99981	17
		(419)		(420)		1		
44	8,48069		8,48089		11,51911		9,99980	16
		(416)		(416)		0		
45	8,48485		8,48505		11,51495		9,99980	15
		411		412		1		
46	8,48896		8,48917		11,51083		9,99979	14
		408		408		0		
47	8,49304		8,49325		11,50675		9,99979	13
		404		404				
48	8,49708		8,49729		11,50271		9,99979	12
		400		401		1		
49	8,50108		8,50130		11,49870		9,99978	11
		396		397		0		
50	8,50504		8,50527		11,49473		9,99978	10
		393		393		1		
51	8,50897		8,50920		11,49080		9,99977	9
		390		390		0		
52	8,51287		8,51310		11,48690		9,99977	8
		386		386				
53	8,51673		8,51696		11,48304		9,99977	7
		382		383		1		
54	8,52055		8,52079		11,47921		9,99976	6
		379		380		0		
55	8,52434		8,52459		11,47541		9,99976	5
		376		376		1		
56	8,52810		8,52835		11,47165		9,99975	4
		373		373		0		
57	8,53183		8,53208		11,46792		9,99975	3
		369		370		1		
58	8,53552		8,53578		11,46422		9,99974	2
		367		367		0		
59	8,53919		8,53945		11,46055		9,99974	1
		363		363				
60	8,54282		8,54308		11,45692		9,99974	0
	Cosinus	Diff.	Cotang.	C.D.	Tangens	Diff.	Sinus	Min.

88 Grad.

P. P.

	410
1	41,0
2	82,0
3	123,0
4	164,0
5	205,0
6	246,0
7	287,0
8	328,0
9	369,0

390	380
39,0	38,0
78,0	76,0
117,0	114,0
156,0	152,0
195,0	190,0
234,0	228,0
273,0	266,0
312,0	304,0
351,0	342,0

	370
1	37,0
2	74,0
3	111,0
4	148,0
5	185,0
6	222,0
7	259,0
8	296,0
9	333,0

	360
1	36,0
2	72,0
3	108,0
4	144,0
5	180,0
6	216,0
7	252,0
8	288,0
9	324,0

P. P.

$\lg \sin x' = \lg 1' + \lg x + \frac{1}{3} \lg \cos x'$; oder $\lg x = \lg \sin x' - \frac{1}{3} \lg \cos x' - \lg 1'$;

$\lg \operatorname{tg} x' = \lg 1' + \lg x - \frac{2}{3} \lg \cos x'$; oder $\lg x = \lg \operatorname{tg} x' + \frac{2}{3} \lg \cos x' - \lg 1'$;

$\lg 1' = 6{,}46373 - 10.$

2 Grad.

Min.	Sinus	Diff.	Tangens	C.D.	Cotang.	Diff.	Cosinus	
0	8,54282		8,54308		11,45692		9,99974	60
1	8,54642	360	8,54669	361	11,45331	1	9,99973	59
2	8,54999	357	8,55027	358	11,44973	0	9,99973	58
3	8,55354	355	8,55382	355	11,44618	1	9,99972	57
4	8,55705	351	8,55734	352	11,44266	0	9,99972	56
5	8,56054	349	8,56083	349	11,43917	1	9,99971	55
6	8,56400	346	8,56429	346	11,43571	0	9,99971	54
7	8,56743	343	8,56773	344	11,43227	1	9,99970	53
8	8,57084	341	8,57114	341	11,42886	0	9,99970	52
9	8,57421	337	8,57452	338	11,42548	1	9,99969	51
10	8,57757	336	8,57788	336	11,42212	0	9,99969	50
11	8,58089	332	8,58121	333	11,41879	1	9,99968	49
12	8,58419	330	8,58451	330	11,41549	0	9,99968	48
13	8,58747	328	8,58779	328	11,41221	1	9,99967	47
14	8,59072	325	8,59105	326	11,40895	0	9,99967	46
15	8,59395	323	8,59428	323	11,40572	0	9,99967	45
16	8,59715	320	8,59749	321	11,40251	1	9,99966	44
17	8,60033	318	8,60068	319	11,39932	0	9,99966	43
18	8,60349	316	8,60384	316	11,39616	1	9,99965	42
19	8,60662	313	8,60698	314	11,39302	1	9,99964	41
20	8,60973	311	8,61009	311	11,38991	0	9,99964	40
21	8,61282	309	8,61319	310	11,38681	1	9,99963	39
22	8,61589	307	8,61626	307	11,38374	0	9,99963	38
23	8,61894	305	8,61931	305	11,38069	1	9,99962	37
24	8,62196	302	8,62234	303	11,37766	0	9,99962	36
25	8,62497	301	8,62535	301	11,37465	1	9,99961	35
26	8,62795	298	8,62834	299	11,37166	0	9,99961	34
27	8,63091	296	8,63131	297	11,36869	1	9,99960	33
28	8,63385	294	8,63426	295	11,36574	0	9,99960	32
29	8,63678	293	8,63718	292	11,36282	1	9,99959	31
30	8,63968	290	8,64009	291	11,35991	0	9,99959	30
	Cosinus	Diff.	Cotang.	C.D.	Tangens	Diff.	Sinus	Min.

87 Grad.

P. P.

	360	35
1	36,0	35,
2	72,0	70,
3	108,0	105,
4	144,0	140,
5	180,0	175,
6	216,0	210,
7	252,0	245,
8	288,0	280,
9	324,0	315,

	340	33
1	34,0	33,
2	68,0	66,
3	102,0	99,
4	136,0	132,
5	170,0	165,
6	204,0	198,
7	238,0	231,
8	272,0	264,
9	306,0	297,

	320	31
1	32,0	31,
2	64,0	62,
3	96,0	93,
4	128,0	124,
5	160,0	155,
6	192,0	186,
7	224,0	217,
8	256,0	248,
9	288,0	279,

	300	29
1	30,0	29,
2	60,0	58,
3	90,0	87,
4	120,0	116,
5	150,0	145,
6	180,0	174,
7	210,0	203,
8	240,0	232,
9	270,0	261,

P. P.

P. P.	
290	280
29,0	28,0
58,0	56,0
87,0	84,0
116,0	112,0
145,0	140,0
174,0	168,0
203,0	196,0
232,0	224,0
261,0	252,0
270	260
27,0	26,0
54,0	52,0
81,0	78,0
108,0	104,0
135,0	130,0
162,0	156,0
189,0	182,0
216,0	208,0
243,0	234,0
250	240
25,0	24,0
50,0	48,0
75,0	72,0
100,0	96,0
125,0	120,0
150,0	144,0
175,0	168,0
200,0	192,0
225,0	216,0

2 Grad.

Min.	Sinus	Diff.	Tangens	C.D.	Cotang.	Diff.	Cosinus	
30	8,63968		8,64009		11,35991		9,99959	30
31	8,64256	288	8,64298	289	11,35702	1	9,99958	29
32	8,64543	287	8,64585	287	11,35415	0	9,99958	28
33	8,64827	284	8,64870	285	11,35130	1	9,99957	27
34	8,65110	283	8,65154	284	11,34846	1	9,99956	26
35	8,65391	281	8,65435	281	11,34565	0	9,99956	25
36	8,65670	279	8,65715	280	11,34285	1	9,99955	24
37	8,65947	277	8,65993	278	11,34007	0	9,99955	23
38	8,66223	276	8,66269	276	11,33731	1	9,99954	22
39	8,66497	274	8,66543	274	11,33457	0	9,99954	21
40	8,66769	272	8,66816	273	11,33184	1	9,99953	20
41	8,67039	270	8,67087	271	11,32913	1	9,99952	19
42	8,67308	269	8,67356	269	11,32644	0	9,99952	18
43	8,67575	267	8,67624	268	11,32376	1	9,99951	17
44	8,67841	266	8,67890	266	11,32110	0	9,99951	16
45	8,68104	263	8,68154	264	11,31846	1	9,99950	15
46	8,68367	263	8,68417	263	11,31583	1	9,99949	14
47	8,68627	260	8,68678	261	11,31322	0	9,99949	13
48	8,68886	259	8,68938	260	11,31062	1	9,99948	12
49	8,69144	258	8,69196	258	11,30804	0	9,99948	11
50	8,69400	256	8,69453	257	11,30547	1	9,99947	10
51	8,69654	254	8,69708	255	11,30292	1	9,99946	9
52	8,69907	253	8,69962	254	11,30038	0	9,99946	8
53	8,70159	252	8,70214	252	11,29786	1	9,99945	7
54	8,70409	250	8,70465	251	11,29535	1	9,99944	6
55	8,70658	249	8,70714	249	11,29286	0	9,99944	5
56	8,70905	247	8,70962	248	11,29038	1	9,99943	4
57	8,71151	246	8,71208	246	11,28792	1	9,99942	3
58	8,71395	244	8,71453	245	11,28547	0	9,99942	2
59	8,71638	243	8,71697	244	11,28303	1	9,99941	1
60	8,71880	242	8,71940	243	11,28060	1	9,99940	0
	Cosinus	Diff.	Cotang.	C.D.	Tangens	Diff.	Sinus	Min.

P. P.

87 Grad.

3 Grad.

Min.	Sinus	Diff.	Tangens	C.D.	Cotang.	Diff.	Cosinus	
0	8,71880	240	8,71940	241	11,28060	0	9,99940	60
1	8,72120	239	8,72181	239	11,27819	1	9,99940	59
2	8,72359	238	8,72420	239	11,27580	1	9,99939	58
3	8,72597	237	8,72659	237	11,27341	0	9,99938	57
4	8,72834	235	8,72896	236	11,27104	1	9,99938	56
5	8,73069	234	8,73132	234	11,26868	1	9,99937	55
6	8,73303	232	8,73366	234	11,26634	0	9,99936	54
7	8,73535	232	8,73600	232	11,26400	1	9,99936	53
8	8,73767	230	8,73832	231	11,26168	1	9,99935	52
9	8,73997	229	8,74063	229	11,25937	0	9,99934	51
10	8,74226	228	8,74292	229	11,25708	1	9,99934	50
11	8,74454	226	8,74521	227	11,25479	1	9,99933	49
12	8,74680	226	8,74748	226	11,25252	0	9,99932	48
13	8,74906	224	8,74974	225	11,25026	1	9,99932	47
14	8,75130	223	8,75199	224	11,24801	1	9,99931	46
15	8,75353	222	8,75423	222	11,24577	1	9,99930	45
16	8,75575	220	8,75645	222	11,24355	0	9,99929	44
17	8,75795	220	8,75867	220	11,24133	1	9,99929	43
18	8,76015	219	8,76087	219	11,23913	1	9,99928	42
19	8,76234	217	8,76306	219	11,23694	1	9,99927	41
20	8,76451	216	8,76525	217	11,23475	0	9,99926	40
21	8,76667	216	8,76742	216	11,23258	1	9,99926	39
22	8,76883	214	8,76958	215	11,23042	1	9,99925	38
23	8,77097	213	8,77173	214	11,22827	1	9,99924	37
24	8,77310	212	8,77387	213	11,22613	0	9,99923	36
25	8,77522	211	8,77600	211	11,22400	1	9,99923	35
26	8,77733	210	8,77811	211	11,22189	1	9,99922	34
27	8,77943	209	8,78022	210	11,21978	1	9,99921	33
28	8,78152	208	8,78232	209	11,21768	0	9,99920	32
29	8,78360	208	8,78441	208	11,21559	1	9,99920	31
30	8,78568		8,78649		11,21351		9,99919	30
	Cosinus	Diff.	Cotang.	C.D.	Tangens	Diff.	Sinus	Min.

86 Grad.

P. P.

	240		230		220		210
1	24,0	1	23,0	1	22,0	1	21,0
2	48,0	2	46,0	2	44,0	2	42,0
3	72,0	3	69,0	3	66,0	3	63,0
4	96,0	4	92,0	4	88,0	4	84,0
5	120,0	5	115,0	5	110,0	5	105,0
6	144,0	6	138,0	6	132,0	6	126,0
7	168,0	7	161,0	7	154,0	7	147,0
8	192,0	8	184,0	8	176,0	8	168,0
9	216,0	9	207,0	9	198,0	9	189,0

P. P.

P. P.

190	
1	19,0
2	38,0
3	57,0
4	76,0
5	95,0
6	114,0
7	133,0
8	152,0
9	171,0

180	
1	18,0
2	36,0
3	54,0
4	72,0
5	90,0
6	108,0
7	126,0
8	144,0
9	162,0

P. P.

3 Grad.

Min.	Sinus	Diff.	Tangens	C.D.	Cotang.	Diff.	Cosinus	
30	8,78568		8,78649		11,21351		9,99919	30
31	8,78774	206	8,78855	206	11,21145	1	9,99918	29
32	8,78979	205	8,79061	206	11,20939	1	9,99917	28
33	8,79183	204	8,79266	205	11,20734	0	9,99917	27
34	8,79386	203	8,79470	204	11,20530	1	9,99916	26
35	8,79588	202	8,79673	203	11,20327	1	9,99915	25
36	8,79789	201	8,79875	202	11,20125	1	9,99914	24
37	8,79990	201	8,80076	201	11,19924	1	9,99913	23
38	8,80189	199	8,80277	201	11,19723	0	9,99913	22
39	8,80388	199	8,80476	199	11,19524	1	9,99912	21
40	8,80585	197	8,80674	198	11,19326	1	9,99911	20
41	8,80782	197	8,80872	198	11,19128	1	9,99910	19
42	8,80978	196	8,81068	196	11,18932	1	9,99909	18
43	8,81173	195	8,81264	196	11,18736	0	9,99909	17
44	8,81367	194	8,81459	195	11,18541	1	9,99908	16
45	8,81560	193	8,81653	194	11,18347	1	9,99907	15
46	8,81752	192	8,81846	193	11,18154	1	9,99906	14
47	8,81944	192	8,82038	192	11,17962	1	9,99905	13
48	8,82134	190	8,82230	192	11,17770	1	9,99904	12
49	8,82324	190	8,82420	190	11,17580	0	9,99904	11
50	8,82513	189	8,82610	190	11,17390	1	9,99903	10
51	8,82701	188	8,82799	189	11,17201	1	9,99902	9
52	8,82888	187	8,82987	188	11,17013	1	9,99901	8
53	8,83075	187	8,83175	188	11,16825	1	9,99900	7
54	8,83261	186	8,83361	186	11,16639	1	9,99899	6
55	8,83446	185	8,83547	186	11,16453	1	9,99898	5
56	8,83630	184	8,83732	185	11,16268	0	9,99898	4
57	8,83813	183	8,83916	184	11,16084	1	9,99897	3
58	8,83996	183	8,84100	184	11,15900	1	9,99896	2
59	8,84177	181	8,84282	182	11,15718	1	9,99895	1
60	8,84358	181	8,84464	182	11,15536	1	9,99894	0
	Cosinus	Diff.	Cotang.	C.D.	Tangens	Diff.	Sinus	Min.

86 Grad.

4 Grad.

Min.	Sinus	Diff.	Tangens	C.D.	Cotang.	Diff.	Cosinus	
0	8,84358		8,84464		11,15536		9,99894	60
1	8,84539	181	8,84646	182	11,15354	1	9,99893	59
2	8,84718	179	8,84826	180	11,15174	1	9,99892	58
3	8,84897	179	8,85006	180	11,14994	1	9,99891	57
4	8,85075	178	8,85185	179	11,14815	0	9,99891	56
5	8,85252	177	8,85363	178	11,14637	1	9,99890	55
6	8,85429	177	8,85540	177	11,14460	1	9,99889	54
7	8,85605	176	8,85717	177	11,14283	1	9,99888	53
8	8,85780	175	8,85893	176	11,14107	1	9,99887	52
9	8,85955	175	8,86069	176	11,13931	1	9,99886	51
10	8,86128	173	8,86243	174	11,13757	1	9,99885	50
11	8,86301	173	8,86417	174	11,13583	1	9,99884	49
12	8,86474	173	8,86591	174	11,13409	1	9,99883	48
13	8,86645	171	8,86763	172	11,13237	1	9,99882	47
14	8,86816	171	8,86935	172	11,13065	1	9,99881	46
15	8,86987	171	8,87106	171	11,12894	1	9,99880	45
16	8,87156	169	8,87277	171	11,12723	1	9,99879	44
17	8,87325	169	8,87447	170	11,12553	0	9,99879	43
18	8,87494	169	8,87616	169	11,12384	1	9,99878	42
19	8,87661	167	8,87785	169	11,12215	1	9,99877	41
20	8,87829	168	8,87953	168	11,12047	1	9,99876	40
21	8,87995	166	8,88120	167	11,11880	1	9,99875	39
22	8,88161	166	8,88287	167	11,11713	1	9,99874	38
23	8,88326	165	8,88453	166	11,11547	1	9,99873	37
24	8,88490	164	8,88618	165	11,11382	1	9,99872	36
25	8,88654	164	8,88783	165	11,11217	1	9,99871	35
26	8,88817	163	8,88948	165	11,11052	1	9,99870	34
27	8,88980	163	8,89111	163	11,10889	1	9,99869	33
28	8,89142	162	8,89274	163	11,10726	1	9,99868	32
29	8,89304	162	8,89437	163	11,10563	1	9,99867	31
30	8,89464	160	8,89598	161	11,10402	1	9,99866	30
	Cosinus	Diff.	Cotang.	C.D.	Tangens	Diff.	Sinus	Min.

85 Grad.

P. P.

	180
1	18,0
2	36,0
3	54,0
4	72,0
5	90,0
6	108,0
7	126,0
8	144,0
9	162,0

	170
1	17,0
2	34,0
3	51,0
4	68,0
5	85,0
6	102,0
7	119,0
8	136,0
9	153,0

	160
1	16,0
2	32,0
3	48,0
4	64,0
5	80,0
6	96,0
7	112,0
8	128,0
9	144,0

P. P

P. P.	
	150
1	15,0
2	30,0
3	45,0
4	60,0
5	75,0
6	90,0
7	105,0
8	120,0
9	135,0
	140
1	14,0
2	28,0
3	42,0
4	56,0
5	70,0
6	84,0
7	98,0
8	112,0
9	126,0

4 Grad.

Min.	Sinus	Diff.	Tangens	C.D.	Cotang.	Diff.	Cosinus	
30	8,89464	161	8,89598	162	11,10402	1	9,99866	30
31	8,89625	159	8,89760	160	11,10240	1	9,99865	29
32	8,89784	159	8,89920	160	11,10080	1	9,99864	28
33	8,89943	159	8,90080	160	11,09920	1	9,99863	27
34	8,90102	158	8,90240	159	11,09760	1	9,99862	26
35	8,90260	157	8,90399	158	11,09601	1	9,99861	25
36	8,90417	157	8,90557	158	11,09443	1	9,99860	24
37	8,90574	156	8,90715	157	11,09285	1	9,99859	23
38	8,90730	155	8,90872	157	11,09128	1	9,99858	22
39	8,90885	155	8,91029	156	11,08971	1	9,99857	21
40	8,91040	155	8,91185	155	11,08815	1	9,99856	20
41	8,91195	154	8,91340	155	11,08660	1	9,99855	19
42	8,91349	153	8,91495	155	11,08505	1	9,99854	18
43	8,91502	153	8,91650	153	11,08350	1	9,99853	17
44	8,91655	152	8,91803	154	11,08197	1	9,99852	16
45	8,91807	152	8,91957	153	11,08043	1	9,99851	15
46	8,91959	151	8,92110	152	11,07890	2	9,99850	14
47	8,92110	151	8,92262	152	11,07738	1	9,99848	13
48	8,92261	150	8,92414	151	11,07586	1	9,99847	12
49	8,92411	150	8,92565	151	11,07435	1	9,99846	11
50	8,92561	149	8,92716	150	11,07284	1	9,99845	10
51	8,92710	149	8,92866	150	11,07134	1	9,99844	9
52	8,92859	148	8,93016	149	11,06984	1	9,99843	8
53	8,93007	147	8,93165	148	11,06835	1	9,99842	7
54	8,93154	147	8,93313	149	11,06687	1	9,99841	6
55	8,93301	147	8,93462	147	11,06538	1	9,99840	5
56	8,93448	146	8,93609	147	11,06391	1	9,99839	4
57	8,93594	146	8,93756	147	11,06244	1	9,99838	3
58	8,93740	145	8,93903	146	11,06097	1	9,99837	2
59	8,93885	145	8,94049	146	11,05951	2	9,99836	1
60	8,94030		8,94195		11,05805		9,99834	0
	Cosinus	Diff.	Cotang.	C.D.	Tangens	Diff.	Sinus	Min.

P. P.

85 Grad.

5 Grad.

Min.	Sinus	Diff.	Tangens	C.D.	Cotang.	Diff.	Cosinus	
0	8,94030		8,94195		11,05805		9,99834	60
1	8,94174	144	8,94340	145	11,05660	1	9,99833	59
2	8,94317	143	8,94485	145	11,05515	1	9,99832	58
3	8,94461	144	8,94630	145	11,05370	1	9,99831	57
4	8,94603	142	8,94773	143	11,05227	1	9,99830	56
5	8,94746	143	8,94917	144	11,05083	1	9,99829	55
6	8,94887	141	8,95060	143	11,04940	1	9,99828	54
7	8,95029	142	8,95202	142	11,04798	1	9,99827	53
8	8,95170	141	8,95344	142	11,04656	2	9,99825	52
9	8,95310	140	8,95486	142	11,04514	1	9,99824	51
10	8,95450	140	8,95627	141	11,04373	1	9,99823	50
11	8,95589	139	8,95767	140	11,04233	1	9,99822	49
12	8,95728	139	8,95908	141	11,04092	1	9,99821	48
13	8,95867	139	8,96047	139	11,03953	1	9,99820	47
14	8,96005	138	8,96187	140	11,03813	1	9,99819	46
15	8,96143	138	8,96325	138	11,03675	2	9,99817	45
16	8,96280	137	8,96464	139	11,03536	1	9,99816	44
17	8,96417	137	8,96602	138	11,03398	1	9,99815	43
18	8,96553	136	8,96739	137	11,03261	1	9,99814	42
19	8,96689	136	8,96877	138	11,03123	1	9,99813	41
20	8,96825	136	8,97013	136	11,02987	1	9,99812	40
21	8,96960	135	8,97150	137	11,02850	2	9,99810	39
22	8,97095	135	8,97285	135	11,02715	1	9,99809	38
23	8,97229	134	8,97421	136	11,02579	1	9,99808	37
24	8,97363	134	8,97556	135	11,02444	1	9,99807	36
25	8,97496	133	8,97691	135	11,02309	1	9,99806	35
26	8,97629	133	8,97825	134	11,02175	2	9,99804	34
27	8,97762	133	8,97959	134	11,02041	1	9,99803	33
28	8,97894	132	8,98092	133	11,01908	1	9,99802	32
29	8,98026	132	8,98225	133	11,01775	1	9,99801	31
30	8,98157	131	8,98358	133	11,01642	1	9,99800	30
	Cosinus	Diff.	Cotang.	C.D.	Tangens	Diff.	Sinus	Min.

84 Grad.

P. P.

	145	144	14
1	14,5	14,4	14
2	29,0	28,8	28
3	43,5	43,2	42
4	58,0	57,6	57
5	72,5	72,0	71
6	87,0	86,4	85
7	101,5	100,8	100
8	116,0	115,2	114
9	130,5	129,6	128
	142	141	13
1	14,2	14,1	13
2	28,4	28,2	27
3	42,6	42,3	41
4	56,8	56,4	55
5	71,0	70,5	69
6	85,2	84,6	83
7	99,4	98,7	97
8	113,6	112,8	111
9	127,8	126,9	125
	138	137	13
1	13,8	13,7	13
2	27,6	27,4	27
3	41,4	41,1	40
4	55,2	54,8	54
5	69,0	68,5	68
6	82,8	82,2	81
7	96,6	95,9	95
8	110,4	109,6	108
9	124,2	123,3	122
	135	134	13
1	13,5	13,4	13
2	27,0	26,8	26
3	40,5	40,2	39
4	54,0	53,6	53
5	67,5	67,0	66
6	81,0	80,4	79
7	94,5	93,8	93
8	108,0	107,2	106
9	121,5	120,6	119

P. P.

P. P.

132	131	129
13,2	13,1	12,9
26,4	26,2	25,8
39,6	39,3	38,7
52,8	52,4	51,6
66,0	65,5	64,5
79,2	78,6	77,4
92,4	91,7	90,3
105,6	104,8	103,2
118,8	117,9	116,1

128	127	126
12,8	12,7	12,6
25,6	25,4	25,2
38,4	38,1	37,8
51,2	50,8	50,4
64,0	63,5	63,0
76,8	76,2	75,6
89,6	88,9	88,2
102,4	101,6	100,8
115,2	114,3	113,4

125	124	123
12,5	12,4	12,3
25,0	24,8	24,6
37,5	37,2	36,9
50,0	49,6	49,2
62,5	62,0	61,5
75,0	74,4	73,8
87,5	86,8	86,1
100,0	99,2	98,4
112,5	111,6	110,7

	122	121
1	12,2	12,1
2	24,4	24,2
3	36,6	36,3
4	48,8	48,4
5	61,0	60,5
6	73,2	72,6
7	85,4	84,7
8	97,6	96,8
9	109,8	108,9

P. P.

5 Grad.

Min.	Sinus	Diff.	Tangens	C.D.	Cotang.	Diff.	Cosinus	
30	8,98157	131	8,98358	132	11,01642	2	9,99800	30
31	8,98288	131	8,98490	132	11,01510	1	9,99798	29
32	8,98419	130	8,98622	131	11,01378	1	9,99797	28
33	8,98549	130	8,98753	131	11,01247	1	9,99796	27
34	8,98679	129	8,98884	131	11,01116	2	9,99795	26
35	8,98808	129	8,99015	130	11,00985	1	9,99793	25
36	8,98937	129	8,99145	130	11,00855	1	9,99792	24
37	8,99066	128	8,99275	130	11,00725	1	9,99791	23
38	8,99194	128	8,99405	129	11,00595	2	9,99790	22
39	8,99322	128	8,99534	128	11,00466	1	9,99788	21
40	8,99450	127	8,99662	129	11,00338	1	9,99787	20
41	8,99577	127	8,99791	128	11,00209	1	9,99786	19
42	8,99704	126	8,99919	127	11,00081	2	9,99785	18
43	8,99830	126	9,00046	128	10,99954	1	9,99783	17
44	8,99956	126	9,00174	127	10,99826	1	9,99782	16
45	9,00082	125	9,00301	126	10,99699	1	9,99781	15
46	9,00207	125	9,00427	126	10,99573	2	9,99780	14
47	9,00332	124	9,00553	126	10,99447	1	9,99778	13
48	9,00456	125	9,00679	126	10,99321	1	9,99777	12
49	9,00581	123	9,00805	125	10,99195	1	9,99776	11
50	9,00704	124	9,00930	125	10,99070	2	9,99775	10
51	9,00828	123	9,01055	124	10,98945	1	9,99773	9
52	9,00951	123	9,01179	124	10,98821	1	9,99772	8
53	9,01074	122	9,01303	124	10,98697	2	9,99771	7
54	9,01196	122	9,01427	123	10,98573	1	9,99769	6
55	9,01318	122	9,01550	123	10,98450	1	9,99768	5
56	9,01440	121	9,01673	123	10,98327	2	9,99767	4
57	9,01561	121	9,01796	122	10,98204	1	9,99765	3
58	9,01682	121	9,01918	122	10,98082	1	9,99764	2
59	9,01803	120	9,02040	122	10,97960	2	9,99763	1
60	9,01923		9,02162		10,97838		9,99761	0
	Cosinus	Diff.	Cotang.	C.D.	Tangens	Diff.	Sinus	Min.

84 Grad.

6 Grad.

Min.	Sinus	Diff.	Tangens	C.D.	Cotang.	Diff.	Cosinus	
0	9,01923	120	9,02162	121	10,97838	1	9,99761	60
1	9,02043	120	9,02283	121	10,97717	1	9,99760	59
2	9,02163	120	9,02404	121	10,97596	2	9,99759	58
3	9,02283	119	9,02525	120	10,97475	1	9,99757	57
4	9,02402	118	9,02645	121	10,97355	1	9,99756	56
5	9,02520	119	9,02766	119	10,97234	2	9,99755	55
6	9,02639	118	9,02885	120	10,97115	1	9,99753	54
7	9,02757	117	9,03005	119	10,96995	1	9,99752	53
8	9,02874	118	9,03124	118	10,96876	2	9,99751	52
9	9,02992	117	9,03242	119	10,96758	1	9,99749	51
10	9,03109	117	9,03361	118	10,96639	1	9,99748	50
11	9,03226	116	9,03479	118	10,96521	2	9,99747	49
12	9,03342	116	9,03597	117	10,96403	1	9,99745	48
13	9,03458	116	9,03714	118	10,96286	2	9,99744	47
14	9,03574	116	9,03832	116	10,96168	1	9,99742	46
15	9,03690	115	9,03948	117	10,96052	1	9,99741	45
16	9,03805	115	9,04065	116	10,95935	2	9,99740	44
17	9,03920	114	9,04181	116	10,95819	1	9,99738	43
18	9,04034	115	9,04297	116	10,95703	1	9,99737	42
19	9,04149	113	9,04413	115	10,95587	2	9,99736	41
20	9,04262	114	9,04528	115	10,95472	1	9,99734	40
21	9,04376	114	9,04643	115	10,95357	2	9,99733	39
22	9,04490	113	9,04758	115	10,95242	1	9,99731	38
23	9,04603	112	9,04873	114	10,95127	2	9,99730	37
24	9,04715	113	9,04987	114	10,95013	1	9,99728	36
25	9,04828	112	9,05101	113	10,94899	1	9,99727	35
26	9,04940	112	9,05214	114	10,94786	2	9,99726	34
27	9,05052	112	9,05328	113	10,94672	1	9,99724	33
28	9,05164	111	9,05441	112	10,94559	2	9,99723	32
29	9,05275	111	9,05553	113	10,94447	1	9,99721	31
30	9,05386		9,05666		10,94334		9,99720	30
	Cosinus	Diff.	Cotang.	C.D.	Tangens	Diff.	Sinus	Min.

83 Grad.

P. P.

	121	119	11
1	12,1	11,9	11,
2	24,2	23,8	23,
3	36,3	35,7	35,
4	48,4	47,6	47,
5	60,5	59,5	59,
6	72,6	71,4	70,
7	84,7	83,3	82,
8	96,8	95,2	94,
9	108,9	107,1	106,

	117	116	11
1	11,7	11,6	11,
2	23,4	23,2	23,
3	35,1	34,8	34,
4	46,8	46,4	46,
5	58,5	58,0	57,
6	70,2	69,6	69,
7	81,9	81,2	80,
8	93,6	92,8	92,
9	105,3	104,4	103,

	114	113	11
1	11,4	11,3	11,
2	22,8	22,6	22,
3	34,2	33,9	33,
4	45,6	45,2	44,
5	57,0	56,5	56,
6	68,4	67,8	67,
7	79,8	79,1	78,
8	91,2	90,4	89,
9	102,6	101,7	100,

P. P.

P. P.

	111	109
1	11,1	10,9
2	22,2	21,8
3	33,3	32,7
4	44,4	43,6
5	55,5	54,5
6	66,6	65,4
7	77,7	76,3
8	88,8	87,2
9	99,9	98,1

	108	107
1	10,8	10,7
2	21,6	21,4
3	32,4	32,1
4	43,2	42,8
5	54,0	53,5
6	64,8	64,2
7	75,6	74,9
8	86,4	85,6
9	97,2	96,3

	106	105
1	10,6	10,5
2	21,2	21,0
3	31,8	31,5
4	42,4	42,0
5	53,0	52,5
6	63,6	63,0
7	74,2	73,5
8	84,8	84,0
9	95,4	94,5

	104	103
1	10,4	10,3
2	20,8	20,6
3	31,2	30,9
4	41,6	41,2
5	52,0	51,5
6	62,4	61,8
7	72,8	72,1
8	83,2	82,4
9	93,6	92,7

P. P.

6 Grad.

Min.	Sinus	Diff.	Tangens	C.D.	Cotang.	Diff.	Cosinus	
30	9,05386		9,05666		10,94334		9,99720	30
		111		112		2		
31	9,05497		9,05778		10,94222		9,99718	29
		110		112		1		
32	9,05607		9,05890		10,94110		9,99717	28
		110		112		1		
33	9,05717		9,06002		10,93998		9,99716	27
		110		111		2		
34	9,05827		9,06113		10,93887		9,99714	26
		110		111		1		
35	9,05937		9,06224		10,93776		9,99713	25
		109		111		2		
36	9,06046		9,06335		10,93665		9,99711	24
		109		110		1		
37	9,06155		9,06445		10,93555		9,99710	23
		109		111		2		
38	9,06264		9,06556		10,93444		9,99708	22
		108		110		1		
39	9,06372		9,06666		10,93334		9,99707	21
		109		109		2		
40	9,06481		9,06775		10,93225		9,99705	20
		108		110		1		
41	9,06589		9,06885		10,93115		9,99704	19
		107		109		2		
42	9,06696		9,06994		10,93006		9,99702	18
		108		109		1		
43	9,06804		9,07103		10,92897		9,99701	17
		107		108		2		
44	9,06911		9,07211		10,92789		9,99699	16
		107		109		1		
45	9,07018		9,07320		10,92680		9,99698	15
		106		108		2		
46	9,07124		9,07428		10,92572		9,99696	14
		107		108		1		
47	9,07231		9,07536		10,92464		9,99695	13
		106		107		2		
48	9,07337		9,07643		10,92357		9,99693	12
		105		108		1		
49	9,07442		9,07751		10,92249		9,99692	11
		106		107		2		
50	9,07548		9,07858		10,92142		9,99690	10
		105		106		1		
51	9,07653		9,07964		10,92036		9,99689	9
		105		107		2		
52	9,07758		9,08071		10,91929		9,99687	8
		105		106		1		
53	9,07863		9,08177		10,91823		9,99686	7
		105		106		2		
54	9,07968		9,08283		10,91717		9,99684	6
		104		106		1		
55	9,08072		9,08389		10,91611		9,99683	5
		104		106		2		
56	9,08176		9,08495		10,91505		9,99681	4
		104		105		1		
57	9,08280		9,08600		10,91400		9,99680	3
		103		105		2		
58	9,08383		9,08705		10,91295		9,99678	2
		103		105		1		
59	9,08486		9,08810		10,91190		9,99677	1
		103		104		2		
60	9,08589		9,08914		10,91086		9,99675	0
	Cosinus	Diff.	Cotang.	C.D.	Tangens	Diff.	Sinus	Min.

83 Grad.

7 Grad.

Min.	Sinus	Diff.	Tangens	C.D.	Cotang.	Diff.	Cosinus	
0	9,08589		9,08914		10,91086		9,99675	60
1	9,08692	103	9,09019	105	10,90981	1	9,99674	59
2	9,08795	103	9,09123	104	10,90877	2	9,99672	58
3	9,08897	102	9,09227	104	10,90773	2	9,99670	57
4	9,08999	102	9,09330	103	10,90670	1	9,99669	56
5	9,09101	102	9,09434	104	10,90566	2	9,99667	55
6	9,09202	101	9,09537	103	10,90463	1	9,99666	54
7	9,09304	102	9,09640	103	10,90360	2	9,99664	53
8	9,09405	101	9,09742	102	10,90258	1	9,99663	52
9	9,09506	101	9,09845	103	10,90155	2	9,99661	51
10	9,09606	100	9,09947	102	10,90053	2	9,99659	50
11	9,09707	101	9,10049	102	10,89951	1	9,99658	49
12	9,09807	100	9,10150	101	10,89850	2	9,99656	48
13	9,09907	100	9,10252	102	10,89748	1	9,99655	47
14	9,10006	99	9,10353	101	10,89647	2	9,99653	46
15	9,10106	100	9,10454	101	10,89546	2	9,99651	45
16	9,10205	99	9,10555	101	10,89445	1	9,99650	44
17	9,10304	99	9,10656	101	10,89344	2	9,99648	43
18	9,10402	98	9,10756	100	10,89244	1	9,99647	42
19	9,10501	99	9,10856	100	10,89144	2	9,99645	41
20	9,10599	98	9,10956	100	10,89044	2	9,99643	40
21	9,10697	98	9,11056	100	10,88944	1	9,99642	39
22	9,10795	98	9,11155	99	10,88845	2	9,99640	38
23	9,10893	98	9,11254	99	10,88746	2	9,99638	37
24	9,10990	97	9,11353	99	10,88647	1	9,99637	36
25	9,11087	97	9,11452	99	10,88548	2	9,99635	35
26	9,11184	97	9,11551	99	10,88449	2	9,99633	34
27	9,11281	97	9,11649	98	10,88351	1	9,99632	33
28	9,11377	96	9,11747	98	10,88253	2	9,99630	32
29	9,11474	97	9,11845	98	10,88155	1	9,99629	31
30	9,11570	96	9,11943	98	10,88057	2	9,99627	30
	Cosinus	Diff.	Cotang.	C.D.	Tangens	Diff.	Sinus	Min.

82 Grad.

P. P.

	105	10[illegible]
1	10,5	10,
2	21,0	20,
3	31,5	31,
4	42,0	41,
5	52,5	52,
6	63,0	62,
7	73,5	72,
8	84,0	83,
9	94,5	93,
	103	**10[illegible]**
1	10,3	10,
2	20,6	20,
3	30,9	30,
4	41,2	40,
5	51,5	51,
6	61,8	61,
7	72,1	71,
8	82,4	81,
9	92,7	91,
	101	**9[illegible]**
1	10,1	9,
2	20,2	19,
3	30,3	29,
4	40,4	39,
5	50,5	49,
6	60,6	59,
7	70,7	69,
8	80,8	79,
9	90,9	89,
	98	**9[illegible]**
1	9,8	9,
2	19,6	19,
3	29,4	29,
4	39,2	38,
5	49,0	48,
6	58,8	58,
7	68,6	67,
8	78,4	77,
9	88,2	87,

P. P.

P. P.

	96	95
1	9,6	9,5
2	19,2	19,0
3	28,8	28,5
4	38,4	38,0
5	48,0	47,5
6	57,6	57,0
7	67,2	66,5
8	76,8	76,0
9	86,4	85,5

	94	93
1	9,4	9,3
2	18,8	18,6
3	28,2	27,9
4	37,6	37,2
5	47,0	46,5
6	56,4	55,8
7	65,8	65,1
8	75,2	74,4
9	84,6	83,7

	92	91
1	9,2	9,1
2	18,4	18,2
3	27,6	27,3
4	36,8	36,4
5	46,0	45,5
6	55,2	54,6
7	64,4	63,7
8	73,6	72,8
9	82,8	81,9

P P.

7 Grad.

Min.	Sinus	Diff.	Tangens	C.D.	Cotang.	Diff.	Cosinus	
30	9,11570	96	9,11943	97	10,88057	2	9,99627	30
31	9,11666	95	9,12040	98	10,87960	1	9,99625	29
32	9,11761	96	9,12138	97	10,87862	2	9,99624	28
33	9,11857	95	9,12235	97	10,87765	2	9,99622	27
34	9,11952	95	9,12332	96	10,87668	2	9,99620	26
35	9,12047	95	9,12428	97	10,87572	1	9,99618	25
36	9,12142	94	9,12525	96	10,87475	2	9,99617	24
37	9,12236	95	9,12621	96	10,87379	2	9,99615	23
38	9,12331	94	9,12717	96	10,87283	1	9,99613	22
39	9,12425	94	9,12813	96	10,87187	2	9,99612	21
40	9,12519	93	9,12909	95	10,87091	2	9,99610	20
41	9,12612	94	9,13004	95	10,86996	1	9,99608	19
42	9,12706	93	9,13099	95	10,86901	2	9,99607	18
43	9,12799	93	9,13194	95	10,86806	2	9,99605	17
44	9,12892	93	9,13289	95	10,86711	2	9,99603	16
45	9,12985	93	9,13384	94	10,86616	1	9,99601	15
46	9,13078	93	9,13478	95	10,86522	2	9,99600	14
47	9,13171	92	9,13573	94	10,86427	2	9,99598	13
48	9,13263	92	9,13667	94	10,86333	1	9,99596	12
49	9,13355	92	9,13761	93	10,86239	2	9,99595	11
50	9,13447	92	9,13854	94	10,86146	2	9,99593	10
51	9,13539	91	9,13948	93	10,86052	2	9,99591	9
52	9,13630	92	9,14041	93	10,85959	1	9,99589	8
53	9,13722	91	9,14134	93	10,85866	2	9,99588	7
54	9,13813	91	9,14227	93	10,85773	2	9,99586	6
55	9,13904	90	9,14320	92	10,85680	2	9,99584	5
56	9,13994	91	9,14412	92	10,85588	1	9,99582	4
57	9,14085	90	9,14504	93	10,85496	2	9,99581	3
58	9,14175	91	9,14597	91	10,85403	2	9,99579	2
59	9,14266	90	9,14688	92	10,85312	2	9,99577	1
60	9,14356		9,14780		10,85220		9,99575	0
	Cosinus	Diff.	Cotang.	C.D.	Tangens	Diff.	Sinus	Min.

82 Grad.

8 Grad.

Min.	Sinus	Diff.	Tangens	C.D.	Cotang.	Diff.	Cosinus	
0	9,14356	89	9,14780	92	10,85220	1	9,99575	60
1	9,14445	90	9,14872	91	10,85128	2	9,99574	59
2	9,14535	89	9,14963	91	10,85037	2	9,99572	58
3	9,14624	90	9,15054	91	10,84946	2	9,99570	57
4	9,14714	89	9,15145	91	10,84855	2	9,99568	56
5	9,14803	88	9,15236	91	10,84764	1	9,99566	55
6	9,14891	89	9,15327	90	10,84673	2	9,99565	54
7	9,14980	89	9,15417	91	10,84583	2	9,99563	53
8	9,15069	88	9,15508	90	10,84492	2	9,99561	52
9	9,15157	88	9,15598	90	10,84402	2	9,99559	51
10	9,15245	88	9,15688	89	10,84312	1	9,99557	50
11	9,15333	88	9,15777	90	10,84223	2	9,99556	49
12	9,15421	87	9,15867	89	10,84133	2	9,99554	48
13	9,15508	88	9,15956	90	10,84044	2	9,99552	47
14	9,15596	87	9,16046	89	10,83954	2	9,99550	46
15	9,15683	87	9,16135	89	10,83865	2	9,99548	45
16	9,15770	87	9,16224	88	10,83776	1	9,99546	44
17	9,15857	87	9,16312	89	10,83688	2	9,99545	43
18	9,15944	86	9,16401	88	10,83599	2	9,99543	42
19	9,16030	86	9,16489	88	10,83511	2	9,99541	41
20	9,16116	87	9,16577	88	10,83423	2	9,99539	40
21	9,16203	86	9,16665	88	10,83335	2	9,99537	39
22	9,16289	85	9,16753	88	10,83247	2	9,99535	38
23	9,16374	86	9,16841	87	10,83159	1	9,99533	37
24	9,16460	85	9,16928	88	10,83072	2	9,99532	36
25	9,16545	86	9,17016	87	10,82984	2	9,99530	35
26	9,16631	85	9,17103	87	10,82897	2	9,99528	34
27	9,16716	85	9,17190	87	10,82810	2	9,99526	33
28	9,16801	85	9,17277	86	10,82723	2	9,99524	32
29	9,16886	84	9,17363	87	10,82637	2	9,99522	31
30	9,16970		9,17450		10,82550		9,99520	30
	Cosinus	Diff.	Cotang.	C.D.	Tangens	Diff.	Sinus	Min.

81 Grad.

P. P.

	92	91
1	9,2	9,1
2	18,4	18,2
3	27,6	27,3
4	36,8	36,4
5	46,0	45,5
6	55,2	54,
7	64,4	63,
8	73,6	72,8
9	82,8	81,

	89	88
1	8,9	8,8
2	17,8	17,6
3	26,7	26,4
4	35,6	35,2
5	44,5	44,0
6	53,4	52,8
7	62,3	61,6
8	71.2	70,4
9	80,1	79,2

	87	86
1	8,7	8,6
2	17,4	17,2
3	26,1	25,8
4	34,8	34,4
5	43,5	43,0
6	52,2	51,6
7	60,9	60,2
8	69,6	68,8
9	78,3	77,4

P. P.

P. P.

	85	84
1	8,5	8,4
2	17,0	16,8
3	25,5	25,2
4	34,0	33,6
5	42,5	42,0
6	51,0	50,4
7	59,5	58,8
8	68,0	67,2
9	76,5	75,6

	83	82
1	8,3	8,2
2	16,6	16,4
3	24,9	24,6
4	33,2	32,8
5	41,5	41,0
6	49,8	49,2
7	58,1	57,4
8	66,4	65,6
9	74,7	73,8

	81
1	8,1
2	16,2
3	24,3
4	32,4
5	40,5
6	48,6
7	56,7
8	64,8
9	72,9

P. P.

8 Grad.

Min.	Sinus	Diff.	Tangens	C.D.	Cotang.	Diff.	Cosinus	
30	9,16970	85	9,17450	86	10,82550	2	9,99520	30
31	9,17055	84	9,17536	86	10,82464	1	9,99518	29
32	9,17139	84	9,17622	86	10,82378	2	9,99517	28
33	9,17223	84	9,17708	86	10,82292	2	9,99515	27
34	9,17307	84	9,17794	86	10,82206	2	9,99513	26
35	9,17391	83	9,17880	85	10,82120	2	9,99511	25
36	9,17474	84	9,17965	86	10,82035	2	9,99509	24
37	9,17558	83	9,18051	85	10,81949	2	9,99507	23
38	9,17641	83	9,18136	85	10,81864	2	9,99505	22
39	9,17724	83	9,18221	85	10,81779	2	9,99503	21
40	9,17807	83	9,18306	85	10,81694	2	9,99501	20
41	9,17890	83	9,18391	84	10,81609	2	9,99499	19
42	9,17973	82	9,18475	85	10,81525	2	9,99497	18
43	9,18055	82	9,18560	84	10,81440	1	9,99495	17
44	9,18137	83	9,18644	84	10,81356	2	9,99494	16
45	9,18220	82	9,18728	84	10,81272	2	9,99492	15
46	9,18302	81	9,18812	84	10,81188	2	9,99490	14
47	9,18383	82	9,18896	83	10,81104	2	9,99488	13
48	9,18465	82	9,18979	84	10,81021	2	9,99486	12
49	9,18547	81	9,19063	83	10,80937	2	9,99484	11
50	9,18628	81	9,19146	83	10,80854	2	9,99482	10
51	9,18709	81	9,19229	83	10,80771	2	9,99480	9
52	9,18790	81	9,19312	83	10,80688	2	9,99478	8
53	9,18871	81	9,19395	83	10,80605	2	9,99476	7
54	9,18952	81	9,19478	83	10,80522	2	9,99474	6
55	9,19033	80	9,19561	82	10,80439	2	9,99472	5
56	9,19113	80	9,19643	82	10,80357	2	9,99470	4
57	9,19193	80	9,19725	82	10,80275	2	9,99468	3
58	9,19273	80	9,19807	82	10,80193	2	9,99466	2
59	9,19353	80	9,19889	82	10,80111	2	9,99464	1
60	9,19433		9,19971		10,80029		9,99462	0
	Cosinus	Diff.	Cotang.	C.D.	Tangens	Diff.	Sinus	Min.

81 Grad.

9 Grad.

Min.	Sinus	Diff.	Tangens	C.D.	Cotang.	Diff.	Cosinus	
0	9,19433	80	9,19971	82	10,80029	2	9,99462	60
1	9,19513	79	9,20053	81	10,79947	2	9,99460	59
2	9,19592	80	9,20134	82	10,79866	2	9,99458	58
3	9,19672	79	9,20216	81	10,79784	2	9,99456	57
4	9,19751	79	9,20297	81	10,79703	2	9,99454	56
5	9,19830	79	9,20378	81	10,79622	2	9,99452	55
6	9,19909	79	9,20459	81	10,79541	2	9,99450	54
7	9,19988	79	9,20540	81	10,79460	2	9,99448	53
8	9,20067	78	9,20621	80	10,79379	2	9,99446	52
9	9,20145	78	9,20701	81	10,79299	2	9,99444	51
10	9,20223	79	9,20782	80	10,79218	2	9,99442	50
11	9,20302	78	9,20862	80	10,79138	2	9,99440	49
12	9,20380	78	9,20942	80	10,79058	2	9,99438	48
13	9,20458	77	9,21022	80	10,78978	2	9,99436	47
14	9,20535	78	9,21102	80	10,78898	2	9,99434	46
15	9,20613	78	9,21182	79	10,78818	3	9,99432	45
16	9,20691	77	9,21261	80	10,78739	2	9,99429	44
17	9,20768	77	9,21341	79	10,78659	2	9,99427	43
18	9,20845	77	9,21420	79	10,78580	2	9,99425	42
19	9,20922	77	9,21499	79	10,78501	2	9,99423	41
20	9,20999	77	9,21578	79	10,78422	2	9,99421	40
21	9,21076	77	9,21657	79	10,78343	2	9,99419	39
22	9,21153	76	9,21736	78	10,78264	2	9,99417	38
23	9,21229	77	9,21814	79	10,78186	2	9,99415	37
24	9,21306	76	9,21893	78	10,78107	2	9,99413	36
25	9,21382	76	9,21971	78	10,78029	2	9,99411	35
26	9,21458	76	9,22049	78	10,77951	2	9,99409	34
27	9,21534	76	9,22127	78	10,77873	3	9,99407	33
28	9,21610	75	9,22205	78	10,77795	2	9,99404	32
29	9,21685	76	9,22283	78	10,77717	2	9,99402	31
30	9,21761		9,22361		10,77639		9,99400	30
	Cosinus	Diff.	Cotang.	C.D.	Tangens	Diff.	Sinus	Min.

80 Grad.

P. P.

	82	81
1	8,2	8,
2	16,4	16,
3	24,6	24,
4	32,8	32,
5	41,0	40,
6	49,2	48,
7	57,4	56,
8	65,6	64,
9	73,8	72,

	79	78
1	7,9	7,
2	15,8	15,
3	23,7	23,
4	31,6	31,
5	39,5	39,
6	47,4	46,
7	55,3	54,
8	63,2	62,
9	71,1	70,

	77
1	7,7
2	15,4
3	23,1
4	30,8
5	38,5
6	46,2
7	53,9
8	61,6
9	69,3

P. P.

P. P.

	76	75
1	7,6	7,5
2	15,2	15,0
3	22,8	22,5
4	30,4	30,0
5	38,0	37,5
6	45,6	45,0
7	53,2	52,5
8	60,8	60,0
9	68,4	67,5

	74	73
1	7,4	7,3
2	14,8	14,6
3	22,2	21,9
4	29,6	29,2
5	37,0	36,5
6	44,4	43,8
7	51,8	51,1
	59,2	58,4
	66,6	65,7

	72	71
	7,2	7,1
	14,4	14,2
	21,6	21,3
	28,8	28,4
	36,0	35,5
	43,2	42,6
	50,4	49,7
	57,6	56,8
	64,8	63,9

P. P

9 Grad.

Min.	Sinus	Diff.	Tangens	C.D.	Cotang.	Diff.	Cosinus	
30	9,21761	75	9,22361	77	10,77639	2	9,99400	30
31	9,21836	76	9,22438	78	10,77562	2	9,99398	29
32	9,21912	75	9,22516	77	10,77484	2	9,99396	28
33	9,21987	75	9,22593	77	10,77407	2	9,99394	27
34	9,22062	75	9,22670	77	10,77330	2	9,99392	26
35	9,22137	74	9,22747	77	10,77253	2	9,99390	25
36	9,22211	75	9,22824	77	10,77176	3	9,99388	24
37	9,22286	75	9,22901	76	10,77099	2	9,99385	23
38	9,22361	74	9,22977	77	10,77023	2	9,99383	22
39	9,22435	74	9,23054	76	10,76946	2	9,99381	21
40	9,22509	74	9,23130	76	10,76870	2	9,99379	20
41	9,22583	74	9,23206	77	10,76794	2	9,99377	19
42	9,22657	74	9,23283	76	10,76717	3	9,99375	18
43	9,22731	74	9,23359	76	10,76641	2	9,99372	17
44	9,22805	73	9,23435	75	10,76565	2	9,99370	16
45	9,22878	74	9,23510	76	10,76490	2	9,99368	15
46	9,22952	73	9,23586	75	10,76414	2	9,99366	14
47	9,23025	73	9,23661	76	10,76339	2	9,99364	13
48	9,23098	73	9,23737	75	10,76263	3	9,99362	12
49	9,23171	73	9,23812	75	10,76188	2	9,99359	11
50	9,23244	73	9,23887	75	10,76113	2	9,99357	10
51	9,23317	73	9,23962	75	10,76038	2	9,99355	9
52	9,23390	72	9,24037	75	10,75963	2	9,99353	8
53	9,23462	73	9,24112	74	10,75888	3	9,99351	7
54	9,23535	72	9,24186	75	10,75814	2	9,99348	6
55	9,23607	72	9,24261	74	10,75739	2	9,99346	5
56	9,23679	73	9,24335	75	10,75665	2	9,99344	4
57	9,23752	71	9,24410	74	10,75590	2	9,99342	3
58	9,23823	72	9,24484	74	10,75516	3	9,99340	2
59	9,23895	72	9,24558	74	10,75442	2	9,99337	1
60	9,23967		9,24632		10,75368		9,99335	0
	Cosinus	Diff.	Cotang.	C.D.	Tangens	Diff.	Sinus	Min.

80 Grad.

10 Grad.

Min.	Sinus	Diff.	Tangens	C.D.	Cotang.	Diff.	Cosinus	
0	9,23967		9,24632		10,75368		9,99335	60
1	9,24039	72	9,24706	74	10,75294	2	9,99333	59
2	9,24110	71	9,24779	73	10,75221	2	9,99331	58
3	9,24181	71	9,24853	74	10,75147	3	9,99328	57
4	9,24253	72	9,24926	73	10,75074	2	9,99326	56
5	9,24324	71	9,25000	74	10,75000	2	9,99324	55
6	9,24395	71	9,25073	73	10,74927	2	9,99322	54
7	9,24466	71	9,25146	73	10,74854	3	9,99319	53
8	9,24536	70	9,25219	73	10,74781	2	9,99317	52
9	9,24607	71	9,25292	73	10,74708	2	9,99315	51
10	9,24677	70	9,25365	73	10,74635	2	9,99313	50
11	9,24748	71	9,25437	72	10,74563	3	9,99310	49
12	9,24818	70	9,25510	73	10,74490	2	9,99308	48
13	9,24888	70	9,25582	72	10,74418	2	9,99306	47
14	9,24958	70	9,25655	73	10,74345	2	9,99304	46
15	9,25028	70	9,25727	72	10,74273	3	9,99301	45
16	9,25098	70	9,25799	72	10,74201	2	9,99299	44
17	9,25168	70	9,25871	72	10,74129	2	9,99297	43
18	9,25237	69	9,25943	72	10,74057	3	9,99294	42
19	9,25307	70	9,26015	72	10,73985	2	9,99292	41
20	9,25376	69	9,26086	71	10,73914	2	9,99290	40
21	9,25445	69	9,26158	72	10,73842	2	9,99288	39
22	9,25514	69	9,26229	71	10,73771	3	9,99285	38
23	9,25583	69	9,26301	72	10,73699	2	9,99283	37
24	9,25652	69	9,26372	71	10,73628	2	9,99281	36
25	9,25721	69	9,26443	71	10,73557	3	9,99278	35
26	9,25790	69	9,26514	71	10,73486	2	9,99276	34
27	9,25858	68	9,26585	71	10,73415	2	9,99274	33
28	9,25927	69	9,26655	70	10,73345	3	9,99271	32
29	9,25995	68	9,26726	71	10,73274	2	9,99269	31
30	9,26063	68	9,26797	71	10,73203	2	9,99267	30
	Cosinus	Diff.	Cotang.	C.D.	Tangens	Diff.	Sinus	Min.

79 Grad.

P. P.

	74	7…
1	7,4	7,…
2	14,8	14,…
3	22,2	21,…
4	29,6	29,…
5	37,0	36,…
6	44,4	43,…
7	51,8	51,…
8	59,2	58,…
9	66,6	65,…

	72	7…
1	7,2	7,…
2	14,4	14,…
3	21,6	21,…
4	28,8	28,…
5	36,0	35,…
6	43,2	42,…
7	50,4	49,…
8	57,6	56,…
9	64,8	63,…

	69	6…
1	6,9	6,…
2	13,8	13…
3	20,7	20,…
4	27,6	27…
5	34,5	34
6	41,4	40
7	48,3	47
8	55,2	54
9	62,1	61

P. P.

P. P.

	69	68
1	6,9	6,8
2	13,8	13,6
3	20,7	20,4
4	27,6	27,2
5	34,5	34,0
6	41,4	40,8
7	48,3	47,6
8	55,2	54,4
9	62,1	61,2

	67	66
1	6,7	6,6
2	13,4	13,2
3	20,1	19,8
4	26,8	26,4
5	33,5	33,0
6	40,2	39,6
7	46,9	46,2
8	53,6	52,8
9	60,3	59,4

	65
1	6,5
2	13,0
3	19,5
4	26,0
5	32,5
6	39,0
7	45,5
8	52,0
9	58,5

10 Grad.

Min.	Sinus	Diff	Tangens	C.D.	Cotang.	Diff.	Cosinus	
30	9,26063	68	9,26797	70	10,73203	3	9,99267	30
31	9,26131	68	9,26867	70	10,73133	2	9,99264	29
32	9,26199	68	9,26937	71	10,73063	2	9,99262	28
33	9,26267	68	9,27008	70	10,72992	3	9,99260	27
34	9,26335	68	9,27078	70	10,72922	2	9,99257	26
35	9,26403	67	9,27148	70	10,72852	3	9,99255	25
36	9,26470	68	9,27218	70	10,72782	2	9,99252	24
37	9,26538	67	9,27288	69	10,72712	2	9,99250	23
38	9,26605	67	9,27357	70	10,72643	3	9,99248	22
39	9,26672	67	9,27427	69	10,72573	2	9,99245	21
40	9,26739	67	9,27496	70	10,72504	2	9,99243	20
41	9,26806	67	9,27566	69	10,72434	3	9,99241	19
42	9,26873	67	9,27635	69	10,72365	2	9,99238	18
43	9,26940	67	9,27704	69	10,72296	3	9,99236	17
44	9,27007	66	9,27773	69	10,72227	2	9,99233	16
45	9,27073	67	9,27842	69	10,72158	2	9,99231	15
46	9,27140	66	9,27911	69	10,72089	3	9,99229	14
47	9,27206	67	9,27980	69	10,72020	2	9,99226	13
48	9,27273	66	9,28049	68	10,71951	3	9,99224	12
49	9,27339	66	9,28117	69	10,71883	2	9,99221	11
50	9,27405	66	9,28186	68	10,71814	2	9,99219	10
51	9,27471	66	9,28254	69	10,71746	3	9,99217	9
52	9,27537	65	9,28323	68	10,71677	2	9,99214	8
53	9,27602	66	9,28391	68	10,71609	3	9,99212	7
54	9,27668	66	9,28459	68	10,71541	2	9,99209	6
55	9,27734	65	9,28527	68	10,71473	3	9,99207	5
56	9,27799	65	9,28595	67	10,71405	2	9,99204	4
57	9,27864	66	9,28662	68	10,71338	2	9,99202	3
58	9,27930	65	9,28730	68	10,71270	3	9,99200	2
59	9,27995	65	9,28798	67	10,71202	2	9,99197	1
60	9,28060		9,28865		10,71135		9,99195	0
	Cosinus	Diff.	Cotang.	C.D.	Tangens	Diff.	Sinus	Min.

P. P.

79 Grad.

11 Grad.

Min.	Sinus	Diff.	Tangens	C.D.	Cotang.	Diff.	Cosinus	
0	9,28060	65	9,28865	68	10,71135	3	9,99195	60
1	9,28125	65	9,28933	67	10,71067	2	9,99192	59
2	9,28190	64	9,29000	67	10,71000	3	9,99190	58
3	9,28254	65	9,29067	67	10,70933	2	9,99187	57
4	9,28319	65	9,29134	67	10,70866	3	9,99185	56
5	9,28384	64	9,29201	67	10,70799	2	9,99182	55
6	9,28448	64	9,29268	67	10,70732	3	9,99180	54
7	9,28512	65	9,29335	67	10,70665	2	9,99177	53
8	9,28577	64	9,29402	66	10,70598	3	9,99175	52
9	9,28641	64	9,29468	67	10,70532	2	9,99172	51
10	9,28705	64	9,29535	66	10,70465	3	9,99170	50
11	9,28769	64	9,29601	67	10,70399	2	9,99167	49
12	9,28833	63	9,29668	66	10,70332	3	9,99165	48
13	9,28896	64	9,29734	66	10,70266	2	9,99162	47
14	9,28960	64	9,29800	66	10,70200	3	9,99160	46
15	9,29024	63	9,29866	66	10,70134	2	9,99157	45
16	9,29087	63	9,29932	66	10,70068	3	9,99155	44
17	9,29150	64	9,29998	66	10,70002	2	9,99152	43
18	9,29214	63	9,30064	66	10,69936	3	9,99150	42
19	9,29277	63	9,30130	65	10,69870	2	9,99147	41
20	9,29340	63	9,30195	66	10,69805	3	9,99145	40
21	9,29403	63	9,30261	65	10,69739	2	9,99142	39
22	9,29466	63	9,30326	65	10,69674	3	9,99140	38
23	9,29529	62	9,30391	66	10,69609	2	9,99137	37
24	9,29591	63	9,30457	65	10,69543	3	9,99135	36
25	9,29654	62	9,30522	65	10,69478	2	9,99132	35
26	9,29716	63	9,30587	65	10,69413	3	9,99130	34
27	9,29779	62	9,30652	65	10,69348	3	9,99127	33
28	9,29841	62	9,30717	65	10,69283	2	9,99124	32
29	9,29903	63	9,30782	64	10,69218	3	9,99122	31
30	9,29966		9,30846		10,69154		9,99119	30
	Cosinus	Diff.	Cotang.	C.D.	Tangens	Diff.	Sinus	Min.

78 Grad.

P. P.

	68	67
1	6,8	6,7
2	13,6	13,4
3	20,4	20,
4	27,2	26,
5	34,0	33,
6	40,8	40,
7	47,6	46,
8	54,4	53,
9	61,2	60,

	66	6
1	6,6	6,
2	13,2	13,
3	19,8	19,
4	26,4	26,
5	33,0	32,
6	39,6	39,
7	46,2	45,
8	52,8	52,
9	59,4	58,

	64	6
1	6,4	6,
2	12,8	12,
3	19,2	18,
4	25,6	25,
5	32,0	31,
6	38,4	37,
7	44,8	44,
8	51,2	50,
9	57,6	56,

P. P.

P. P.

	62
1	6,2
2	12,4
3	18,6
4	24,8
5	31,0
6	37,2
7	43,4
8	49,6
9	55,8

	61
1	6,1
2	12,2
3	18,3
4	24,4
5	30,5
6	36,6
7	42,7
8	48,8
9	54,9

	59
1	5,9
2	11,8
3	17,7
4	23,6
5	29,5
6	35,4
7	41,3
8	47,2
9	53,1

P. P.

11 Grad.

Min.	Sinus	Diff.	Tangens	C.D.	Cotang.	Diff.	Cofinus	
30	9,29966	62	9,30846	65	10,69154	2	9,99119	30
31	9,30028	62	9,30911	64	10,69089	3	9,99117	29
32	9,30090	61	9,30975	65	10,69025	2	9,99114	28
33	9,30151	62	9,31040	64	10,68960	3	9,99112	27
34	9,30213	62	9,31104	64	10,68896	3	9,99109	26
35	9,30275	61	9,31168	65	10,68832	2	9,99106	25
36	9,30336	62	9,31233	64	10,68767	3	9,99104	24
37	9,30398	61	9,31297	64	10,68703	2	9,99101	23
38	9,30459	62	9,31361	64	10,68639	3	9,99099	22
39	9,30521	61	9,31425	64	10,68575	3	9,99096	21
40	9,30582	61	9,31489	63	10,68511	2	9,99093	20
41	9,30643	61	9,31552	64	10,68448	3	9,99091	19
42	9,30704	61	9,31616	63	10,68384	2	9,99088	18
43	9,30765	61	9,31679	64	10,68321	3	9,99086	17
44	9,30826	61	9,31743	63	10,68257	3	9,99083	16
45	9,30887	60	9,31806	64	10,68194	2	9,99080	15
46	9,30947	61	9,31870	63	10,68130	3	9,99078	14
47	9,31008	60	9,31933	63	10,68067	3	9,99075	13
48	9,31068	61	9,31996	63	10,68004	2	9,99072	12
49	9,31129	60	9,32059	63	10,67941	3	9,99070	11
50	9,31189	61	9,32122	63	10,67878	3	9,99067	10
51	9,31250	60	9,32185	63	10,67815	2	9,99064	9
52	9,31310	60	9,32248	63	10,67752	3	9,99062	8
53	9,31370	60	9,32311	62	10,67689	3	9,99059	7
54	9,31430	60	9,32373	63	10,67627	2	9,99056	6
55	9,31490	59	9,32436	62	10,67564	3	9,99054	5
56	9,31549	60	9,32498	63	10,67502	3	9,99051	4
57	9,31609	60	9,32561	62	10,67439	2	9,99048	3
58	9,31669	59	9,32623	62	10,67377	3	9,99046	2
59	9,31728	60	9,32685	62	10,67315	3	9,99043	1
60	9,31788		9,32747		10,67253		9,99040	0
	Cofinus	Diff.	Cotang.	C.D.	Tangens	Diff.	Sinus	Min.

78 Grad.

12 Grad.

Min.	Sinus	Diff.	Tangens	C.D.	Cotang.	Diff.	Cosinus	
0	9,31788	59	9,32747	63	10,67253	2	9,99040	60
1	9,31847	60	9,32810	62	10,67190	3	9,99038	59
2	9,31907	59	9,32872	61	10,67128	3	9,99035	58
3	9,31966	59	9,32933	62	10,67067	2	9,99032	57
4	9,32025	59	9,32995	62	10,67005	3	9,99030	56
5	9,32084	59	9,33057	62	10,66943	3	9,99027	55
6	9,32143	59	9,33119	61	10,66881	2	9,99024	54
7	9,32202	59	9,33180	62	10,66820	3	9,99022	53
8	9,32261	58	9,33242	61	10,66758	3	9,99019	52
9	9,32319	59	9,33303	62	10,66697	3	9,99016	51
10	9,32378	59	9,33365	61	10,66635	2	9,99013	50
11	9,32437	58	9,33426	61	10,66574	3	9,99011	49
12	9,32495	58	9,33487	61	10,66513	3	9,99008	48
13	9,32553	59	9,33548	61	10,66452	3	9,99005	47
14	9,32612	58	9,33609	61	10,66391	2	9,99002	46
15	9,32670	58	9,33670	61	10,66330	3	9,99000	45
16	9,32728	58	9,33731	61	10,66269	3	9,98997	44
17	9,32786	58	9,33792	61	10,66208	3	9,98994	43
18	9,32844	58	9,33853	60	10,66147	2	9,98991	42
19	9,32902	58	9,33913	61	10,66087	3	9,98989	41
20	9,32960	58	9,33974	60	10,66026	3	9,98986	40
21	9,33018	57	9,34034	61	10,65966	3	9,98983	39
22	9,33075	58	9,34095	60	10,65905	2	9,98980	38
23	9,33133	57	9,34155	60	10,65845	3	9,98978	37
24	9,33190	58	9,34215	61	10,65785	3	9,98975	36
25	9,33248	57	9,34276	60	10,65724	3	9,98972	35
26	9,33305	57	9,34336	60	10,65664	2	9,98969	34
27	9,33362	58	9,34396	60	10,65604	3	9,98967	33
28	9,33420	57	9,34456	60	10,65544	3	9,98964	32
29	9,33477	57	9,34516	60	10,65484	3	9,98961	31
30	9,33534		9,34576		10,65424		9,98958	30
	Cosinus	Diff.	Cotang.	C.D.	Tangens	Diff.	Sinus	Min.

77 Grad.

P. P.

	63	62	61	59
1	6,3	6,2	6,1	5,9
2	12,6	12,4	12,2	11,8
3	18,9	18,6	18,3	17,7
4	25,2	24,8	24,4	23,6
5	31,5	31,0	30,5	29,5
6	37,8	37,2	36,6	35,4
7	44,1	43,4	42,7	41,3
8	50,4	49,6	48,8	47,2
9	56,7	55,8	54,9	53,1

P. P.

P. P.

	58		57		56		55
1	5,8	1	5,7	1	5,6	1	5,5
2	11,6	2	11,4	2	11,2	2	11,0
3	17,4	3	17,1	3	16,8	3	16,5
4	23,2	4	22,8	4	22,4	4	22,0
5	29,0	5	28,5	5	28,0	5	27,5
6	34,8	6	34,2	6	33,6	6	33,0
7	40,6	7	39,9	7	39,2	7	38,5
8	46,4	8	45,6	8	44,8	8	44,0
9	52,2	9	51,3	9	50,4	9	49,5

12 Grad.

Min.	Sinus	Diff.	Tangens	C.D.	Cotang.	Diff.	Cosinus	
30	9,33534	57	9,34576	59	10,65424	3	9,98958	30
31	9,33591	56	9,34635	60	10,65365	2	9,98955	29
32	9,33647	57	9,34695	60	10,65305	3	9,98953	28
33	9,33704	57	9,34755	59	10,65245	3	9,98950	27
34	9,33761	57	9,34814	60	10,65186	3	9,98947	26
35	9,33818	56	9,34874	59	10,65126	3	9,98944	25
36	9,33874	57	9,34933	59	10,65067	3	9,98941	24
37	9,33931	56	9,34992	59	10,65008	2	9,98938	23
38	9,33987	56	9,35051	60	10,64949	3	9,98936	22
39	9,34043	57	9,35111	59	10,64889	3	9,98933	21
40	9,34100	56	9,35170	59	10,64830	3	9,98930	20
41	9,34156	56	9,35229	59	10,64771	3	9,98927	19
42	9,34212	56	9,35288	59	10,64712	3	9,98924	18
43	9,34268	56	9,35347	58	10,64653	2	9,98921	17
44	9,34324	56	9,35405	59	10,64595	3	9,98919	16
45	9,34380	56	9,35464	59	10,64536	3	9,98916	15
46	9,34436	55	9,35523	58	10,64477	3	9,98913	14
47	9,34491	56	9,35581	59	10,64419	3	9,98910	13
48	9,34547	55	9,35640	58	10,64360	3	9,98907	12
49	9,34602	56	9,35698	59	10,64302	3	9,98904	11
50	9,34658	55	9,35757	58	10,64243	3	9,98901	10
51	9,34713	56	9,35815	58	10,64185	2	9,98898	9
52	9,34769	55	9,35873	58	10,64127	3	9,98896	8
53	9,34824	55	9,35931	58	10,64069	3	9,98893	7
54	9,34879	55	9,35989	58	10,64011	3	9,98890	6
55	9,34934	55	9,36047	58	10,63953	3	9,98887	5
56	9,34989	55	9,36105	58	10,63895	3	9,98884	4
57	9,35044	55	9,36163	58	10,63837	3	9,98881	3
58	9,35099	55	9,36221	58	10,63779	3	9,98878	2
59	9,35154	55	9,36279	57	10,63721	3	9,98875	1
60	9,35209		9,36336		10,63664		9,98872	0
	Cosinus	Diff.	Cotang.	C.D.	Tangens	Diff.	Sinus	Min.

P. P. **77 Grad.**

13 Grad.

Min.	Sinus	Diff.	Tangens	C.D.	Cotang.	Diff.	Cosinus	
0	9,35209		9,36336		10,63664		9,98872	60
1	9,35263	54	9,36394	58	10,63606	3	9,98869	59
2	9,35318	55	9,36452	58	10,63548	2	9,98867	58
3	9,35373	55	9,36509	57	10,63491	3	9,98864	57
4	9,35427	54	9,36566	57	10,63434	3	9,98861	56
5	9,35481	54	9,36624	58	10,63376	3	9,98858	55
6	9,35536	55	9,36681	57	10,63319	3	9,98855	54
7	9,35590	54	9,36738	57	10,63262	3	9,98852	53
8	9,35644	54	9,36795	57	10,63205	3	9,98849	52
9	9,35698	54	9,36852	57	10,63148	3	9,98846	51
10	9,35752	54	9,36909	57	10,63091	3	9,98843	50
11	9,35806	54	9,36966	57	10,63034	3	9,98840	49
12	9,35860	54	9,37023	57	10,62977	3	9,98837	48
13	9,35914	54	9,37080	57	10,62920	3	9,98834	47
14	9,35968	54	9,37137	57	10,62863	3	9,98831	46
15	9,36022	54	9,37193	56	10,62807	3	9,98828	45
16	9,36075	53	9,37250	57	10,62750	3	9,98825	44
17	9,36129	54	9,37306	56	10,62694	3	9,98822	43
18	9,36182	53	9,37363	57	10,62637	3	9,98819	42
19	9,36236	54	9,37419	56	10,62581	3	9,98816	41
20	9,36289	53	9,37476	57	10,62524	3	9,98813	40
21	9,36342	53	9,37532	56	10,62468	3	9,98810	39
22	9,36395	53	9,37588	56	10,62412	3	9,98807	38
23	9,36449	54	9,37644	56	10,62356	3	9,98804	37
24	9,36502	53	9,37700	56	10,62300	3	9,98801	36
25	9,36555	53	9,37756	56	10,62244	3	9,98798	35
26	9,36608	53	9,37812	56	10,62188	3	9,98795	34
27	9,36660	52	9,37868	56	10,62132	3	9,98792	33
28	9,36713	53	9,37924	56	10,62076	3	9,98789	32
29	9,36766	53	9,37980	56	10,62020	3	9,98786	31
30	9,36819	53	9,38035	55	10,61965	3	9,98783	30
	Cosinus	Diff.	Cotang.	C.D.	Tangens	Diff.	Sinus	Min.

76 Grad.

P. P.

	58	57	56	55
1	5,8	5,7	5,6	5,5
2	11,6	11,4	11,2	11,0
3	17,4	17,1	16,8	16,5
4	23,2	22,8	22,4	22,0
5	29,0	28,5	28,0	27,5
6	34,8	34,2	33,6	33,0
7	40,6	39,9	39,2	38,5
8	46,4	45,6	44,8	44,0
9	52,2	51,3	50,4	49,5

13 Grad.

Min.	Sinus	Diff.	Tangens	C.D.	Cotang.	Diff.	Cosinus	
30	9,36819	52	9,38035	56	10,61965	3	9,98783	30
31	9,36871	53	9,38091	56	10,61909	3	9,98780	29
32	9,36924	52	9,38147	55	10,61853	3	9,98777	28
33	9,36976	52	9,38202	55	10,61798	3	9,98774	27
34	9,37028	53	9,38257	56	10,61743	3	9,98771	26
35	9,37081	52	9,38313	55	10,61687	3	9,98768	25
36	9,37133	52	9,38368	55	10,61632	3	9,98765	24
37	9,37185	52	9,38423	56	10,61577	3	9,98762	23
38	9,37237	52	9,38479	55	10,61521	3	9,98759	22
39	9,37289	52	9,38534	55	10,61466	3	9,98756	21
40	9,37341	52	9,38589	55	10,61411	3	9,98753	20
41	9,37393	52	9,38644	55	10,61356	4	9,98750	19
42	9,37445	52	9,38699	55	10,61301	3	9,98746	18
43	9,37497	52	9,38754	54	10,61246	3	9,98743	17
44	9,37549	51	9,38808	55	10,61192	3	9,98740	16
45	9,37600	52	9,38863	55	10,61137	3	9,98737	15
46	9,37652	51	9,38918	54	10,61082	3	9,98734	14
47	9,37703	52	9,38972	55	10,61028	3	9,98731	13
48	9,37755	51	9,39027	55	10,60973	3	9,98728	12
49	9,37806	52	9,39082	54	10,60918	3	9,98725	11
50	9,37858	51	9,39136	54	10,60864	3	9,98722	10
51	9,37909	51	9,39190	55	10,60810	4	9,98719	9
52	9,37960	51	9,39245	54	10,60755	3	9,98715	8
53	9,38011	51	9,39299	54	10,60701	3	9,98712	7
54	9,38062	51	9,39353	54	10,60647	3	9,98709	6
55	9,38113	51	9,39407	54	10,60593	3	9,98706	5
56	9,38164	51	9,39461	54	10,60539	3	9,98703	4
57	9,38215	51	9,39515	54	10,60485	3	9,98700	3
58	9,38266	51	9,39569	54	10,60431	3	9,98697	2
59	9,38317	51	9,39623	54	10,60377	4	9,98694	1
60	9,38368		9,39677		10,60323		9,98690	0
	Cosinus	Diff.	Cotang.	C.D.	Tangens	Diff.	Sinus	Min.

76 Grad.

P. P.

	54	53	52	51
1	5,4	5,3	5,2	5,1
2	10,8	10,6	10,4	10,2
3	16,2	15,9	15,6	15,3
4	21,6	21,2	20,8	20,4
5	27,0	26,5	26,0	25,5
6	32,4	31,8	31,2	30,6
7	37,8	37,1	36,4	35,7
8	43,2	42,4	41,6	40,8
9	48,6	47,7	46,8	45,9

P. P.

14 Grad.

Min.	Sinus	Diff.	Tangens	C.D.	Cotang	Diff.	Cosinus	
0	9,38368	50	9,39677	54	10,60323	3	9,98690	60
1	9,38418	51	9,39731	54	10,60269	3	9,98687	59
2	9,38469	50	9,39785	53	10,60215	3	9,98684	58
3	9,38519	51	9,39838	54	10,60162	3	9,98681	57
4	9,38570	50	9,39892	53	10,60108	3	9,98678	56
5	9,38620	50	9,39945	54	10,60055	4	9,98675	55
6	9,38670	51	9,39999	53	10,60001	3	9,98671	54
7	9,38721	50	9,40052	54	10,59948	3	9,98668	53
8	9,38771	50	9,40106	53	10,59894	3	9,98665	52
9	9,38821	50	9,40159	53	10,59841	3	9,98662	51
10	9,38871	50	9,40212	54	10,59788	3	9,98659	50
11	9,38921	50	9,40266	53	10,59734	4	9,98656	49
12	9,38971	50	9,40319	53	10,59681	3	9,98652	48
13	9,39021	50	9,40372	53	10,59628	3	9,98649	47
14	9,39071	50	9,40425	53	10,59575	3	9,98646	46
15	9,39121	49	9,40478	53	10,59522	3	9,98643	45
16	9,39170	50	9,40531	53	10,59469	4	9,98640	44
17	9,39220	50	9,40584	52	10,59416	3	9,98636	43
18	9,39270	49	9,40636	53	10,59364	3	9,98633	42
19	9,39319	50	9,40689	53	10,59311	3	9,98630	41
20	9,39369	49	9,40742	53	10,59258	4	9,98627	40
21	9,39418	49	9,40795	52	10,59205	3	9,98623	39
22	9,39467	50	9,40847	53	10,59153	3	9,98620	38
23	9,39517	49	9,40900	52	10,59100	3	9,98617	37
24	9,39566	49	9,40952	53	10,59048	4	9,98614	36
25	9,39615	49	9,41005	52	10,58995	3	9,98610	35
26	9,39664	49	9,41057	52	10,58943	3	9,98607	34
27	9,39713	49	9,41109	52	10,58891	3	9,98604	33
28	9,39762	49	9,41161	53	10,58839	4	9,98601	32
29	9,39811	49	9,41214	52	10,58786	3	9,98597	31
30	9,39860		9,41266		10,58734		9,98594	30
	Cosinus	Diff.	Cotang.	C.D.	Tangens	Diff.	Sinus	Min.

75 Grad.

P. P.

	54	53	52	51
1	5,4	5,3	5,2	5,1
2	10,8	10,6	10,4	10,2
3	16,2	15,9	15,6	15,3
4	21,6	21,2	20,8	20,4
5	27,0	26,5	26,0	25,5
6	32,4	31,8	31,2	30,6
7	37,8	37,1	36,4	35,7
8	43,2	42,4	41,6	40,8
9	48,6	47,7	46,8	45,9

P. P.

14 Grad.

P. P.

	49
1	4,9
2	9,8
3	14,7
4	19,6
5	24,5
6	29,4
7	34,3
8	39,2
9	44,1

	48
1	4,8
2	9,6
3	14,4
4	19,2
5	24,0
6	28,8
7	33,6
8	38,4
9	43,2

	47
1	4,7
2	9,4
3	14,1
4	18,8
5	23,5
6	28,2
7	32,9
8	37,6
9	42,3

Min.	Sinus	Diff.	Tangens	C.D.	Cotang.	Diff.	Cosinus	
30	9,39860	49	9,41266	52	10,58734	3	9,98594	30
31	9,39909	49	9,41318	52	10,58682	3	9,98591	29
32	9,39958	48	9,41370	52	10,58630	4	9,98588	28
33	9,40006	49	9,41422	52	10,58578	3	9,98584	27
34	9,40055	48	9,41474	52	10,58526	3	9,98581	26
35	9,40103	49	9,41526	52	10,58474	4	9,98578	25
36	9,40152	48	9,41578	51	10,58422	3	9,98574	24
37	9,40200	49	9,41629	52	10,58371	3	9,98571	23
38	9,40249	48	9,41681	52	10,58319	3	9,98568	22
39	9,40297	49	9,41733	51	10,58267	4	9,98565	21
40	9,40346	48	9,41784	52	10,58216	3	9,98561	20
41	9,40394	48	9,41836	51	10,58164	3	9,98558	19
42	9,40442	48	9,41887	52	10,58113	4	9,98555	18
43	9,40490	48	9,41939	51	10,58061	3	9,98551	17
44	9,40538	48	9,41990	51	10,58010	3	9,98548	16
45	9,40586	48	9,42041	52	10,57959	4	9,98545	15
46	9,40634	48	9,42093	51	10,57907	3	9,98541	14
47	9,40682	48	9,42144	51	10,57856	3	9,98538	13
48	9,40730	48	9,42195	51	10,57805	4	9,98535	12
49	9,40778	47	9,42246	51	10,57754	3	9,98531	11
50	9,40825	48	9,42297	51	10,57703	3	9,98528	10
51	9,40873	48	9,42348	51	10,57652	4	9,98525	9
52	9,40921	47	9,42399	51	10,57601	3	9,98521	8
53	9,40968	48	9,42450	51	10,57550	3	9,98518	7
54	9,41016	47	9,42501	51	10,57499	4	9,98515	6
55	9,41063	48	9,42552	51	10,57448	3	9,98511	5
56	9,41111	47	9,42603	50	10,57397	3	9,98508	4
57	9,41158	47	9,42653	51	10,57347	4	9,98505	3
58	9,41205	47	9,42704	51	10,57296	3	9,98501	2
59	9,41252	48	9,42755	50	10,57245	4	9,98498	1
60	9,41300		9,42805		10,57195		9,98494	0
	Cofinus	Diff.	Cotang.	C.D.	Tangens	Diff.	Sinus	Min.

P. P.

75 Grad.

15 Grad.

Min.	Sinus	Diff.	Tangens	C.D.	Cotang.	Diff.	Cosinus	
0	9,41300	47	9,42805	51	10,57195	3	9,98494	60
1	9,41347	47	9,42856	50	10,57144	3	9,98491	59
2	9,41394	47	9,42906	51	10,57094	4	9,98488	58
3	9,41441	47	9,42957	50	10,57043	3	9,98484	57
4	9,41488	47	9,43007	50	10,56993	4	9,98481	56
5	9,41535	47	9,43057	51	10,56943	3	9,98477	55
6	9,41582	46	9,43108	50	10,56892	3	9,98474	54
7	9,41628	47	9,43158	50	10,56842	4	9,98471	53
8	9,41675	47	9,43208	50	10,56792	3	9,98467	52
9	9,41722	46	9,43258	50	10,56742	4	9,98464	51
10	9,41768	47	9,43308	50	10,56692	3	9,98460	50
11	9,41815	46	9,43358	50	10,56642	4	9,98457	49
12	9,41861	47	9,43408	50	10,56592	3	9,98453	48
13	9,41908	46	9,43458	50	10,56542	3	9,98450	47
14	9,41954	47	9,43508	50	10,56492	4	9,98447	46
15	9,42001	46	9,43558	49	10,56442	3	9,98443	45
16	9,42047	46	9,43607	50	10,56393	4	9,98440	44
17	9,42093	47	9,43657	50	10,56343	3	9,98436	43
18	9,42140	46	9,43707	49	10,56293	4	9,98433	42
19	9,42186	46	9,43756	50	10,56244	3	9,98429	41
20	9,42232	46	9,43806	49	10,56194	4	9,98426	40
21	9,42278	46	9,43855	50	10,56145	3	9,98422	39
22	9,42324	46	9,43905	49	10,56095	4	9,98419	38
23	9,42370	46	9,43954	50	10,56046	3	9,98415	37
24	9,42416	45	9,44004	49	10,55996	3	9,98412	36
25	9,42461	46	9,44053	49	10,55947	4	9,98409	35
26	9,42507	46	9,44102	49	10,55898	3	9,98405	34
27	9,42553	46	9,44151	50	10,55849	4	9,98402	33
28	9,42599	45	9,44201	49	10,55799	3	9,98398	32
29	9,42644	46	9,44250	49	10,55750	4	9,98395	31
30	9,42690		9,44299		10,55701		9,98391	30
	Cosinus	Diff.	Cotang.	C.D.	Tangens	Diff.	Sinus	Min.

74 Grad.

P. P.

	51	49	48	47
1	5,1	4,9	4,8	4,7
2	10,2	9,8	9,6	9,4
3	15,3	14,7	14,4	14,1
4	20,4	19,6	19,2	18,8
5	25,5	24,5	24,0	23,5
6	30,6	29,4	28,8	28,2
7	35,7	34,3	33,6	32,9
8	40,8	39,2	38,4	37,6
9	45,9	44,1	43,2	42,3

P. P.

P. P.

	46
1	4,6
2	9,2
3	13,8
4	18,4
5	23,0
6	27,6
7	32,2
8	36,8
9	41,4

	45
1	4,5
2	9,0
3	13,5
4	18,0
5	22,5
6	27,0
7	31,5
8	36,0
9	40,5

	44
1	4,4
2	8,8
3	13,2
4	17,6
5	22,0
6	26,4
7	30,8
8	35,2
9	39,6

P. P.

15 Grad.

Min.	Sinus	Diff.	Tangens	C.D.	Cotang.	Diff.	Cosinus	
30	9,42690	45	9,44299	49	10,55701	3	9,98391	30
31	9,42735	46	9,44348	49	10,55652	4	9,98388	29
32	9,42781	45	9,44397	49	10,55603	3	9,98384	28
33	9,42826	46	9,44446	49	10,55554	4	9,98381	27
34	9,42872	45	9,44495	49	10,55505	4	9,98377	26
35	9,42917	45	9,44544	48	10,55456	3	9,98373	25
36	9,42962	46	9,44592	49	10,55408	4	9,98370	24
37	9,43008	45	9,44641	49	10,55359	3	9,98366	23
38	9,43053	45	9,44690	48	10,55310	4	9,98363	22
39	9,43098	45	9,44738	49	10,55262	3	9,98359	21
40	9,43143	45	9,44787	49	10,55213	4	9,98356	20
41	9,43188	45	9,44836	48	10,55164	3	9,98352	19
42	9,43233	45	9,44884	49	10,55116	4	9,98349	18
43	9,43278	45	9,44933	48	10,55067	3	9,98345	17
44	9,43323	44	9,44981	48	10,55019	4	9,98342	16
45	9,43367	45	9,45029	49	10,54971	4	9,98338	15
46	9,43412	45	9,45078	48	10,54922	3	9,98334	14
47	9,43457	45	9,45126	48	10,54874	4	9,98331	13
48	9,43502	44	9,45174	48	10,54826	3	9,98327	12
49	9,43546	45	9,45222	49	10,54778	4	9,98324	11
50	9,43591	44	9,45271	48	10,54729	3	9,98320	10
51	9,43635	45	9,45319	48	10,54681	4	9,98317	9
52	9,43680	44	9,45367	48	10,54633	4	9,98313	8
53	9,43724	45	9,45415	48	10,54585	3	9,98309	7
54	9,43769	44	9,45463	48	10,54537	4	9,98306	6
55	9,43813	44	9,45511	48	10,54489	3	9,98302	5
56	9,43857	44	9,45559	47	10,54441	4	9,98299	4
57	9,43901	45	9,45606	48	10,54394	4	9,98295	3
58	9,43946	44	9,45654	48	10,54346	3	9,98291	2
59	9,43990	44	9,45702	48	10,54298	4	9,98288	1
60	9,44034		9,45750		10,54250		9,98284	0
	Cosinus	Diff.	Cotang.	C.D.	Tangens	Diff.	Sinus	Min.

74 Grad.

16 Grad.

Min.	Sinus	Diff.	Tangens	C.D.	Cotang.	Diff.	Cosinus	
0	9,44034	44	9,45750	47	10,54250	3	9,98284	60
1	9,44078	44	9,45797	48	10,54203	4	9,98281	59
2	9,44122	44	9,45845	47	10,54155	4	9,98277	58
3	9,44166	44	9,45892	48	10,54108	3	9,98273	57
4	9,44210	43	9,45940	47	10,54060	4	9,98270	56
5	9,44253	44	9,45987	48	10,54013	4	9,98266	55
6	9,44297	44	9,46035	47	10,53965	3	9,98262	54
7	9,44341	44	9,46082	48	10,53918	4	9,98259	53
8	9,44385	43	9,46130	47	10,53870	4	9,98255	52
9	9,44428	44	9,46177	47	10,53823	3	9,98251	51
10	9,44472	44	9,46224	47	10,53776	4	9,98248	50
11	9,44516	43	9,46271	48	10,53729	4	9,98244	49
12	9,44559	43	9,46319	47	10,53681	3	9,98240	48
13	9,44602	44	9,46366	47	10,53634	4	9,98237	47
14	9,44646	43	9,46413	47	10,53587	4	9,98233	46
15	9,44689	44	9,46460	47	10,53540	3	9,98229	45
16	9,44733	43	9,46507	47	10,53493	4	9,98226	44
17	9,44776	43	9,46554	47	10,53446	4	9,98222	43
18	9,44819	43	9,46601	47	10,53399	3	9,98218	42
19	9,44862	43	9,46648	46	10,53352	4	9,98215	41
20	9,44905	43	9,46694	47	10,53306	4	9,98211	40
21	9,44948	44	9,46741	47	10,53259	3	9,98207	39
22	9,44992	43	9,46788	47	10,53212	4	9,98204	38
23	9,45035	42	9,46835	46	10,53165	4	9,98200	37
24	9,45077	43	9,46881	47	10,53119	4	9,98196	36
25	9,45120	43	9,46928	47	10,53072	3	9,98192	35
26	9,45163	43	9,46975	46	10,53025	4	9,98189	34
27	9,45206	43	9,47021	47	10,52979	4	9,98185	33
28	9,45249	43	9,47068	46	10,52932	4	9,98181	32
29	9,45292	42	9,47114	46	10,52886	3	9,98177	31
30	9,45334		9,47160		10,52840		9,98174	30
	Cosinus	Diff.	Cotang.	C.D.	Tangens	Diff.	Sinus	Min.

73 Grad.

P. P.

	48	47	46	45
1	4,8	4,7	4,6	4,5
2	9,6	9,4	9,2	9,0
3	14,4	14,1	13,8	13,5
4	19,2	18,8	18,4	18,0
5	24,0	23,5	23,0	22,5
6	28,8	28,2	27,6	27,0
7	33,6	32,9	32,2	31,5
8	38,4	37,6	36,8	36,0
9	43,2	42,3	41,4	40,5

P. P.

P. P.

	44	43	42	41
1	4,4	4,3	4,2	4,1
2	8,8	8,6	8,4	8,2
3	13,2	12,9	12,6	12,3
4	17,6	17,2	16,8	16,4
5	22,0	21,5	21,0	20,5
6	26,4	25,8	25,2	24,6
7	30,8	30,1	29,4	28,7
8	35,2	34,4	33,6	32,8
9	39,6	38,7	37,8	36,9

P. P.

16 Grad.

Min.	Sinus	Diff.	Tangens	C.D.	Cotang.	Diff.	Cosinus	
30	9,45334	43	9,47160	47	10,52840	4	9,98174	30
31	9,45377	42	9,47207	46	10,52793	4	9,98170	29
32	9,45419	43	9,47253	46	10,52747	4	9,98166	28
33	9,45462	42	9,47299	47	10,52701	3	9,98162	27
34	9,45504	43	9,47346	46	10,52654	4	9,98159	26
35	9,45547	42	9,47392	46	10,52608	4	9,98155	25
36	9,45589	43	9,47438	46	10,52562	4	9,98151	24
37	9,45632	42	9,47484	46	10,52516	3	9,98147	23
38	9,45674	42	9,47530	46	10,52470	4	9,98144	22
39	9,45716	42	9,47576	46	10,52424	4	9,98140	21
40	9,45758	43	9,47622	46	10,52378	4	9,98136	20
41	9,45801	42	9,47668	46	10,52332	3	9,98132	19
42	9,45843	42	9,47714	46	10,52286	4	9,98129	18
43	9,45885	42	9,47760	46	10,52240	4	9,98125	17
44	9,45927	42	9,47806	46	10,52194	4	9,98121	16
45	9,45969	42	9,47852	45	10,52148	4	9,98117	15
46	9,46011	42	9,47897	46	10,52103	3	9,98113	14
47	9,46053	42	9,47943	46	10,52057	4	9,98110	13
48	9,46095	41	9,47989	46	10,52011	4	9,98106	12
49	9,46136	42	9,48035	45	10,51965	4	9,98102	11
50	9,46178	42	9,48080	46	10,51920	4	9,98098	10
51	9,46220	42	9,48126	45	10,51874	4	9,98094	9
52	9,46262	41	9,48171	46	10,51829	3	9,98090	8
53	9,46303	42	9,48217	45	10,51783	4	9,98087	7
54	9,46345	41	9,48262	45	10,51738	4	9,98083	6
55	9,46386	42	9,48307	46	10,51693	4	9,98079	5
56	9,46428	41	9,48353	45	10,51647	4	9,98075	4
57	9,46469	42	9,48398	45	10,51602	4	9,98071	3
58	9,46511	41	9,48443	46	10,51557	4	9,98067	2
59	9,46552	42	9,48489	45	10,51511	3	9,98063	1
60	9,46594		9,48534		10,51466		9,98060	0
	Cosinus	Diff.	Cotang.	C.D.	Tangens	Diff.	Sinus	Min.

73 Grad.

17 Grad.

Min.	Sinus	Diff.	Tangens	C.D.	Cotang.	Diff.	Cosinus	
0	9,46594	41	9,48534	45	10,51466	4	9,98060	60
1	9,46635	41	9,48579	45	10,51421	4	9,98056	59
2	9,46676	41	9,48624	45	10,51376	4	9,98052	58
3	9,46717	41	9,48669	45	10,51331	4	9,98048	57
4	9,46758	42	9,48714	45	10,51286	4	9,98044	56
5	9,46800	41	9,48759	45	10,51241	4	9,98040	55
6	9,46841	41	9,48804	45	10,51196	4	9,98036	54
7	9,46882	41	9,48849	45	10,51151	3	9,98032	53
8	9,46923	41	9,48894	45	10,51106	4	9,98029	52
9	9,46964	41	9,48939	45	10,51061	4	9,98025	51
10	9,47005	40	9,48984	45	10,51016	4	9,98021	50
11	9,47045	41	9,49029	44	10,50971	4	9,98017	49
12	9,47086	41	9,49073	45	10,50927	4	9,98013	48
13	9,47127	41	9,49118	45	10,50882	4	9,98009	47
14	9,47168	41	9,49163	44	10,50837	4	9,98005	46
15	9,47209	40	9,49207	45	10,50793	4	9,98001	45
16	9,47249	41	9,49252	44	10,50748	4	9,97997	44
17	9,47290	40	9,49296	45	10,50704	4	9,97993	43
18	9,47330	41	9,49341	44	10,50659	3	9,97989	42
19	9,47371	40	9,49385	45	10,50615	4	9,97986	41
20	9,47411	41	9,49430	44	10,50570	4	9,97982	40
21	9,47452	40	9,49474	45	10,50526	4	9,97978	39
22	9,47492	41	9,49519	44	10,50481	4	9,97974	38
23	9,47533	40	9,49563	44	10,50437	4	9,97970	37
24	9,47573	40	9,49607	45	10,50393	4	9,97966	36
25	9,47613	41	9,49652	44	10,50348	4	9,97962	35
26	9,47654	40	9,49696	44	10,50304	4	9,97958	34
27	9,47694	40	9,49740	44	10,50260	4	9,97954	33
28	9,47734	40	9,49784	44	10,50216	4	9,97950	32
29	9,47774	40	9,49828	44	10,50172	4	9,97946	31
30	9,47814		9,49872		10,50128		9,97942	30
	Cosinus	Diff.	Cotang.	C.D.	Tangens	Diff.	Sinus	Min.

72 Grad.

P. P.

	45	44	43
1	4,5	4,4	4,3
2	9,0	8,8	8,6
3	13,5	13,2	12,9
4	18,0	17,6	17,2
5	22,5	22,0	21,5
6	27,0	26,4	25,8
7	31,5	30,8	30,1
8	36,0	35,2	34,4
9	40,5	39,6	38,7

P. P.

41	
1	4,1
2	8,2
3	12,3
4	16,4
5	20,5
6	24,6
7	28,7
8	32,8
9	36,9

39	
1	3,9
2	7,8
3	11,7
4	15,6
5	19,5
6	23,4
7	27,3
8	31,2
9	35,1

P. P.

17 Grad.

Min.	Sinus	Diff.	Tangens	C.D.	Cotang.	Diff.	Cosinus	
30	9,47814	40	9,49872	44	10,50128	4	9,97942	30
31	9,47854	40	9,49916	44	10,50084	4	9,97938	29
32	9,47894	40	9,49960	44	10,50040	4	9,97934	28
33	9,47934	40	9,50004	44	10,49996	4	9,97930	27
34	9,47974	40	9,50048	44	10,49952	4	9,97926	26
35	9,48014	40	9,50092	44	10,49908	4	9,97922	25
36	9,48054	40	9,50136	44	10,49864	4	9,97918	24
37	9,48094	39	9,50180	43	10,49820	4	9,97914	23
38	9,48133	40	9,50223	44	10,49777	4	9,97910	22
39	9,48173	40	9,50267	44	10,49733	4	9,97906	21
40	9,48213	39	9,50311	44	10,49689	4	9,97902	20
41	9,48252	40	9,50355	43	10,49645	4	9,97898	19
42	9,48292	40	9,50398	44	10,49602	4	9,97894	18
43	9,48332	39	9,50442	43	10,49558	4	9,97890	17
44	9,48371	40	9,50485	44	10,49515	4	9,97886	16
45	9,48411	39	9,50529	43	10,49471	4	9,97882	15
46	9,48450	40	9,50572	44	10,49428	4	9,97878	14
47	9,48490	39	9,50616	43	10,49384	4	9,97874	13
48	9,48529	39	9,50659	44	10,49341	4	9,97870	12
49	9,48568	39	9,50703	43	10,49297	5	9,97866	11
50	9,48607	40	9,50746	43	10,49254	4	9,97861	10
51	9,48647	39	9,50789	44	10,49211	4	9,97857	9
52	9,48686	39	9,50833	43	10,49167	4	9,97853	8
53	9,48725	39	9,50876	43	10,49124	4	9,97849	7
54	9,48764	39	9,50919	43	10,49081	4	9,97845	6
55	9,48803	39	9,50962	43	10,49038	4	9,97841	5
56	9,48842	39	9,51005	43	10,48995	4	9,97837	4
57	9,48881	39	9,51048	44	10,48952	4	9,97833	3
58	9,48920	39	9,51092	43	10,48908	4	9,97829	2
59	9,48959	39	9,51135	43	10,48865	4	9,97825	1
60	9,48998		9,51178		10,48822		9,97821	0
	Cosinus	Diff.	Cotang.	C.D.	Tangens	Diff.	Sinus	Min.

72 Grad.

18 Grad.

Min.	Sinus	Diff.	Tangens	C.D.	Cotang.	Diff.	Cosinus	
0	9,48998	39	9,51178	43	10,48822	4	9,97821	60
1	9,49037	39	9,51221	43	10,48779	5	9,97817	59
2	9,49076	39	9,51264	42	10,48736	4	9,97812	58
3	9,49115	38	9,51306	43	10,48694	4	9,97808	57
4	9,49153	39	9,51349	43	10,48651	4	9,97804	56
5	9,49192	39	9,51392	43	10,48608	4	9,97800	55
6	9,49231	38	9,51435	43	10,48565	4	9,97796	54
7	9,49269	39	9,51478	42	10,48522	4	9,97792	53
8	9,49308	39	9,51520	43	10,48480	4	9,97788	52
9	9,49347	38	9,51563	43	10,48437	5	9,97784	51
10	9,49385	39	9,51606	42	10,48394	4	9,97779	50
11	9,49424	38	9,51648	43	10,48352	4	9,97775	49
12	9,49462	38	9,51691	43	10,48309	4	9,97771	48
13	9,49500	39	9,51734	42	10,48266	4	9,97767	47
14	9,49539	38	9,51776	43	10,48224	4	9,97763	46
15	9,49577	38	9,51819	42	10,48181	5	9,97759	45
16	9,49615	39	9,51861	42	10,48139	4	9,97754	44
17	9,49654	38	9,51903	43	10,48097	4	9,97750	43
18	9,49692	38	9,51946	42	10,48054	4	9,97746	42
19	9,49730	38	9,51988	43	10,48012	4	9,97742	41
20	9,49768	38	9,52031	42	10,47969	4	9,97738	40
21	9,49806	38	9,52073	42	10,47927	5	9,97734	39
22	9,49844	38	9,52115	42	10,47885	4	9,97729	38
23	9,49882	38	9,52157	43	10,47843	4	9,97725	37
24	9,49920	38	9,52200	42	10,47800	4	9,97721	36
25	9,49958	38	9,52242	42	10,47758	4	9,97717	35
26	9,49996	38	9,52284	42	10,47716	5	9,97713	34
27	9,50034	38	9,52326	42	10,47674	4	9,97708	33
28	9,50072	38	9,52368	42	10,47632	4	9,97704	32
29	9,50110	38	9,52410	42	10,47590	4	9,97700	31
30	9,50148		9,52452		10,47548		9,97696	30
	Cosinus	Diff.	Cotang.	C.D.	Tangens	Diff.	Sinus	Min.

71 Grad.

P. P.

	43
1	4,3
2	8,6
3	12,9
4	17,2
5	21,5
6	25,8
7	30,1
8	34,4
9	38,7

	42
1	4,2
2	8,4
3	12,6
4	16,8
5	21,0
6	25,2
7	29,4
8	33,6
9	37,8

	41
1	4,1
2	8,2
3	12,3
4	16,4
5	20,5
6	24,6
7	28,7
8	32,8
9	36,9

P. P.

18 Grad.

Min.	Sinus	Diff.	Tangens	C.D.	Cotang.	Diff.	Coſinus	
30	9,50148	37	9,52452	42	10,47548	5	9,97696	30
31	9,50185	38	9,52494	42	10,47506	4	9,97691	29
32	9,50223	38	9,52536	42	10,47464	4	9,97687	28
33	9,50261	37	9,52578	42	10,47422	4	9,97683	27
34	9,50298	38	9,52620	41	10,47380	5	9,97679	26
35	9,50336	38	9,52661	42	10,47339	4	9,97674	25
36	9,50374	37	9,52703	42	10,47297	4	9,97670	24
37	9,50411	38	9,52745	42	10,47255	4	9,97666	23
38	9,50449	37	9,52787	42	10,47213	5	9,97662	22
39	9,50486	37	9,52829	41	10,47171	4	9,97657	21
40	9,50523	38	9,52870	42	10,47130	4	9,97653	20
41	9,50561	37	9,52912	41	10,47088	4	9,97649	19
42	9,50598	37	9,52953	42	10,47047	5	9,97645	18
43	9,50635	38	9,52995	42	10,47005	4	9,97640	17
44	9,50673	37	9,53037	41	10,46963	4	9,97636	16
45	9,50710	37	9,53078	42	10,46922	4	9,97632	15
46	9,50747	37	9,53120	41	10,46880	5	9,97628	14
47	9,50784	37	9,53161	41	10,46839	4	9,97623	13
48	9,50821	37	9,53202	42	10,46798	4	9,97619	12
49	9,50858	38	9,53244	41	10,46756	5	9,97615	11
50	9,50896	37	9,53285	42	10,46715	4	9,97610	10
51	9,50933	37	9,53327	41	10,46673	4	9,97606	9
52	9,50970	37	9,53368	41	10,46632	5	9,97602	8
53	9,51007	36	9,53409	41	10,46591	4	9,97597	7
54	9,51043	37	9,53450	42	10,46550	4	9,97593	6
55	9,51080	37	9,53492	41	10,46508	5	9,97589	5
56	9,51117	37	9,53533	41	10,46467	4	9,97584	4
57	9,51154	37	9,53574	41	10,46426	4	9,97580	3
58	9,51191	36	9,53615	41	10,46385	5	9,97576	2
59	9,51227	37	9,53656	41	10,46344	4	9,97571	1
60	9,51264		9,53697		10,46303		9,97567	0
	Coſinus	Diff.	Cotang.	C.D.	Tangens	Diff.	Sinus	Min.

71 Grad.

P. P.

	39	38	37	36
1	3,9	3,8	3,7	3,6
2	7,8	7,6	7,4	7,2
3	11,7	11,4	11,1	10,8
4	15,6	15,2	14,8	14,4
5	19,5	19,0	18,5	18,0
6	23,4	22,8	22,2	21,6
7	27,3	26,6	25,9	25,2
8	31,2	30,4	29,6	28,8
9	35,1	34,2	33,3	32,4

P. P.

19 Grad.

Min.	Sinus	Diff.	Tangens	C.D.	Cotang.	Diff.	Cosinus	
0	9,51264	37	9,53697	41	10,46303	4	9,97567	60
1	9,51301	37	9,53738	41	10,46262	5	9,97563	59
2	9,51338	36	9,53779	41	10,46221	4	9,97558	58
3	9,51374	37	9,53820	41	10,46180	4	9,97554	57
4	9,51411	36	9,53861	41	10,46139	5	9,97550	56
5	9,51447	37	9,53902	41	10,46098	4	9,97545	55
6	9,51484	36	9,53943	41	10,46057	5	9,97541	54
7	9,51520	37	9,53984	41	10,46016	4	9,97536	53
8	9,51557	36	9,54025	40	10,45975	4	9,97532	52
9	9,51593	36	9,54065	41	10,45935	5	9,97528	51
10	9,51629	37	9,54106	41	10,45894	4	9,97523	50
11	9,51666	36	9,54147	40	10,45853	4	9,97519	49
12	9,51702	36	9,54187	41	10,45813	5	9,97515	48
13	9,51738	36	9,54228	41	10,45772	4	9,97510	47
14	9,51774	37	9,54269	40	10,45731	5	9,97506	46
15	9,51811	36	9,54309	41	10,45691	4	9,97501	45
16	9,51847	36	9,54350	40	10,45650	5	9,97497	44
17	9,51883	36	9,54390	41	10,45610	4	9,97492	43
18	9,51919	36	9,54431	40	10,45569	4	9,97488	42
19	9,51955	36	9,54471	41	10,45529	5	9,97484	41
20	9,51991	36	9,54512	40	10,45488	4	9,97479	40
21	9,52027	36	9,54552	41	10,45448	5	9,97475	39
22	9,52063	36	9,54593	40	10,45407	4	9,97470	38
23	9,52099	36	9,54633	40	10,45367	5	9,97466	37
24	9,52135	36	9,54673	41	10,45327	4	9,97461	36
25	9,52171	36	9,54714	40	10,45286	4	9,97457	35
26	9,52207	35	9,54754	40	10,45246	5	9,97453	34
27	9,52242	36	9,54794	41	10,45206	4	9,97448	33
28	9,52278	36	9,54835	40	10,45165	5	9,97444	32
29	9,52314	36	9,54875	40	10,45125	4	9,97439	31
30	9,52350		9,54915		10,45085		9,97435	30
	Cosinus	Diff.	Cotang.	C.D.	Tangens	Diff.	Sinus	Min.

70 Grad.

P. P.

	41
1	4,1
2	8,2
3	12,3
4	16,4
5	20,5
6	24,6
7	28,7
8	32,8
9	36,9

	39
1	3,9
2	7,8
3	11,7
4	15,6
5	19,5
6	23,4
7	27,3
8	31,2
9	35,1

P. P.

19 Grad.

Min.	Sinus	Diff.	Tangens	C.D.	Cotang.	Diff.	Cosinus	
30	9,52350	35	9,54915	40	10,45085	5	9,97435	30
31	9,52385	36	9,54955	40	10,45045	4	9,97430	29
32	9,52421	35	9,54995	40	10,45005	5	9,97426	28
33	9,52456	36	9,55035	40	10,44965	4	9,97421	27
34	9,52492	35	9,55075	40	10,44925	5	9,97417	26
35	9,52527	36	9,55115	40	10,44885	4	9,97412	25
36	9,52563	35	9,55155	40	10,44845	5	9,97408	24
37	9,52598	36	9,55195	40	10,44805	4	9,97403	23
38	9,52634	35	9,55235	40	10,44765	5	9,97399	22
39	9,52669	36	9,55275	40	10,44725	4	9,97394	21
40	9,52705	35	9,55315	40	10,44685	5	9,97390	20
41	9,52740	35	9,55355	40	10,44645	4	9,97385	19
42	9,52775	36	9,55395	39	10,44605	5	9,97381	18
43	9,52811	35	9,55434	40	10,44566	4	9,97376	17
44	9,52846	35	9,55474	40	10,44526	5	9,97372	16
45	9,52881	35	9,55514	40	10,44486	4	9,97367	15
46	9,52916	35	9,55554	39	10,44446	5	9,97363	14
47	9,52951	35	9,55593	40	10,44407	5	9,97358	13
48	9,52986	35	9,55633	40	10,44367	4	9,97353	12
49	9,53021	35	9,55673	39	10,44327	5	9,97349	11
50	9,53056	36	9,55712	40	10,44288	4	9,97344	10
51	9,53092	34	9,55752	39	10,44248	5	9,97340	9
52	9,53126	35	9,55791	40	10,44209	4	9,97335	8
53	9,53161	35	9,55831	39	10,44169	5	9,97331	7
54	9,53196	35	9,55870	40	10,44130	4	9,97326	6
55	9,53231	35	9,55910	39	10,44090	5	9,97322	5
56	9,53266	35	9,55949	40	10,44051	5	9,97317	4
57	9,53301	35	9,55989	39	10,44011	4	9,97312	3
58	9,53336	34	9,56028	39	10,43972	5	9,97308	2
59	9,53370	35	9,56067	40	10,43933	4	9,97303	1
60	9,53405		9,56107		10,43893		9,97299	0
	Cosinus	Diff.	Cotang.	C.D.	Tangens	Diff.	Sinus	Min.

70 Grad.

P. P.

	37	36	35	34
1	3,7	3,6	3,5	3,4
2	7,4	7,2	7,0	6,8
3	11,1	10,8	10,5	10,2
4	14,8	14,4	14,0	13,6
5	18,5	18,0	17,5	17,0
6	22,2	21,6	21,0	20,4
7	25,9	25,2	24,5	23,8
8	29,6	28,8	28,0	27,2
9	33,3	32,4	31,5	30,6

P. P.

20 Grad.

Min.	Sinus	Diff.	Tangens	C.D.	Cotang.	Diff.	Cosinus	
0	9,53405	35	9,56107	39	10,43893	5	9,97299	60
1	9,53440	35	9,56146	39	10,43854	5	9,97294	59
2	9,53475	34	9,56185	39	10,43815	4	9,97289	58
3	9,53509	35	9,56224	40	10,43776	5	9,97285	57
4	9,53544	34	9,56264	39	10,43736	4	9,97280	56
5	9,53578	35	9,56303	39	10,43697	5	9,97276	55
6	9,53613	34	9,56342	39	10,43658	5	9,97271	54
7	9,53647	35	9,56381	39	10,43619	4	9,97266	53
8	9,53682	34	9,56420	39	10,43580	5	9,97262	52
9	9,53716	35	9,56459	39	10,43541	5	9,97257	51
10	9,53751	34	9,56498	39	10,43502	4	9,97252	50
11	9,53785	34	9,56537	39	10,43463	5	9,97248	49
12	9,53819	35	9,56576	39	10,43424	5	9,97243	48
13	9,53854	34	9,56615	39	10,43385	4	9,97238	47
14	9,53888	34	9,56654	39	10,43346	5	9,97234	46
15	9,53922	35	9,56693	39	10,43307	5	9,97229	45
16	9,53957	34	9,56732	39	10,43268	4	9,97224	44
17	9,53991	34	9,56771	39	10,43229	5	9,97220	43
18	9,54025	34	9,56810	39	10,43190	5	9,97215	42
19	9,54059	34	9,56849	38	10,43151	4	9,97210	41
20	9,54093	34	9,56887	39	10,43113	5	9,97206	40
21	9,54127	34	9,56926	39	10,43074	5	9,97201	39
22	9,54161	34	9,56965	39	10,43035	4	9,97196	38
23	9,54195	34	9,57004	38	10,42996	5	9,97192	37
24	9,54229	34	9,57042	39	10,42958	5	9,97187	36
25	9,54263	34	9,57081	39	10,42919	4	9,97182	35
26	9,54297	34	9,57120	38	10,42880	5	9,97178	34
27	9,54331	34	9,57158	39	10,42842	5	9,97173	33
28	9,54365	34	9,57197	38	10,42803	5	9,97168	32
29	9,54399	34	9,57235	39	10,42765	4	9,97163	31
30	9,54433		9,57274		10,42726		9,97159	30
	Cosinus	Diff.	Cotang.	C.D.	Tangens	Diff.	Sinus	Min.

69 Grad.

P. P.

	39	38	37
1	3,9	3,8	3,7
2	7,8	7,6	7,4
3	11,7	11,4	11,1
4	15,6	15,2	14,8
5	19,5	19,0	18,5
6	23,4	22,8	22,2
7	27,3	26,6	25,9
8	31,2	30,4	29,6
9	35,1	34,2	33,3

P. P.

20 Grad.

Min.	Sinus	Diff.	Tangens	C.D.	Cotang.	Diff.	Cosinus	
30	9,54433	33	9,57274	38	10,42726	5	9,97159	30
31	9,54466	34	9,57312	39	10,42688	5	9,97154	29
32	9,54500	34	9,57351	38	10,42649	4	9,97149	28
33	9,54534	33	9,57389	39	10,42611	5	9,97145	27
34	9,54567	34	9,57428	38	10,42572	5	9,97140	26
35	9,54601	34	9,57466	38	10,42534	5	9,97135	25
36	9,54635	33	9,57504	39	10,42496	4	9,97130	24
37	9,54668	34	9,57543	38	10,42457	5	9,97126	23
38	9,54702	33	9,57581	38	10,42419	5	9,97121	22
39	9,54735	34	9,57619	39	10,42381	5	9,97116	21
40	9,54769	33	9,57658	38	10,42342	4	9,97111	20
41	9,54802	34	9,57696	38	10,42304	5	9,97107	19
42	9,54836	33	9,57734	38	10,42266	5	9,97102	18
43	9,54869	34	9,57772	38	10,42228	5	9,97097	17
44	9,54903	33	9,57810	39	10,42190	5	9,97092	16
45	9,54936	33	9,57849	38	10,42151	4	9,97087	15
46	9,54969	34	9,57887	38	10,42113	5	9,97083	14
47	9,55003	33	9,57925	38	10,42075	5	9,97078	13
48	9,55036	33	9,57963	38	10,42037	5	9,97073	12
49	9,55069	33	9,58001	38	10,41999	5	9,97068	11
50	9,55102	34	9,58039	38	10,41961	4	9,97063	10
51	9,55136	33	9,58077	38	10,41923	5	9,97059	9
52	9,55169	33	9,58115	38	10,41885	5	9,97054	8
53	9,55202	33	9,58153	38	10,41847	5	9,97049	7
54	9,55235	33	9,58191	38	10,41809	5	9,97044	6
55	9,55268	33	9,58229	38	10,41771	4	9,97039	5
56	9,55301	33	9,58267	37	10,41733	5	9,97035	4
57	9,55334	33	9,58304	38	10,41696	5	9,97030	3
58	9,55367	33	9,58342	38	10,41658	5	9,97025	2
59	9,55400	33	9,58380	38	10,41620	5	9,97020	1
60	9,55433		9,58418		10,41582		9,97015	0
	Cosinus	Diff.	Cotang.	C.D.	Tangens	Diff.	Sinus	Min.

69 Grad.

P. P.

	35	34	33
1	3,5	3,4	3,3
2	7,0	6,8	6,6
3	10,5	10,2	9,9
4	14,0	13,6	13,2
5	17,5	17,0	16,5
6	21,0	20,4	19,8
7	24,5	23,8	23,1
8	28,0	27,2	26,4
9	31,5	30,6	29,7

P. P.

21 Grad.

Min.	Sinus	Diff.	Tangens	C.D.	Cotang.	Diff.	Cosinus	
0	9,55433		9,58418		10,41582		9,97015	60
1	9,55466	33	9,58455	37	10,41545	5	9,97010	59
2	9,55499	33	9,58493	38	10,41507	5	9,97005	58
3	9,55532	33	9,58531	38	10,41469	4	9,97001	57
4	9,55564	32	9,58569	38	10,41431	5	9,96996	56
5	9,55597	33	9,58606	37	10,41394	5	9,96991	55
6	9,55630	33	9,58644	38	10,41356	5	9,96986	54
7	9,55663	33	9,58681	37	10,41319	5	9,96981	53
8	9,55695	32	9,58719	38	10,41281	5	9,96976	52
9	9,55728	33	9,58757	38	10,41243	5	9,96971	51
10	9,55761	33	9,58794	37	10,41206	5	9,96966	50
11	9,55793	32	9,58832	38	10,41168	4	9,96962	49
12	9,55826	33	9,58869	37	10,41131	5	9,96957	48
13	9,55858	32	9,58907	38	10,41093	5	9,96952	47
14	9,55891	33	9,58944	37	10,41056	5	9,96947	46
15	9,55923	32	9,58981	37	10,41019	5	9,96942	45
16	9,55956	33	9,59019	38	10,40981	5	9,96937	44
17	9,55988	32	9,59056	37	10,40944	5	9,96932	43
18	9,56021	33	9,59094	38	10,40906	5	9,96927	42
19	9,56053	32	9,59131	37	10,40869	5	9,96922	41
20	9,56085	32	9,59168	37	10,40832	5	9,96917	40
21	9,56118	33	9,59205	37	10,40795	5	9,96912	39
22	9,56150	32	9,59243	38	10,40757	5	9,96907	38
23	9,56182	32	9,59280	37	10,40720	4	9,96903	37
24	9,56215	33	9,59317	37	10,40683	5	9,96898	36
25	9,56247	32	9,59354	37	10,40646	5	9,96893	35
26	9,56279	32	9,59391	37	10,40609	5	9,96888	34
27	9,56311	32	9,59429	38	10,40571	5	9,96883	33
28	9,56343	32	9,59466	37	10,40534	5	9,96878	32
29	9,56375	32	9,59503	37	10,40497	5	9,96873	31
30	9,56408	33	9,59540	37	10,40460	5	9,96868	30
	Cosinus	Diff.	Cotang.	C.D.	Tangens	Diff.	Sinus	Min.

68 Grad.

P. P.

	38
1	3,8
2	7,6
3	11,4
4	15,2
5	19,0
6	22,8
7	26,6
8	30,4
9	34,2

	37
1	3,7
2	7,4
3	11,1
4	14,8
5	18,5
6	22,2
7	25,9
8	29,6
9	33,3

	36
1	3,6
2	7,2
3	10,8
4	14,4
5	18,0
6	21,6
7	25,2
8	28,8
9	32,4

P. P.

P. P.

33	
1	3,3
2	6,6
3	9,9
4	13,2
5	16,5
6	19,8
7	23,1
8	26,4
9	29,7

32	
1	3,2
2	6,4
3	9,6
4	12,8
5	16,0
6	19,2
7	22,4
8	25,6
9	28,8

31	
1	3,1
2	6,2
3	9,3
4	12,4
5	15,5
6	18,6
7	21,7
8	24,8
9	27,9

P. P.

21 Grad.

Min.	Sinus	Diff.	Tangens	C.D.	Cotang.	Diff.	Cosinus	
30	9,56408		9,59540		10,40460		9,96868	30
31	9,56440	32	9,59577	37	10,40423	5	9,96863	29
32	9,56472	32	9,59614	37	10,40386	5	9,96858	28
33	9,56504	32	9,59651	37	10,40349	5	9,96853	27
34	9,56536	32	9,59688	37	10,40312	5	9,96848	26
35	9,56568	32	9,59725	37	10,40275	5	9,96843	25
36	9,56599	31	9,59762	37	10,40238	5	9,96838	24
37	9,56631	32	9,59799	37	10,40201	5	9,96833	23
38	9,56663	32	9,59835	36	10,40165	5	9,96828	22
39	9,56695	32	9,59872	37	10,40128	5	9,96823	21
40	9,56727	32	9,59909	37	10,40091	5	9,96818	20
41	9,56759	32	9,59946	37	10,40054	5	9,96813	19
42	9,56790	31	9,59983	37	10,40017	5	9,96808	18
43	9,56822	32	9,60019	36	10,39981	5	9,96803	17
44	9,56854	32	9,60056	37	10,39944	5	9,96798	16
45	9,56886	32	9,60093	37	10,39907	5	9,96793	15
46	9,56917	31	9,60130	37	10,39870	5	9,96788	14
47	9,56949	32	9,60166	36	10,39834	5	9,96783	13
48	9,56980	31	9,60203	37	10,39797	5	9,96778	12
49	9,57012	32	9,60240	37	10,39760	6	9,96772	11
50	9,57044	32	9,60276	36	10,39724	5	9,96767	10
51	9,57075	31	9,60313	37	10,39687	5	9,96762	9
52	9,57107	32	9,60349	36	10,39651	5	9,96757	8
53	9,57138	31	9,60386	37	10,39614	5	9,96752	7
54	9,57169	31	9,60422	36	10,39578	5	9,96747	6
55	9,57201	32	9,60459	37	10,39541	5	9,96742	5
56	9,57232	31	9,60495	36	10,39505	5	9,96737	4
57	9,57264	32	9,60532	37	10,39468	5	9,96732	3
58	9,57295	31	9,60568	36	10,39432	5	9,96727	2
59	9,57326	31	9,60605	37	10,39395	5	9,96722	1
60	9,57358	32	9,60641	36	10,39359	5	9,96717	0
	Cosinus	Diff.	Cotang.	C.D.	Tangens	Diff.	Sinus	Min.

68 Grad.

22 Grad.

Min.	Sinus	Diff.	Tangens	C.D.	Cotang.	Diff.	Cosinus	
0	9,57358		9,60641		10,39359		9,96717	60
1	9,57389	31	9,60677	36	10,39323	6	9,96711	59
2	9,57420	31	9,60714	37	10,39286	5	9,96706	58
3	9,57451	31	9,60750	36	10,39250	5	9,96701	57
4	9,57482	31	9,60786	36	10,39214	5	9,96696	56
5	9,57514	32	9,60823	37	10,39177	5	9,96691	55
6	9,57545	31	9,60859	36	10,39141	5	9,96686	54
7	9,57576	31	9,60895	36	10,39105	5	9,96681	53
8	9,57607	31	9,60931	36	10,39069	5	9,96676	52
9	9,57638	31	9,60967	36	10,39033	6	9,96670	51
10	9,57669	31	9,61004	37	10,38996	5	9,96665	50
11	9,57700	31	9,61040	36	10,38960	5	9,96660	49
12	9,57731	31	9,61076	36	10,38924	5	9,96655	48
13	9,57762	31	9,61112	36	10,38888	5	9,96650	47
14	9,57793	31	9,61148	36	10,38852	5	9,96645	46
15	9,57824	31	9,61184	36	10,38816	5	9,96640	45
16	9,57855	31	9,61220	36	10,38780	6	9,96634	44
17	9,57885	30	9,61256	36	10,38744	5	9,96629	43
18	9,57916	31	9,61292	36	10,38708	5	9,96624	42
19	9,57947	31	9,61328	36	10,38672	5	9,96619	41
20	9,57978	31	9,61364	36	10,38636	5	9,96614	40
21	9,58008	30	9,61400	36	10,38600	6	9,96608	39
22	9,58039	31	9,61436	36	10,38564	5	9,96603	38
23	9,58070	31	9,61472	36	10,38528	5	9,96598	37
24	9,58101	31	9,61508	36	10,38492	5	9,96593	36
25	9,58131	30	9,61544	36	10,38456	5	9,96588	35
26	9,58162	31	9,61579	35	10,38421	6	9,96582	34
27	9,58192	30	9,61615	36	10,38385	5	9,96577	33
28	9,58223	31	9,61651	36	10,38349	5	9,96572	32
29	9,58253	30	9,61687	36	10,38313	5	9,96567	31
30	9,58284	31	9,61722	35	10,38278	5	9,96562	30
	Cosinus	Diff.	Cotang.	C.D.	Tangens	Diff.	Sinus	Min.

67 Grad.

P. P.

	37
1	3,7
2	7,4
3	11,1
4	14,8
5	18,5
6	22,2
7	25,9
8	29,6
9	33,3

	36
1	3,6
2	7,2
3	10,8
4	14,4
5	18,0
6	21,6
7	25,2
8	28,8
9	32,4

	35
1	3,5
2	7,0
3	10,5
4	14,0
5	17,5
6	21,0
7	24,5
8	28,0
9	31,5

P. P.

P. P. **22 Grad.**

Min.	Sinus	Diff.	Tangens	C.D.	Cotang.	Diff.	Cosinus	
30	9,58284	30	9,61722	36	10,38278	6	9,96562	30
31	9,58314	31	9,61758	36	10,38242	5	9,96556	29
32	9,58345	30	9,61794	36	10,38206	5	9,96551	28
33	9,58375	31	9,61830	35	10,38170	5	9,96546	27
34	9,58406	30	9,61865	36	10,38135	6	9,96541	26
35	9,58436	31	9,61901	35	10,38099	5	9,96535	25
36	9,58467	30	9,61936	36	10,38064	5	9,96530	24
37	9,58497	30	9,61972	36	10,38028	5	9,96525	23
38	9,58527	30	9,62008	35	10,37992	6	9,96520	22
39	9,58557	31	9,62043	36	10,37957	5	9,96514	21
40	9,58588	30	9,62079	35	10,37921	5	9,96509	20
41	9,58618	30	9,62114	36	10,37886	6	9,96504	19
42	9,58648	30	9,62150	35	10,37850	5	9,96498	18
43	9,58678	31	9,62185	36	10,37815	5	9,96493	17
44	9,58709	30	9,62221	35	10,37779	5	9,96488	16
45	9,58739	30	9,62256	36	10,37744	6	9,96483	15
46	9,58769	30	9,62292	35	10,37708	5	9,96477	14
47	9,58799	30	9,62327	35	10,37673	5	9,96472	13
48	9,58829	30	9,62362	36	10,37638	6	9,96467	12
49	9,58859	30	9,62398	35	10,37602	5	9,96461	11
50	9,58889	30	9,62433	35	10,37567	5	9,96456	10
51	9,58919	30	9,62468	36	10,37532	6	9,96451	9
52	9,58949	30	9,62504	35	10,37496	5	9,96445	8
53	9,58979	30	9,62539	35	10,37461	5	9,96440	7
54	9,59009	30	9,62574	35	10,37426	6	9,96435	6
55	9,59039	30	9,62609	36	10,37391	5	9,96429	5
56	9,59069	29	9,62645	35	10,37355	5	9,96424	4
57	9,59098	30	9,62680	35	10,37320	6	9,96419	3
58	9,59128	30	9,62715	35	10,37285	5	9,96413	2
59	9,59158	30	9,62750	35	10,37250	5	9,96408	1
60	9,59188		9,62785		10,37215		9,96403	0
	Cosinus	Diff.	Cotang.	C.D.	Tangens	Diff.	Sinus	Min.

P. P.

	31
1	3,1
2	6,2
3	9,3
4	12,4
5	15,5
6	18,6
7	21,7
8	24,8
9	27,9

	29
1	2,9
2	5,8
3	8,7
4	11,6
5	14,5
6	17,4
7	20,3
8	23,2
9	26,1

P. P. **67 Grad.**

23 Grad.

Min.	Sinus	Diff.	Tangens	C.D.	Cotang.	Diff.	Cosinus	
0	9,59188	30	9,62785	35	10,37215	6	9,96403	60
1	9,59218	29	9,62820	35	10,37180	5	9,96397	59
2	9,59247	30	9,62855	35	10,37145	5	9,96392	58
3	9,59277	30	9,62890	36	10,37110	6	9,96387	57
4	9,59307	29	9,62926	35	10,37074	5	9,96381	56
5	9,59336	30	9,62961	35	10,37039	6	9,96376	55
6	9,59366	30	9,62996	35	10,37004	5	9,96370	54
7	9,59396	29	9,63031	35	10,36969	5	9,96365	53
8	9,59425	30	9,63066	35	10,36934	6	9,96360	52
9	9,59455	29	9,63101	34	10,36899	5	9,96354	51
10	9,59484	30	9,63135	35	10,36865	6	9,96349	50
11	9,59514	29	9,63170	35	10,36830	5	9,96343	49
12	9,59543	30	9,63205	35	10,36795	5	9,96338	48
13	9,59573	29	9,63240	35	10,36760	6	9,96333	47
14	9,59602	30	9,63275	35	10,36725	5	9,96327	46
15	9,59632	29	9,63310	35	10,36690	6	9,96322	45
16	9,59661	29	9,63345	34	10,36655	5	9,96316	44
17	9,59690	30	9,63379	35	10,36621	6	9,96311	43
18	9,59720	29	9,63414	35	10,36586	5	9,96305	42
19	9,59749	29	9,63449	35	10,36551	6	9,96300	41
20	9,59778	30	9,63484	35	10,36516	5	9,96294	40
21	9,59808	29	9,63519	34	10,36481	5	9,96289	39
22	9,59837	29	9,63553	35	10,36447	6	9,96284	38
23	9,59866	29	9,63588	35	10,36412	5	9,96278	37
24	9,59895	29	9,63623	34	10,36377	6	9,96273	36
25	9,59924	30	9,63657	35	10,36343	5	9,96267	35
26	9,59954	29	9,63692	34	10,36308	6	9,96262	34
27	9,59983	29	9,63726	35	10,36274	5	9,96256	33
28	9,60012	29	9,63761	35	10,36239	6	9,96251	32
29	9,60041	29	9,63796	34	10,36204	5	9,96245	31
30	9,60070		9,63830		10,36170		9,96240	30
	Cosinus	Diff.	Cotang.	C.D.	Tangens	Diff.	Sinus	Min.

66 Grad.

P. P.

	35
1	3,5
2	7,0
3	10,5
4	14,0
5	17,5
6	21,0
7	24,5
8	28,0
9	31,5

	34
1	3,4
2	6,8
3	10,2
4	13,6
5	17,0
6	20,4
7	23,8
8	27,2
9	30,6

P. P.

P. P.

29	
1	2,9
2	5,8
3	8,7
4	11,6
5	14,5
6	17,4
7	20,3
8	23,2
9	26,1

28	
1	2,8
2	5,6
3	8,4
4	11,2
5	14,0
6	16,8
7	19,6
8	22,4
9	25,2

P. P.

23 Grad.

Min.	Sinus	Diff.	Tangens	C.D.	Cotang.	Diff.	Coſinus	
30	9,60070		9,63830		10,36170		9,96240	30
31	9,60099	29	9,63865	35	10,36135	6	9,96234	29
32	9,60128	29	9,63899	34	10,36101	5	9,96229	28
33	9,60157	29	9,63934	35	10,36066	6	9,96223	27
34	9,60186	29	9,63968	34	10,36032	5	9,96218	26
35	9,60215	29	9,64003	35	10,35997	6	9,96212	25
36	9,60244	29	9,64037	34	10,35963	5	9,96207	24
37	9,60273	29	9,64072	35	10,35928	6	9,96201	23
38	9,60302	29	9,64106	34	10,35894	5	9,96196	22
39	9,60331	29	9,64140	34	10,35860	6	9,96190	21
40	9,60359	28	9,64175	35	10,35825	5	9,96185	20
41	9,60388	29	9,64209	34	10,35791	6	9,96179	19
42	9,60417	29	9,64243	34	10,35757	5	9,96174	18
43	9,60446	29	9,64278	35	10,35722	6	9,96168	17
44	9,60474	28	9,64312	34	10,35688	6	9,96162	16
45	9,60503	29	9,64346	34	10,35654	5	9,96157	15
46	9,60532	29	9,64381	35	10,35619	6	9,96151	14
47	9,60561	29	9,64415	34	10,35585	5	9,96146	13
48	9,60589	28	9,64449	34	10,35551	6	9,96140	12
49	9,60618	29	9,64483	34	10,35517	5	9,96135	11
50	9,60646	28	9,64517	34	10,35483	6	9,96129	10
51	9,60675	29	9,64552	35	10,35448	6	9,96123	9
52	9,60704	29	9,64586	34	10,35414	5	9,96118	8
53	9,60732	28	9,64620	34	10,35380	6	9,96112	7
54	9,60761	29	9,64654	34	10,35346	5	9,96107	6
55	9,60789	28	9,64688	34	10,35312	6	9,96101	5
56	9,60818	29	9,64722	34	10,35278	6	9,96095	4
57	9,60846	28	9,64756	34	10,35244	5	9,96090	3
58	9,60875	29	9,64790	34	10,35210	6	9,96084	2
59	9,60903	28	9,64824	34	10,35176	5	9,96079	1
60	9,60931	28	9,64858	34	10,35142	6	9,96073	0
	Coſinus	Diff.	Cotang.	C.D.	Tangens	Diff.	Sinus	Min.

66 Grad.

24 Grad.

Min.	Sinus	Diff.	Tangens	C.D.	Cotang.	Diff.	Cosinus	
0	9,60931	29	9,64858	34	10,35142	6	9,96073	60
1	9,60960	28	9,64892	34	10,35108	5	9,96067	59
2	9,60988	28	9,64926	34	10,35074	6	9,96062	58
3	9,61016	29	9,64960	34	10,35040	6	9,96056	57
4	9,61045	28	9,64994	34	10,35006	5	9,96050	56
5	9,61073	28	9,65028	34	10,34972	6	9,96045	55
6	9,61101	28	9,65062	34	10,34938	5	9,96039	54
7	9,61129	29	9,65096	34	10,34904	6	9,96034	53
8	9,61158	28	9,65130	34	10,34870	6	9,96028	52
9	9,61186	28	9,65164	33	10,34836	5	9,96022	51
10	9,61214	28	9,65197	34	10,34803	6	9,96017	50
11	9,61242	28	9,65231	34	10,34769	6	9,96011	49
12	9,61270	28	9,65265	34	10,34735	5	9,96005	48
13	9,61298	28	9,65299	34	10,34701	6	9,96000	47
14	9,61326	28	9,65333	33	10,34667	6	9,95994	46
15	9,61354	28	9,65366	34	10,34634	6	9,95988	45
16	9,61382	29	9,65400	34	10,34600	5	9,95982	44
17	9,61411	27	9,65434	33	10,34566	6	9,95977	43
18	9,61438	28	9,65467	34	10,34533	6	9,95971	42
19	9,61466	28	9,65501	34	10,34499	5	9,95965	41
20	9,61494	28	9,65535	33	10,34465	6	9,95960	40
21	9,61522	28	9,65568	34	10,34432	6	9,95954	39
22	9,61550	28	9,65602	34	10,34398	6	9,95948	38
23	9,61578	28	9,65636	33	10,34364	5	9,95942	37
24	9,61606	28	9,65669	34	10,34331	6	9,95937	36
25	9,61634	28	9,65703	33	10,34297	6	9,95931	35
26	9,61662	27	9,65736	34	10,34264	5	9,95925	34
27	9,61689	28	9,65770	33	10,34230	6	9,95920	33
28	9,61717	28	9,65803	34	10,34197	6	9,95914	32
29	9,61745	28	9,65837	33	10,34163	6	9,95908	31
30	9,61773		9,65870		10,34130		9,95902	30
	Cosinus	Diff.	Cotang.	C.D.	Tangens	Diff.	Sinus	Min.

65 Grad.

P. P.

	34
1	3,4
2	6,8
3	10,2
4	13,6
5	17,0
6	20,4
7	23,8
8	27,2
9	30,6

	33
1	3,3
2	6,6
3	9,9
4	13,2
5	16,5
6	19,8
7	23,1
8	26,4
9	29,7

P. P.

24 Grad.

P. P.

	29		28		27
1	2,9	1	2,8	1	2,7
2	5,8	2	5,6	2	5,4
3	8,7	3	8,4	3	8,1
4	11,6	4	11,2	4	10,8
5	14,5	5	14,0	5	13,5
6	17,4	6	16,8	6	16,2
7	20,3	7	19,6	7	18,9
8	23,2	8	22,4	8	21,6
9	26,1	9	25,2	9	24,3

Min.	Sinus	Diff.	Tangens	C.D.	Cotang.	Diff.	Cosinus	
30	9,61773	27	9,65870	34	10,34130	5	9,95902	30
31	9,61800	28	9,65904	33	10,34096	6	9,95897	29
32	9,61828	28	9,65937	34	10,34063	6	9,95891	28
33	9,61856	27	9,65971	33	10,34029	6	9,95885	27
34	9,61883	28	9,66004	34	10,33996	6	9,95879	26
35	9,61911	28	9,66038	33	10,33962	5	9,95873	25
36	9,61939	27	9,66071	33	10,33929	6	9,95868	24
37	9,61966	28	9,66104	34	10,33896	6	9,95862	23
38	9,61994	27	9,66138	33	10,33862	6	9,95856	22
39	9,62021	28	9,66171	33	10,33829	6	9,95850	21
40	9,62049	27	9,66204	34	10,33796	5	9,95844	20
41	9,62076	28	9,66238	33	10,33762	6	9,95839	19
42	9,62104	27	9,66271	33	10,33729	6	9,95833	18
43	9,62131	28	9,66304	33	10,33696	6	9,95827	17
44	9,62159	27	9,66337	34	10,33663	6	9,95821	16
45	9,62186	28	9,66371	33	10,33629	5	9,95815	15
46	9,62214	27	9,66404	33	10,33596	6	9,95810	14
47	9,62241	27	9,66437	33	10,33563	6	9,95804	13
48	9,62268	28	9,66470	33	10,33530	6	9,95798	12
49	9,62296	27	9,66503	34	10,33497	6	9,95792	11
50	9,62323	27	9,66537	33	10,33463	6	9,95786	10
51	9,62350	27	9,66570	33	10,33430	5	9,95780	9
52	9,62377	28	9,66603	33	10,33397	6	9,95775	8
53	9,62405	27	9,66636	33	10,33364	6	9,95769	7
54	9,62432	27	9,66669	33	10,33331	6	9,95763	6
55	9,62459	27	9,66702	33	10,33298	6	9,95757	5
56	9,62486	27	9,66735	33	10,33265	6	9,95751	4
57	9,62513	28	9,66768	33	10,33232	6	9,95745	3
58	9,62541	27	9,66801	33	10,33199	6	9,95739	2
59	9,62568	27	9,66834	33	10,33166	5	9,95733	1
60	9,62595		9,66867		10,33133		9,95728	0
	Cosinus	Diff.	Cotang.	C.D.	Tangens	Diff.	Sinus	Min.

P. P.

65 Grad.

25 Grad.

Min.	Sinus	Diff.	Tangens	C.D.	Cotang.	Diff.	Cosinus	
0	9,62595	27	9,66867	33	10,33133	6	9,95728	60
1	9,62622	27	9,66900	33	10,33100	6	9,95722	59
2	9,62649	27	9,66933	33	10,33067	6	9,95716	58
3	9,62676	27	9,66966	33	10,33034	6	9,95710	57
4	9,62703	27	9,66999	33	10,33001	6	9,95704	56
5	9,62730	27	9,67032	33	10,32968	6	9,95698	55
6	9,62757	27	9,67065	33	10,32935	6	9,95692	54
7	9,62784	27	9,67098	33	10,32902	6	9,95686	53
8	9,62811	27	9,67131	32	10,32869	6	9,95680	52
9	9,62838	27	9,67163	33	10,32837	6	9,95674	51
10	9,62865	27	9,67196	33	10,32804	5	9,95668	50
11	9,62892	26	9,67229	33	10,32771	6	9,95663	49
12	9,62918	27	9,67262	33	10,32738	6	9,95657	48
13	9,62945	27	9,67295	32	10,32705	6	9,95651	47
14	9,62972	27	9,67327	33	10,32673	6	9,95645	46
15	9,62999	27	9,67360	33	10,32640	6	9,95639	45
16	9,63026	26	9,67393	33	10,32607	6	9,95633	44
17	9,63052	27	9,67426	32	10,32574	6	9,95627	43
18	9,63079	27	9,67458	33	10,32542	6	9,95621	42
19	9,63106	27	9,67491	33	10,32509	6	9,95615	41
20	9,63133	26	9,67524	32	10,32476	6	9,95609	40
21	9,63159	27	9,67556	33	10,32444	6	9,95603	39
22	9,63186	27	9,67589	33	10,32411	6	9,95597	38
23	9,63213	26	9,67622	32	10,32378	6	9,95591	37
24	9,63239	27	9,67654	33	10,32346	6	9,95585	36
25	9,63266	26	9,67687	32	10,32313	6	9,95579	35
26	9,63292	27	9,67719	33	10,32281	6	9,95573	34
27	9,63319	26	9,67752	33	10,32248	6	9,95567	33
28	9,63345	27	9,67785	32	10,32215	6	9,95561	32
29	9,63372	26	9,67817	33	10,32183	6	9,95555	31
30	9,63398		9,67850		10,32150		9,95549	30
	Cosinus	Diff.	Cotang.	C.D.	Tangens	Diff.	Sinus	Min.

64 Grad.

P. P.

	33
1	3,3
2	6,6
3	9,9
4	13,2
5	16,5
6	19,8
7	23,1
8	26,4
9	29,7

	32
1	3,2
2	6,4
3	9,6
4	12,8
5	16,0
6	19,2
7	22,4
8	25,6
9	28,8

P. P.

P. P.

25 Grad.

Min.	Sinus	Diff.	Tangens	C.D.	Cotang.	Diff.	Cosinus	
30	9,63398	27	9,67850	32	10,32150	6	9,95549	30
31	9,63425	26	9,67882	33	10,32118	6	9,95543	29
32	9,63451	27	9,67915	32	10,32085	6	9,95537	28
33	9,63478	26	9,67947	33	10,32053	6	9,95531	27
34	9,63504	27	9,67980	32	10,32020	6	9,95525	26
35	9,63531	26	9,68012	32	10,31988	6	9,95519	25
36	9,63557	26	9,68044	33	10,31956	6	9,95513	24
37	9,63583	27	9,68077	32	10,31923	7	9,95507	23
38	9,63610	26	9,68109	33	10,31891	6	9,95500	22
39	9,63636	26	9,68142	32	10,31858	6	9,95494	21
40	9,63662	27	9,68174	32	10,31826	6	9,95488	20
41	9,63689	26	9,68206	33	10,31794	6	9,95482	19
42	9,63715	26	9,68239	32	10,31761	6	9,95476	18
43	9,63741	26	9,68271	32	10,31729	6	9,95470	17
44	9,63767	27	9,68303	33	10,31697	6	9,95464	16
45	9,63794	26	9,68336	32	10,31664	6	9,95458	15
46	9,63820	26	9,68368	32	10,31632	6	9,95452	14
47	9,63846	26	9,68400	32	10,31600	6	9,95446	13
48	9,63872	26	9,68432	33	10,31568	6	9,95440	12
49	9,63898	26	9,68465	32	10,31535	7	9,95434	11
50	9,63924	26	9,68497	32	10,31503	6	9,95427	10
51	9,63950	26	9,68529	32	10,31471	6	9,95421	9
52	9,63976	26	9,68561	32	10,31439	6	9,95415	8
53	9,64002	26	9,68593	33	10,31407	6	9,95409	7
54	9,64028	26	9,68626	32	10,31374	6	9,95403	6
55	9,64054	26	9,68658	32	10,31342	6	9,95397	5
56	9,64080	26	9,68690	32	10,31310	7	9,95391	4
57	9,64106	26	9,68722	32	10,31278	6	9,95384	3
58	9,64132	26	9,68754	32	10,31246	6	9,95378	2
59	9,64158	26	9,68786	32	10,31214	6	9,95372	1
60	9,64184		9,68818		10,31182		9,95366	0
	Cosinus	Diff.	Cotang.	C.D.	Tangens	Diff.	Sinus	Min.

	27
1	2,7
2	5,4
3	8,1
4	10,8
5	13,5
6	16,2
7	18,9
8	21,6
9	24,3

	26
1	2,6
2	5,2
3	7,8
4	10,4
5	13,0
6	15,6
7	18,2
8	20,8
9	23,4

P. P.

64 Grad.

26 Grad.

Min.	Sinus	Diff.	Tangens	C.D.	Cotang.	Diff.	Cosinus	
0	9,64184	26	9,68818	32	10,31182	6	9,95366	60
1	9,64210	26	9,68850	32	10,31150	6	9,95360	59
2	9,64236	26	9,68882	32	10,31118	6	9,95354	58
3	9,64262	26	9,68914	32	10,31086	7	9,95348	57
4	9,64288	25	9,68946	32	10,31054	6	9,95341	56
5	9,64313	26	9,68978	32	10,31022	6	9,95335	55
6	9,64339	26	9,69010	32	10,30990	6	9,95329	54
7	9,64365	26	9,69042	32	10,30958	6	9,95323	53
8	9,64391	26	9,69074	32	10,30926	7	9,95317	52
9	9,64417	25	9,69106	32	10,30894	6	9,95310	51
10	9,64442	26	9,69138	32	10,30862	6	9,95304	50
11	9,64468	26	9,69170	32	10,30830	6	9,95298	49
12	9,64494	25	9,69202	32	10,30798	6	9,95292	48
13	9,64519	26	9,69234	32	10,30766	7	9,95286	47
14	9,64545	26	9,69266	32	10,30734	6	9,95279	46
15	9,64571	25	9,69298	31	10,30702	6	9,95273	45
16	9,64596	26	9,69329	32	10,30671	6	9,95267	44
17	9,64622	25	9,69361	32	10,30639	7	9,95261	43
18	9,64647	26	9,69393	32	10,30607	6	9,95254	42
19	9,64673	25	9,69425	32	10,30575	6	9,95248	41
20	9,64698	26	9,69457	31	10,30543	6	9,95242	40
21	9,64724	25	9,69488	32	10,30512	7	9,95236	39
22	9,64749	26	9,69520	32	10,30480	6	9,95229	38
23	9,64775	25	9,69552	32	10,30448	6	9,95223	37
24	9,64800	26	9,69584	31	10,30416	6	9,95217	36
25	9,64826	25	9,69615	32	10,30385	7	9,95211	35
26	9,64851	26	9,69647	32	10,30353	6	9,95204	34
27	9,64877	25	9,69679	31	10,30321	6	9,95198	33
28	9,64902	25	9,69710	32	10,30290	7	9,95192	32
29	9,64927	26	9,69742	32	10,30258	6	9,95185	31
30	9,64953		9,69774		10,30226		9,95179	30
	Cosinus	Diff.	Cotang.	C.D.	Tangens	Diff.	Sinus	Min.

63 Grad.

P. P.

	32
1	3,2
2	6,4
3	9,6
4	12,8
5	16,0
6	19,2
7	22,4
8	25,6
9	28,8

	31
1	3,1
2	6,2
3	9,3
4	12,4
5	15,5
6	18,6
7	21,7
8	24,8
9	27,9

P. P.

P. P. | **26 Grad.**

Min.	Sinus	Diff.	Tangens	C.D.	Cotang.	Diff.	Cosinus	
30	9,64953	25	9,69774	31	10,30226	6	9,95179	30
31	9,64978	25	9,69805	32	10,30195	6	9,95173	29
32	9,65003	26	9,69837	31	10,30163	7	9,95167	28
33	9,65029	25	9,69868	32	10,30132	6	9,95160	27
34	9,65054	25	9,69900	32	10,30100	6	9,95154	26
35	9,65079	25	9,69932	31	10,30068	7	9,95148	25
36	9,65104	26	9,69963	32	10,30037	6	9,95141	24
37	9,65130	25	9,69995	31	10,30005	6	9,95135	23
38	9,65155	25	9,70026	32	10,29974	7	9,95129	22
39	9,65180	25	9,70058	31	10,29942	6	9,95122	21
40	9,65205	25	9,70089	32	10,29911	6	9,95116	20
41	9,65230	25	9,70121	31	10,29879	7	9,95110	19
42	9,65255	26	9,70152	32	10,29848	6	9,95103	18
43	9,65281	25	9,70184	31	10,29816	7	9,95097	17
44	9,65306	25	9,70215	32	10,29785	6	9,95090	16
45	9,65331	25	9,70247	31	10,29753	6	9,95084	15
46	9,65356	25	9,70278	31	10,29722	7	9,95078	14
47	9,65381	25	9,70309	32	10,29691	6	9,95071	13
48	9,65406	25	9,70341	31	10,29659	6	9,95065	12
49	9,65431	25	9,70372	32	10,29628	7	9,95059	11
50	9,65456	25	9,70404	31	10,29596	6	9,95052	10
51	9,65481	25	9,70435	31	10,29565	7	9,95046	9
52	9,65506	25	9,70466	32	10,29534	6	9,95039	8
53	9,65531	25	9,70498	31	10,29502	6	9,95033	7
54	9,65556	24	9,70529	31	10,29471	7	9,95027	6
55	9,65580	25	9,70560	32	10,29440	6	9,95020	5
56	9,65605	25	9,70592	31	10,29408	7	9,95014	4
57	9,65630	25	9,70623	31	10,29377	6	9,95007	3
58	9,65655	25	9,70654	31	10,29346	6	9,95001	2
59	9,65680	25	9,70685	32	10,29315	7	9,94995	1
60	9,65705		9,70717		10,29283		9,94988	0
	Cosinus	Diff.	Cotang.	C.D.	Tangens	Diff.	Sinus	Min.

P. P.

	26
1	2,6
2	5,2
3	7,8
4	10,4
5	13,0
6	15,6
7	18,2
8	20,8
9	23,4

	25
1	2,5
2	5,0
3	7,5
4	10,0
5	12,5
6	15,0
7	17,5
8	20,0
9	22,5

P. P. | **63 Grad.**

27 Grad.

Min.	Sinus	Diff.	Tangens	C.D.	Cotang.	Diff.	Cosinus	
0	9,65705	24	9,70717	31	10,29283	6	9,94988	60
1	9,65729	25	9,70748	31	10,29252	7	9,94982	59
2	9,65754	25	9,70779	31	10,29221	6	9,94975	58
3	9,65779	25	9,70810	31	10,29190	7	9,94969	57
4	9,65804	24	9,70841	32	10,29159	6	9,94962	56
5	9,65828	25	9,70873	31	10,29127	7	9,94956	55
6	9,65853	25	9,70904	31	10,29096	6	9,94949	54
7	9,65878	24	9,70935	31	10,29065	7	9,94943	53
8	9,65902	25	9,70966	31	10,29034	6	9,94936	52
9	9,65927	25	9,70997	31	10,29003	7	9,94930	51
10	9,65952	24	9,71028	31	10,28972	6	9,94923	50
11	9,65976	25	9,71059	31	10,28941	6	9,94917	49
12	9,66001	24	9,71090	31	10,28910	7	9,94911	48
13	9,66025	25	9,71121	32	10,28879	6	9,94904	47
14	9,66050	25	9,71153	31	10,28847	7	9,94898	46
15	9,66075	24	9,71184	31	10,28816	6	9,94891	45
16	9,66099	25	9,71215	31	10,28785	7	9,94885	44
17	9,66124	24	9,71246	31	10,28754	7	9,94878	43
18	9,66148	25	9,71277	31	10,28723	6	9,94871	42
19	9,66173	24	9,71308	31	10,28692	7	9,94865	41
20	9,66197	24	9,71339	31	10,28661	6	9,94858	40
21	9,66221	25	9,71370	31	10,28630	7	9,94852	39
22	9,66246	24	9,71401	30	10,28599	6	9,94845	38
23	9,66270	25	9,71431	31	10,28569	7	9,94839	37
24	9,66295	24	9,71462	31	10,28538	6	9,94832	36
25	9,66319	24	9,71493	31	10,28507	7	9,94826	35
26	9,66343	25	9,71524	31	10,28476	6	9,94819	34
27	9,66368	24	9,71555	31	10,28445	7	9,94813	33
28	9,66392	24	9,71586	31	10,28414	7	9,94806	32
29	9,66416	25	9,71617	31	10,28383	6	9,94799	31
30	9,66441		9,71648		10,28352		9,94793	30
	Cosinus	Diff.	Cotang.	C.D.	Tangens	Diff.	Sinus	Min.

62 Grad.

P. P.

	32
1	3,2
2	6,4
3	9,6
4	12,8
5	16,0
6	19,2
7	22,4
8	25,6
9	28,8

	31
1	3,1
2	6,2
3	9,3
4	12,4
5	15,5
6	18,6
7	21,7
8	24,8
9	27,9

P. P.

27 Grad.

Min.	Sinus	Diff.	Tangens	C.D.	Cotang.	Diff.	Cosinus	
30	9,66441	24	9,71648	31	10,28352	7	9,94793	30
31	9,66465	24	9,71679	30	10,28321	6	9,94786	29
32	9,66489	24	9,71709	31	10,28291	7	9,94780	28
33	9,66513	24	9,71740	31	10,28260	6	9,94773	27
34	9,66537	25	9,71771	31	10,28229	7	9,94767	26
35	9,66562	24	9,71802	31	10,28198	7	9,94760	25
36	9,66586	24	9,71833	30	10,28167	6	9,94753	24
37	9,66610	24	9,71863	31	10,28137	7	9,94747	23
38	9,66634	24	9,71894	31	10,28106	6	9,94740	22
39	9,66658	24	9,71925	30	10,28075	7	9,94734	21
40	9,66682	24	9,71955	31	10,28045	7	9,94727	20
41	9,66706	25	9,71986	31	10,28014	6	9,94720	19
42	9,66731	24	9,72017	31	10,27983	7	9,94714	18
43	9,66755	24	9,72048	30	10,27952	7	9,94707	17
44	9,66779	24	9,72078	31	10,27922	6	9,94700	16
45	9,66803	24	9,72109	31	10,27891	7	9,94694	15
46	9,66827	24	9,72140	30	10,27860	7	9,94687	14
47	9,66851	24	9,72170	31	10,27830	6	9,94680	13
48	9,66875	24	9,72201	30	10,27799	7	9,94674	12
49	9,66899	23	9,72231	31	10,27769	7	9,94667	11
50	9,66922	24	9,72262	31	10,27738	6	9,94660	10
51	9,66946	24	9,72293	30	10,27707	7	9,94654	9
52	9,66970	24	9,72323	31	10,27677	7	9,94647	8
53	9,66994	24	9,72354	30	10,27646	6	9,94640	7
54	9,67018	24	9,72384	31	10,27616	7	9,94634	6
55	9,67042	24	9,72415	30	10,27585	7	9,94627	5
56	9,67066	24	9,72445	31	10,27555	6	9,94620	4
57	9,67090	23	9,72476	30	10,27524	7	9,94614	3
58	9,67113	24	9,72506	31	10,27494	7	9,94607	2
59	9,67137	24	9,72537	30	10,27463	7	9,94600	1
60	9,67161		9,72567		10,27433		9,94593	0

| | Cosinus | Diff. | Cotang. | C.D. | Tangens | Diff. | Sinus | Min. |

62 Grad.

P. P.

	25
1	2,5
2	5,0
3	7,5
4	10,0
5	12,5
6	15,0
7	17,5
8	20,0
9	22,5

	24
1	2,4
2	4,8
3	7,2
4	9,6
5	12,0
6	14,4
7	16,8
8	19,2
9	21,6

	23
1	2,3
2	4,6
3	6,9
4	9,2
5	11,5
6	13,8
7	16,1
8	18,4
9	20,7

P. P.

28 Grad.

Min.	Sinus	Diff.	Tangens	C.D.	Cotang.	Diff.	Cosinus	
0	9,67161	24	9,72567	31	10,27433	6	9,94593	60
1	9,67185	23	9,72598	30	10,27402	7	9,94587	59
2	9,67208	24	9,72628	31	10,27372	7	9,94580	58
3	9,67232	24	9,72659	30	10,27341	6	9,94573	57
4	9,67256	24	9,72689	31	10,27311	7	9,94567	56
5	9,67280	23	9,72720	30	10,27280	7	9,94560	55
6	9,67303	24	9,72750	30	10,27250	7	9,94553	54
7	9,67327	23	9,72780	31	10,27220	6	9,94546	53
8	9,67350	24	9,72811	30	10,27189	7	9,94540	52
9	9,67374	24	9,72841	31	10,27159	7	9,94533	51
10	9,67398	23	9,72872	30	10,27128	7	9,94526	50
11	9,67421	24	9,72902	30	10,27098	6	9,94519	49
12	9,67445	23	9,72932	31	10,27068	7	9,94513	48
13	9,67468	24	9,72963	30	10,27037	7	9,94506	47
14	9,67492	23	9,72993	30	10,27007	7	9,94499	46
15	9,67515	24	9,73023	31	10,26977	7	9,94492	45
16	9,67539	23	9,73054	30	10,26946	6	9,94485	44
17	9,67562	24	9,73084	30	10,26916	7	9,94479	43
18	9,67586	23	9,73114	30	10,26886	7	9,94472	42
19	9,67609	24	9,73144	31	10,26856	7	9,94465	41
20	9,67633	23	9,73175	30	10,26825	7	9,94458	40
21	9,67656	24	9,73205	30	10,26795	6	9,94451	39
22	9,67680	23	9,73235	30	10,26765	7	9,94445	38
23	9,67703	23	9,73265	30	10,26735	7	9,94438	37
24	9,67726	24	9,73295	31	10,26705	7	9,94431	36
25	9,67750	23	9,73326	30	10,26674	7	9,94424	35
26	9,67773	23	9,73356	30	10,26644	7	9,94417	34
27	9,67796	24	9,73386	30	10,26614	6	9,94410	33
28	9,67820	23	9,73416	30	10,26584	7	9,94404	32
29	9,67843	23	9,73446	30	10,26554	7	9,94397	31
30	9,67866		9,73476		10,26524		9,94390	30
	Cosinus	Diff.	Cotang.	C.D.	Tangens	Diff.	Sinus	Min.

61 Grad.

P. P.

	31
1	3,1
2	6,2
3	9,3
4	12,4
5	15,5
6	18,6
7	21,7
8	24,8
9	27,9

	29
1	2,9
2	5,8
3	8,7
4	11,6
5	14,5
6	17,4
7	20,3
8	23,2
9	26,1

P. P.

P. P.

	24
1	2,4
2	4,8
3	7,2
4	9,6
5	12,0
6	14,4
7	16,8
8	19,2
9	21,6

	23
1	2,3
2	4,6
3	6,9
4	9,2
5	11,5
6	13,8
7	16,1
8	18,4
9	20,7

	22
1	2,2
2	4,4
3	6,6
4	8,8
5	11,0
6	13,2
7	15,4
8	17,6
9	19,8

28 Grad.

Min.	Sinus	Diff.	Tangens	C.D.	Cotang.	Diff.	Coſinus	
30	9,67866	24	9,73476	31	10,26524	7	9,94390	30
31	9,67890	23	9,73507	30	10,26493	7	9,94383	29
32	9,67913	23	9,73537	30	10,26463	7	9,94376	28
33	9,67936	23	9,73567	30	10,26433	7	9,94369	27
34	9,67959	23	9,73597	30	10,26403	7	9,94362	26
35	9,67982	24	9,73627	30	10,26373	6	9,94355	25
36	9,68006	23	9,73657	30	10,26343	7	9,94349	24
37	9,68029	23	9,73687	30	10,26313	7	9,94342	23
38	9,68052	23	9,73717	30	10,26283	7	9,94335	22
39	9,68075	23	9,73747	30	10,26253	7	9,94328	21
40	9,68098	23	9,73777	30	10,26223	7	9,94321	20
41	9,68121	23	9,73807	30	10,26193	7	9,94314	19
42	9,68144	23	9,73837	30	10,26163	7	9,94307	18
43	9,68167	23	9,73867	30	10,26133	7	9,94300	17
44	9,68190	23	9,73897	30	10,26103	7	9,94293	16
45	9,68213	24	9,73927	30	10,26073	7	9,94286	15
46	9,68237	23	9,73957	30	10,26043	6	9,94279	14
47	9,68260	23	9,73987	30	10,26013	7	9,94273	13
48	9,68283	22	9,74017	30	10,25983	7	9,94266	12
49	9,68305	23	9,74047	30	10,25953	7	9,94259	11
50	9,68328	23	9,74077	30	10,25923	7	9,94252	10
51	9,68351	23	9,74107	30	10,25893	7	9,94245	9
52	9,68374	23	9,74137	29	10,25863	7	9,94238	8
53	9,68397	23	9,74166	30	10,25834	7	9,94231	7
54	9,68420	23	9,74196	30	10,25804	7	9,94224	6
55	9,68443	23	9,74226	30	10,25774	7	9,94217	5
56	9,68466	23	9,74256	30	10,25744	7	9,94210	4
57	9,68489	23	9,74286	30	10,25714	7	9,94203	3
58	9,68512	22	9,74316	29	10,25684	7	9,94196	2
59	9,68534	23	9,74345	30	10,25655	7	9,94189	1
60	9,68557		9,74375		10,25625		9,94182	0
	Coſinus	Diff.	Cotang.	C.D.	Tangens	Diff.	Sinus	Min.

P. P. **61 Grad.**

29 Grad.

Min.	Sinus	Diff.	Tangens	C.D.	Cotang.	Diff.	Cosinus	
0	9,68557	23	9,74375	30	10,25625	7	9,94182	60
1	9,68580	23	9,74405	30	10,25595	7	9,94175	59
2	9,68603	22	9,74435	30	10,25565	7	9,94168	58
3	9,68625	23	9,74465	29	10,25535	7	9,94161	57
4	9,68648	23	9,74494	30	10,25506	7	9,94154	56
5	9,68671	23	9,74524	30	10,25476	7	9,94147	55
6	9,68694	22	9,74554	29	10,25446	7	9,94140	54
7	9,68716	23	9,74583	30	10,25417	7	9,94133	53
8	9,68739	23	9,74613	30	10,25387	7	9,94126	52
9	9,68762	22	9,74643	30	10,25357	7	9,94119	51
10	9,68784	23	9,74673	29	10,25327	7	9,94112	50
11	9,68807	22	9,74702	30	10,25298	7	9,94105	49
12	9,68829	23	9,74732	30	10,25268	8	9,94098	48
13	9,68852	23	9,74762	29	10,25238	7	9,94090	47
14	9,68875	22	9,74791	30	10,25209	7	9,94083	46
15	9,68897	23	9,74821	30	10,25179	7	9,94076	45
16	9,68920	22	9,74851	29	10,25149	7	9,94069	44
17	9,68942	23	9,74880	30	10,25120	7	9,94062	43
18	9,68965	22	9,74910	29	10,25090	7	9,94055	42
19	9,68987	23	9,74939	30	10,25061	7	9,94048	41
20	9,69010	22	9,74969	29	10,25031	7	9,94041	40
21	9,69032	23	9,74998	30	10,25002	7	9,94034	39
22	9,69055	22	9,75028	30	10,24972	7	9,94027	38
23	9,69077	23	9,75058	29	10,24942	8	9,94020	37
24	9,69100	22	9,75087	30	10,24913	7	9,94012	36
25	9,69122	22	9,75117	29	10,24883	7	9,94005	35
26	9,69144	23	9,75146	30	10,24854	7	9,93998	34
27	9,69167	22	9,75176	29	10,24824	7	9,93991	33
28	9,69189	23	9,75205	30	10,24795	7	9,93984	32
29	9,69212	22	9,75235	29	10,24765	7	9,93977	31
30	9,69234		9,75264		10,24736		9,93970	30
	Cosinus	Diff.	Cotang.	C.D.	Tangens	Diff.	Sinus	Min.

60 Grad.

P. P.

	29
1	2,9
2	5,8
3	8,7
4	11,6
5	14,5
6	17,4
7	20,3
8	23,2
9	26,1

P. P.

P. P.

	23
1	2,3
2	4,6
3	6,9
4	9,2
5	11,5
6	13,8
7	16,1
8	18,4
9	20,7

	22
1	2,2
2	4,4
3	6,6
4	8,8
5	11,0
6	13,2
7	15,4
8	17,6
9	19,8

P. P.

29 Grad.

Min.	Sinus	Diff.	Tangens	C.D.	Cotang.	Diff.	Cosinus	
30	9,69234	22	9,75264	30	10,24736	7	9,93970	30
31	9,69256	23	9,75294	29	10,24706	8	9,93963	29
32	9,69279	22	9,75323	30	10,24677	7	9,93955	28
33	9,69301	22	9,75353	29	10,24647	7	9,93948	27
34	9,69323	22	9,75382	29	10,24618	7	9,93941	26
35	9,69345	23	9,75411	30	10,24589	7	9,93934	25
36	9,69368	22	9,75441	29	10,24559	7	9,93927	24
37	9,69390	22	9,75470	30	10,24530	8	9,93920	23
38	9,69412	22	9,75500	29	10,24500	7	9,93912	22
39	9,69434	22	9,75529	29	10,24471	7	9,93905	21
40	9,69456	23	9,75558	30	10,24442	7	9,93898	20
41	9,69479	22	9,75588	29	10,24412	7	9,93891	19
42	9,69501	22	9,75617	30	10,24383	8	9,93884	18
43	9,69523	22	9,75647	29	10,24353	7	9,93876	17
44	9,69545	22	9,75676	29	10,24324	7	9,93869	16
45	9,69567	22	9,75705	30	10,24295	7	9,93862	15
46	9,69589	22	9,75735	29	10,24265	8	9,93855	14
47	9,69611	22	9,75764	29	10,24236	7	9,93847	13
48	9,69633	22	9,75793	29	10,24207	7	9,93840	12
49	9,69655	22	9,75822	30	10,24178	7	9,93833	11
50	9,69677	22	9,75852	29	10,24148	7	9,93826	10
51	9,69699	22	9,75881	29	10,24119	8	9,93819	9
52	9,69721	22	9,75910	29	10,24090	7	9,93811	8
53	9,69743	22	9,75939	30	10,24061	7	9,93804	7
54	9,69765	22	9,75969	29	10,24031	8	9,93797	6
55	9,69787	22	9,75998	29	10,24002	7	9,93789	5
56	9,69809	22	9,76027	29	10,23973	7	9,93782	4
57	9,69831	22	9,76056	30	10,23944	7	9,93775	3
58	9,69853	22	9,76086	29	10,23914	8	9,93768	2
59	9,69875	22	9,76115	29	10,23885	7	9,93760	1
60	9,69897		9,76144		10,23856		9,93753	0
	Cosinus	Diff.	Cotang.	C.D.	Tangens	Diff.	Sinus	Min.

60 Grad.

30 Grad.

Min.	Sinus	Diff.	Tangens	C.D.	Cotang.	Diff.	Cosinus	
0	9,69897		9,76144		10,23856		9,93753	60
1	9,69919	22	9,76173	29	10,23827	7	9,93746	59
2	9,69941	22	9,76202	29	10,23798	8	9,93738	58
3	9,69963	22	9,76231	29	10,23769	7	9,93731	57
4	9,69984	21	9,76261	30	10,23739	7	9,93724	56
5	9,70006	22	9,76290	29	10,23710	7	9,93717	55
6	9,70028	22	9,76319	29	10,23681	8	9,93709	54
7	9,70050	22	9,76348	29	10,23652	7	9,93702	53
8	9,70072	22	9,76377	29	10,23623	7	9,93695	52
9	9,70093	21	9,76406	29	10,23594	8	9,93687	51
10	9,70115	22	9,76435	29	10,23565	7	9,93680	50
11	9,70137	22	9,76464	29	10,23536	7	9,93673	49
12	9,70159	22	9,76493	29	10,23507	8	9,93665	48
13	9,70180	21	9,76522	29	10,23478	7	9,93658	47
14	9,70202	22	9,76551	29	10,23449	8	9,93650	46
15	9,70224	22	9,76580	29	10,23420	7	9,93643	45
16	9,70245	21	9,76609	29	10,23391	7	9,93636	44
17	9,70267	22	9,76639	30	10,23361	8	9,93628	43
18	9,70288	21	9,76668	29	10,23332	7	9,93621	42
19	9,70310	22	9,76697	29	10,23303	7	9,93614	41
20	9,70332	22	9,76725	28	10,23275	8	9,93606	40
21	9,70353	21	9,76754	29	10,23246	7	9,93599	39
22	9,70375	22	9,76783	29	10,23217	8	9,93591	38
23	9,70396	21	9,76812	29	10,23188	7	9,93584	37
24	9,70418	22	9,76841	29	10,23159	7	9,93577	36
25	9,70439	21	9,76870	29	10,23130	8	9,93569	35
26	9,70461	22	9,76899	29	10,23101	7	9,93562	34
27	9,70482	21	9,76928	29	10,23072	8	9,93554	33
28	9,70504	22	9,76957	29	10,23043	7	9,93547	32
29	9,70525	21	9,76986	29	10,23014	8	9,93539	31
30	9,70547	22	9,77015	29	10,22985	7	9,93532	30
	Cosinus	Diff.	Cotang.	C.D.	Tangens	Diff.	Sinus	Min.

59 Grad.

P. P.

	29
1	2,9
2	5,8
3	8,7
4	11,6
5	14,5
6	17,4
7	20,3
8	23,2
9	26,1

	28
1	2,8
2	5,6
3	8,4
4	11,2
5	14,0
6	16,8
7	19,6
8	22,4
9	25,2

P. P.

30 Grad.

Min.	Sinus	Diff.	Tangens	C.D.	Cotang.	Diff.	Cosinus	
30	9,70547	21	9,77015	29	10,22985	7	9,93532	30
31	9,70568	22	9,77044	29	10,22956	8	9,93525	29
32	9,70590	21	9,77073	28	10,22927	7	9,93517	28
33	9,70611	22	9,77101	29	10,22899	8	9,93510	27
34	9,70633	21	9,77130	29	10,22870	7	9,93502	26
35	9,70654	21	9,77159	29	10,22841	8	9,93495	25
36	9,70675	22	9,77188	29	10,22812	7	9,93487	24
37	9,70697	21	9,77217	29	10,22783	8	9,93480	23
38	9,70718	21	9,77246	28	10,22754	7	9,93472	22
39	9,70739	22	9,77274	29	10,22726	8	9,93465	21
40	9,70761	21	9,77303	29	10,22697	7	9,93457	20
41	9,70782	21	9,77332	29	10,22668	8	9,93450	19
42	9,70803	21	9,77361	29	10,22639	7	9,93442	18
43	9,70824	22	9,77390	28	10,22610	8	9,93435	17
44	9,70846	21	9,77418	29	10,22582	7	9,93427	16
45	9,70867	21	9,77447	29	10,22553	8	9,93420	15
46	9,70888	21	9,77476	29	10,22524	7	9,93412	14
47	9,70909	22	9,77505	28	10,22495	8	9,93405	13
48	9,70931	21	9,77533	29	10,22467	7	9,93397	12
49	9,70952	21	9,77562	29	10,22438	8	9,93390	11
50	9,70973	21	9,77591	28	10,22409	7	9,93382	10
51	9,70994	21	9,77619	29	10,22381	8	9,93375	9
52	9,71015	21	9,77648	29	10,22352	7	9,93367	8
53	9,71036	22	9,77677	29	10,22323	8	9,93360	7
54	9,71058	21	9,77706	28	10,22294	8	9,93352	6
55	9,71079	21	9,77734	29	10,22266	7	9,93344	5
56	9,71100	21	9,77763	28	10,22237	8	9,93337	4
57	9,71121	21	9,77791	29	10,22209	7	9,93329	3
58	9,71142	21	9,77820	29	10,22180	8	9,93322	2
59	9,71163	21	9,77849	28	10,22151	7	9,93314	1
60	9,71184		9,77877		10,22123		9,93307	0
	Cosinus	Diff.	Cotang.	C.D.	Tangens	Diff.	Sinus	Min.

59 Grad.

P. P.

	22
1	2,2
2	4,4
3	6,6
4	8,8
5	11,0
6	13,2
7	15,4
8	17,6
9	19,8

	21
1	2,1
2	4,2
3	6,3
4	8,4
5	10,5
6	12,6
7	14,7
8	16,8
9	18,9

P. P.

31 Grad.

Min.	Sinus	Diff.	Tangens	C.D.	Cotang.	Diff.	Cosinus	
0	9,71184	21	9,77877	29	10,22123	8	9,93307	60
1	9,71205	21	9,77906	29	10,22094	8	9,93299	59
2	9,71226	21	9,77935	28	10,22065	7	9,93291	58
3	9,71247	21	9,77963	29	10,22037	8	9,93284	57
4	9,71268	21	9,77992	28	10,22008	7	9,93276	56
5	9,71289	21	9,78020	29	10,21980	8	9,93269	55
6	9,71310	21	9,78049	28	10,21951	8	9,93261	54
7	9,71331	21	9,78077	29	10,21923	7	9,93253	53
8	9,71352	21	9,78106	29	10,21894	8	9,93246	52
9	9,71373	20	9,78135	28	10,21865	8	9,93238	51
10	9,71393	21	9,78163	29	10,21837	7	9,93230	50
11	9,71414	21	9,78192	28	10,21808	8	9,93223	49
12	9,71435	21	9,78220	29	10,21780	8	9,93215	48
13	9,71456	21	9,78249	28	10,21751	7	9,93207	47
14	9,71477	21	9,78277	29	10,21723	8	9,93200	46
15	9,71498	21	9,78306	28	10,21694	8	9,93192	45
16	9,71519	20	9,78334	29	10,21666	7	9,93184	44
17	9,71539	21	9,78363	28	10,21637	8	9,93177	43
18	9,71560	21	9,78391	28	10,21609	8	9,93169	42
19	9,71581	21	9,78419	29	10,21581	7	9,93161	41
20	9,71602	20	9,78448	28	10,21552	8	9,93154	40
21	9,71622	21	9,78476	29	10,21524	8	9,93146	39
22	9,71643	21	9,78505	28	10,21495	7	9,93138	38
23	9,71664	21	9,78533	29	10,21467	8	9,93131	37
24	9,71685	20	9,78562	28	10,21438	8	9,93123	36
25	9,71705	21	9,78590	28	10,21410	7	9,93115	35
26	9,71726	21	9,78618	29	10,21382	8	9,93108	34
27	9,71747	20	9,78647	28	10,21353	8	9,93100	33
28	9,71767	21	9,78675	29	10,21325	8	9,93092	32
29	9,71788	21	9,78704	28	10,21296	7	9,93084	31
30	9,71809		9,78732		10,21268		9,93077	30
	Cosinus	Diff.	Cotang.	C.D.	Tangens	Diff.	Sinus	Min.

58 Grad.

P. P.

	29
1	2,9
2	5,8
3	8,7
4	11,6
5	14,5
6	17,4
7	20,3
8	23,2
9	26,1

	28
1	2,8
2	5,6
3	8,4
4	11,2
5	14,0
6	16,8
7	19,6
8	22,4
9	25,2

P. P.

P. P.

31 Grad.

Min.	Sinus	Diff.	Tangens	C.D.	Cotang.	Diff.	Cosinus	
30	9,71809	20	9,78732	28	10,21268	8	9,93077	30
31	9,71829	21	9,78760	29	10,21240	8	9,93069	29
32	9,71850	20	9,78789	28	10,21211	8	9,93061	28
33	9,71870	21	9,78817	28	10,21183	7	9,93053	27
34	9,71891	20	9,78845	29	10,21155	8	9,93046	26
35	9,71911	21	9,78874	28	10,21126	8	9,93038	25
36	9,71932	20	9,78902	28	10,21098	8	9,93030	24
37	9,71952	21	9,78930	29	10,21070	8	9,93022	23
38	9,71973	21	9,78959	28	10,21041	7	9,93014	22
39	9,71994	20	9,78987	28	10,21013	8	9,93007	21
40	9,72014	20	9,79015	28	10,20985	8	9,92999	20
41	9,72034	21	9,79043	29	10,20957	8	9,92991	19
42	9,72055	20	9,79072	28	10,20928	7	9,92983	18
43	9,72075	21	9,79100	28	10,20900	8	9,92976	17
44	9,72096	20	9,79128	28	10,20872	8	9,92968	16
45	9,72116	21	9,79156	29	10,20844	8	9,92960	15
46	9,72137	20	9,79185	28	10,20815	8	9,92952	14
47	9,72157	20	9,79213	28	10,20787	8	9,92944	13
48	9,72177	21	9,79241	28	10,20759	7	9,92936	12
49	9,72198	20	9,79269	28	10,20731	8	9,92929	11
50	9,72218	20	9,79297	29	10,20703	8	9,92921	10
51	9,72238	21	9,79326	28	10,20674	8	9,92913	9
52	9,72259	20	9,79354	28	10,20646	8	9,92905	8
53	9,72279	20	9,79382	28	10,20618	8	9,92897	7
54	9,72299	21	9,79410	28	10,20590	8	9,92889	6
55	9,72320	20	9,79438	28	10,20562	7	9,92881	5
56	9,72340	20	9,79466	29	10,20534	8	9,92874	4
57	9,72360	21	9,79495	28	10,20505	8	9,92866	3
58	9,72381	20	9,79523	28	10,20477	8	9,92858	2
59	9,72401	20	9,79551	28	10,20449	8	9,92850	1
60	9,72421		9,79579		10,20421		9,92842	0
	Cosinus	Diff.	Cotang.	C.D.	Tangens	Diff.	Sinus	Min.

	21
1	2,1
2	4,2
3	6,3
4	8,4
5	10,5
6	12,6
7	14,7
8	16,8
9	18,9

P. P.

58 Grad.

32 Grad.

Min.	Sinus	Diff.	Tangens	C.D.	Cotang.	Diff.	Cosinus	
0	9,72421	20	9,79579	28	10,20421	8	9,92842	60
1	9,72441	20	9,79607	28	10,20393	8	9,92834	59
2	9,72461	21	9,79635	28	10,20365	8	9,92826	58
3	9,72482	20	9,79663	28	10,20337	8	9,92818	57
4	9,72502	20	9,79691	28	10,20309	7	9,92810	56
5	9,72522	20	9,79719	28	10,20281	8	9,92803	55
6	9,72542	20	9,79747	29	10,20253	8	9,92795	54
7	9,72562	20	9,79776	28	10,20224	8	9,92787	53
8	9,72582	20	9,79804	28	10,20196	8	9,92779	52
9	9,72602	20	9,79832	28	10,20168	8	9,92771	51
10	9,72622	21	9,79860	28	10,20140	8	9,92763	50
11	9,72643	20	9,79888	28	10,20112	8	9,92755	49
12	9,72663	20	9,79916	28	10,20084	8	9,92747	48
13	9,72683	20	9,79944	28	10,20056	8	9,92739	47
14	9,72703	20	9,79972	28	10,20028	8	9,92731	46
15	9,72723	20	9,80000	28	10,20000	8	9,92723	45
16	9,72743	20	9,80028	28	10,19972	8	9,92715	44
17	9,72763	20	9,80056	28	10,19944	8	9,92707	43
18	9,72783	20	9,80084	28	10,19916	8	9,92699	42
19	9,72803	20	9,80112	28	10,19888	8	9,92691	41
20	9,72823	20	9,80140	28	10,19860	8	9,92683	40
21	9,72843	20	9,80168	27	10,19832	8	9,92675	39
22	9,72863	20	9,80195	28	10,19805	8	9,92667	38
23	9,72883	19	9,80223	28	10,19777	8	9,92659	37
24	9,72902	20	9,80251	28	10,19749	8	9,92651	36
25	9,72922	20	9,80279	28	10,19721	8	9,92643	35
26	9,72942	20	9,80307	28	10,19693	8	9,92635	34
27	9,72962	20	9,80335	28	10,19665	8	9,92627	33
28	9,72982	20	9,80363	28	10,19637	8	9,92619	32
29	9,73002	20	9,80391	28	10,19609	8	9,92611	31
30	9,73022		9,80419		10,19581		9,92603	30
	Cosinus	Diff.	Cotang.	C.D.	Tangens	Diff.	Sinus	Min.

57 Grad.

P. P.

	29	28	27
1	2,9	2,8	2,7
2	5,8	5,6	5,4
3	8,7	8,4	8,1
4	11,6	11,2	10,8
5	14,5	14,0	13,5
6	17,4	16,8	16,2
7	20,3	19,6	18,9
8	23,2	22,4	21,6
9	26,1	25,2	24,3

P. P.

32 Grad.

Min.	Sinus	Diff.	Tangens	C.D.	Cotang.	Diff.	Cosinus	
30	9,73022	19	9,80419	28	10,19581	8	9,92603	30
31	9,73041	20	9,80447	27	10,19553	8	9,92595	29
32	9,73061	20	9,80474	28	10,19526	8	9,92587	28
33	9,73081	20	9,80502	28	10,19498	8	9,92579	27
34	9,73101	20	9,80530	28	10,19470	8	9,92571	26
35	9,73121	19	9,80558	28	10,19442	8	9,92563	25
36	9,73140	20	9,80586	28	10,19414	9	9,92555	24
37	9,73160	20	9,80614	28	10,19386	8	9,92546	23
38	9,73180	20	9,80642	27	10,19358	8	9,92538	22
39	9,73200	19	9,80669	28	10,19331	8	9,92530	21
40	9,73219	20	9,80697	28	10,19303	8	9,92522	20
41	9,73239	20	9,80725	28	10,19275	8	9,92514	19
42	9,73259	19	9,80753	28	10,19247	8	9,92506	18
43	9,73278	20	9,80781	27	10,19219	8	9,92498	17
44	9,73298	20	9,80808	28	10,19192	8	9,92490	16
45	9,73318	19	9,80836	28	10,19164	9	9,92482	15
46	9,73337	20	9,80864	28	10,19136	8	9,92473	14
47	9,73357	20	9,80892	27	10,19108	8	9,92465	13
48	9,73377	19	9,80919	28	10,19081	8	9,92457	12
49	9,73396	20	9,80947	28	10,19053	8	9,92449	11
50	9,73416	19	9,80975	28	10,19025	8	9,92441	10
51	9,73435	20	9,81003	27	10,18997	8	9,92433	9
52	9,73455	19	9,81030	28	10,18970	9	9,92425	8
53	9,73474	20	9,81058	28	10,18942	8	9,92416	7
54	9,73494	19	9,81086	27	10,18914	8	9,92408	6
55	9,73513	20	9,81113	28	10,18887	8	9,92400	5
56	9,73533	19	9,81141	28	10,18859	8	9,92392	4
57	9,73552	20	9,81169	27	10,18831	8	9,92384	3
58	9,73572	19	9,81196	28	10,18804	9	9,92376	2
59	9,73591	20	9,81224	28	10,18776	8	9,92367	1
60	9,73611		9,81252		10,18748		9,92359	0
	Cosinus	Diff.	Cotang.	C.D.	Tangens	Diff.	Sinus	Min.

P. P.

	21
1	2,1
2	4,2
3	6,3
4	8,4
5	10,5
6	12,6
7	14,7
8	16,8
9	18,9

	19
1	1,9
2	3,8
3	5,7
4	7,6
5	9,5
6	11,4
7	13,3
8	15,2
9	17,1

P. P.

57 Grad.

33 Grad.

Min.	Sinus	Diff.	Tangens	C.D.	Cotang.	Diff.	Cosinus	
0	9,73611		9,81252		10,18748		9,92359	60
		19		27		8		
1	9,73630		9,81279		10,18721		9,92351	59
		20		28		8		
2	9,73650		9,81307		10,18693		9,92343	58
		19		28		8		
3	9,73669		9,81335		10,18665		9,92335	57
		20		27		9		
4	9,73689		9,81362		10,18638		9,92326	56
		19		28		8		
5	9,73708		9,81390		10,18610		9,92318	55
		19		28		8		
6	9,73727		9,81418		10,18582		9,92310	54
		20		27		8		
7	9,73747		9,81445		10,18555		9,92302	53
		19		28		9		
8	9,73766		9,81473		10,18527		9,92293	52
		19		27		8		
9	9,73785		9,81500		10,18500		9,92285	51
		20		28		8		
10	9,73805		9,81528		10,18472		9,92277	50
		19		28		8		
11	9,73824		9,81556		10,18444		9,92269	49
		19		27		9		
12	9,73843		9,81583		10,18417		9,92260	48
		20		28		8		
13	9,73863		9,81611		10,18389		9,92252	47
		19		27		8		
14	9,73882		9,81638		10,18362		9,92244	46
		19		28		9		
15	9,73901		9,81666		10,18334		9,92235	45
		20		27		8		
16	9,73921		9,81693		10,18307		9,92227	44
		19		28		8		
17	9,73940		9,81721		10,18279		9,92219	43
		19		27		8		
18	9,73959		9,81748		10,18252		9,92211	42
		19		28		9		
19	9,73978		9,81776		10,18224		9,92202	41
		19		27		8		
20	9,73997		9,81803		10,18197		9,92194	40
		20		28		8		
21	9,74017		9,81831		10,18169		9,92186	39
		19		27		9		
22	9,74036		9,81858		10,18142		9,92177	38
		19		28		8		
23	9,74055		9,81886		10,18114		9,92169	37
		19		27		8		
24	9,74074		9,81913		10,18087		9,92161	36
		19		28		9		
25	9,74093		9,81941		10,18059		9,92152	35
		20		27		8		
26	9,74113		9,81968		10,18032		9,92144	34
		19		28		8		
27	9,74132		9,81996		10,18004		9,92136	33
		19		27		9		
28	9,74151		9,82023		10,17977		9,92127	32
		19		28		8		
29	9,74170		9,82051		10,17949		9,92119	31
		19		27		8		
30	9,74189		9,82078		10,17922		9,92111	30
	Cosinus	Diff.	Cotang.	C.D.	Tangens	Diff.	Sinus	Min.

56 Grad.

P. P.

	28
1	2,8
2	5,6
3	8,4
4	11,2
5	14,0
6	16,8
7	19,6
8	22,4
9	25,2

	27
1	2,7
2	5,4
3	8,1
4	10,8
5	13,5
6	16,2
7	18,9
8	21,6
9	24,3

P. P.

33 Grad.

Min.	Sinus	Diff.	Tangens	C.D.	Cotang.	Diff.	Cofinus	
30	9,74189	19	9,82078	28	10,17922	9	9,92111	30
31	9,74208	19	9,82106	27	10,17894	8	9,92102	29
32	9,74227	19	9,82133	28	10,17867	8	9,92094	28
33	9,74246	19	9,82161	27	10,17839	9	9,92086	27
34	9,74265	19	9,82188	27	10,17812	8	9,92077	26
35	9,74284	19	9,82215	28	10,17785	9	9,92069	25
36	9,74303	19	9,82243	27	10,17757	8	9,92060	24
37	9,74322	19	9,82270	28	10,17730	8	9,92052	23
38	9,74341	19	9,82298	27	10,17702	9	9,92044	22
39	9,74360	19	9,82325	27	10,17675	8	9,92035	21
40	9,74379	19	9,82352	28	10,17648	9	9,92027	20
41	9,74398	19	9,82380	27	10,17620	8	9,92018	19
42	9,74417	19	9,82407	28	10,17593	8	9,92010	18
43	9,74436	19	9,82435	27	10,17565	9	9,92002	17
44	9,74455	19	9,82462	27	10,17538	8	9,91993	16
45	9,74474	19	9,82489	28	10,17511	9	9,91985	15
46	9,74493	19	9,82517	27	10,17483	8	9,91976	14
47	9,74512	19	9,82544	27	10,17456	9	9,91968	13
48	9,74531	18	9,82571	28	10,17429	8	9,91959	12
49	9,74549	19	9,82599	27	10,17401	9	9,91951	11
50	9,74568	19	9,82626	27	10,17374	8	9,91942	10
51	9,74587	19	9,82653	28	10,17347	9	9,91934	9
52	9,74606	19	9,82681	27	10,17319	8	9,91925	8
53	9,74625	19	9,82708	27	10,17292	9	9,91917	7
54	9,74644	18	9,82735	27	10,17265	8	9,91908	6
55	9,74662	19	9,82762	28	10,17238	9	9,91900	5
56	9,74681	19	9,82790	27	10,17210	8	9,91891	4
57	9,74700	19	9,82817	27	10,17183	9	9,91883	3
58	9,74719	18	9,82844	27	10,17156	8	9,91874	2
59	9,74737	19	9,82871	28	10,17129	9	9,91866	1
60	9,74756		9,82899		10,17101		9,91857	0
	Cofinus	Diff.	Cotang.	C.D.	Tangens	Diff.	Sinus	Min.

56 Grad.

P. P.

	19
1	1,9
2	3,8
3	5,7
4	7,6
5	9,5
6	11,4
7	13,3
8	15,2
9	17,1

	18
1	1,8
2	3,6
3	5,4
4	7,2
5	9,0
6	10,8
7	12,6
8	14,4
9	16,2

P. P.

34 Grad.

Min.	Sinus	Diff.	Tangens	C.D.	Cotang.	Diff.	Cosinus	Min.
0	9,74756	19	9,82899	27	10,17101	8	9,91857	60
1	9,74775	19	9,82926	27	10,17074	9	9,91849	59
2	9,74794	18	9,82953	27	10,17047	8	9,91840	58
3	9,74812	19	9,82980	28	10,17020	9	9,91832	57
4	9,74831	19	9,83008	27	10,16992	8	9,91823	56
5	9,74850	18	9,83035	27	10,16965	9	9,91815	55
6	9,74868	19	9,83062	27	10,16938	8	9,91806	54
7	9,74887	19	9,83089	28	10,16911	9	9,91798	53
8	9,74906	18	9,83117	27	10,16883	8	9,91789	52
9	9,74924	19	9,83144	27	10,16856	9	9,91781	51
10	9,74943	18	9,83171	27	10,16829	9	9,91772	50
11	9,74961	19	9,83198	27	10,16802	8	9,91763	49
12	9,74980	19	9,83225	27	10,16775	9	9,91755	48
13	9,74999	18	9,83252	28	10,16748	8	9,91746	47
14	9,75017	19	9,83280	27	10,16720	9	9,91738	46
15	9,75036	18	9,83307	27	10,16693	9	9,91729	45
16	9,75054	19	9,83334	27	10,16666	8	9,91720	44
17	9,75073	18	9,83361	27	10,16639	9	9,91712	43
18	9,75091	19	9,83388	27	10,16612	8	9,91703	42
19	9,75110	18	9,83415	27	10,16585	9	9,91695	41
20	9,75128	19	9,83442	28	10,16558	9	9,91686	40
21	9,75147	18	9,83470	27	10,16530	8	9,91677	39
22	9,75165	19	9,83497	27	10,16503	9	9,91669	38
23	9,75184	18	9,83524	27	10,16476	9	9,91660	37
24	9,75202	19	9,83551	27	10,16449	8	9,91651	36
25	9,75221	18	9,83578	27	10,16422	9	9,91643	35
26	9,75239	19	9,83605	27	10,16395	9	9,91634	34
27	9,75258	18	9,83632	27	10,16368	8	9,91625	33
28	9,75276	18	9,83659	27	10,16341	9	9,91617	32
29	9,75294	19	9,83686	27	10,16314	9	9,91608	31
30	9,75313		9,83713		10,16287		9,91599	30
	Cosinus	Diff.	Cotang.	C.D.	Tangens	Diff.	Sinus	Min.

55 Grad.

P. P.

	28		27		26
1	2,8	1	2,7	1	2,6
2	5,6	2	5,4	2	5,2
3	8,4	3	8,1	3	7,8
4	11,2	4	10,8	4	10,4
5	14,0	5	13,5	5	13,0
6	16,8	6	16,2	6	15,6
7	19,6	7	18,9	7	18,2
8	22,4	8	21,6	8	20,8
9	25,2	9	24,3	9	23,4

P. P.

34 Grad.

Min.	Sinus	Diff.	Tangens	C.D.	Cotang.	Diff.	Cosinus	
30	9,75313	18	9,83713	27	10,16287	8	9,91599	30
31	9,75331	19	9,83740	28	10,16260	9	9,91591	29
32	9,75350	18	9,83768	27	10,16232	9	9,91582	28
33	9,75368	18	9,83795	27	10,16205	8	9,91573	27
34	9,75386	19	9,83822	27	10,16178	9	9,91565	26
35	9,75405	18	9,83849	27	10,16151	9	9,91556	25
36	9,75423	18	9,83876	27	10,16124	9	9,91547	24
37	9,75441	18	9,83903	27	10,16097	8	9,91538	23
38	9,75459	19	9,83930	27	10,16070	9	9,91530	22
39	9,75478	18	9,83957	27	10,16043	9	9,91521	21
40	9,75496	18	9,83984	27	10,16016	8	9,91512	20
41	9,75514	19	9,84011	27	10,15989	9	9,91504	19
42	9,75533	18	9,84038	27	10,15962	9	9,91495	18
43	9,75551	18	9,84065	27	10,15935	9	9,91486	17
44	9,75569	18	9,84092	27	10,15908	8	9,91477	16
45	9,75587	18	9,84119	27	10,15881	9	9,91469	15
46	9,75605	19	9,84146	27	10,15854	9	9,91460	14
47	9,75624	18	9,84173	27	10,15827	9	9,91451	13
48	9,75642	18	9,84200	27	10,15800	9	9,91442	12
49	9,75660	18	9,84227	27	10,15773	8	9,91433	11
50	9,75678	18	9,84254	26	10,15746	9	9,91425	10
51	9,75696	18	9,84280	27	10,15720	9	9,91416	9
52	9,75714	19	9,84307	27	10,15693	9	9,91407	8
53	9,75733	18	9,84334	27	10,15666	9	9,91398	7
54	9,75751	18	9,84361	27	10,15639	8	9,91389	6
55	9,75769	18	9,84388	27	10,15612	9	9,91381	5
56	9,75787	18	9,84415	27	10,15585	9	9,91372	4
57	9,75805	18	9,84442	27	10,15558	9	9,91363	3
58	9,75823	18	9,84469	27	10,15531	9	9,91354	2
59	9,75841	18	9,84496	27	10,15504	9	9,91345	1
60	9,75859		9,84523		10,15477		9,91336	0
	Cosinus	Diff.	Cotang.	C.D.	Tangens	Diff.	Sinus	Min.

55 Grad.

P. P.

	19
1	1,9
2	3,8
3	5,7
4	7,6
5	9,5
6	11,4
7	13,3
8	15,2
9	17,1

	18
1	1,8
2	3,6
3	5,4
4	7,2
5	9,0
6	10,8
7	12,6
8	14,4
9	16,2

P. P.

35 Grad.

Min.	Sinus	Diff.	Tangens	C.D.	Cotang.	Diff.	Cosinus	
0	9,75859	18	9,84523	27	10,15477	8	9,91336	60
1	9,75877	18	9,84550	26	10,15450	9	9,91328	59
2	9,75895	18	9,84576	27	10,15424	9	9,91319	58
3	9,75913	18	9,84603	27	10,15397	9	9,91310	57
4	9,75931	18	9,84630	27	10,15370	9	9,91301	56
5	9,75949	18	9,84657	27	10,15343	9	9,91292	55
6	9,75967	18	9,84684	27	10,15316	9	9,91283	54
7	9,75985	18	9,84711	27	10,15289	8	9,91274	53
8	9,76003	18	9,84738	26	10,15262	9	9,91266	52
9	9,76021	18	9,84764	27	10,15236	9	9,91257	51
10	9,76039	18	9,84791	27	10,15209	9	9,91248	50
11	9,76057	18	9,84818	27	10,15182	9	9,91239	49
12	9,76075	18	9,84845	27	10,15155	9	9,91230	48
13	9,76093	18	9,84872	27	10,15128	9	9,91221	47
14	9,76111	18	9,84899	26	10,15101	9	9,91212	46
15	9,76129	17	9,84925	27	10,15075	9	9,91203	45
16	9,76146	18	9,84952	27	10,15048	9	9,91194	44
17	9,76164	18	9,84979	27	10,15021	9	9,91185	43
18	9,76182	18	9,85006	27	10,14994	9	9,91176	42
19	9,76200	18	9,85033	26	10,14967	9	9,91167	41
20	9,76218	18	9,85059	27	10,14941	9	9,91158	40
21	9,76236	17	9,85086	27	10,14914	8	9,91149	39
22	9,76253	18	9,85113	27	10,14887	9	9,91141	38
23	9,76271	18	9,85140	26	10,14860	9	9,91132	37
24	9,76289	18	9,85166	27	10,14834	9	9,91123	36
25	9,76307	17	9,85193	27	10,14807	9	9,91114	35
26	9,76324	18	9,85220	27	10,14780	9	9,91105	34
27	9,76342	18	9,85247	26	10,14753	9	9,91096	33
28	9,76360	18	9,85273	27	10,14727	9	9,91087	32
29	9,76378	17	9,85300	27	10,14700	9	9,91078	31
30	9,76395		9,85327		10,14673		9,91069	30
	Cosinus	Diff.	Cotang.	C.D.	Tangens	Diff.	Sinus	Min.

54 Grad.

P. P.

	27
1	2,7
2	5,4
3	8,1
4	10,8
5	13,5
6	16,2
7	18,9
8	21,6
9	24,3

	26
1	2,6
2	5,2
3	7,8
4	10,4
5	13,0
6	15,6
7	18,2
8	20,8
9	23,4

P. P.

35 Grad.

Min.	Sinus	Diff.	Tangens	C.D.	Cotang.	Diff.	Cosinus	
30	9,76395	18	9,85327	27	10,14673	9	9,91069	30
31	9,76413	18	9,85354	26	10,14646	9	9,91060	29
32	9,76431	17	9,85380	27	10,14620	9	9,91051	28
33	9,76448	18	9,85407	27	10,14593	9	9,91042	27
34	9,76466	18	9,85434	26	10,14566	10	9,91033	26
35	9,76484	17	9,85460	27	10,14540	9	9,91023	25
36	9,76501	18	9,85487	27	10,14513	9	9,91014	24
37	9,76519	18	9,85514	26	10,14486	9	9,91005	23
38	9,76537	17	9,85540	27	10,14460	9	9,90996	22
39	9,76554	18	9,85567	27	10,14433	9	9,90987	21
40	9,76572	18	9,85594	26	10,14406	9	9,90978	20
41	9,76590	17	9,85620	27	10,14380	9	9,90969	19
42	9,76607	18	9,85647	27	10,14353	9	9,90960	18
43	9,76625	17	9,85674	26	10,14326	9	9,90951	17
44	9,76642	18	9,85700	27	10,14300	9	9,90942	16
45	9,76660	17	9,85727	27	10,14273	9	9,90933	15
46	9,76677	18	9,85754	26	10,14246	9	9,90924	14
47	9,76695	17	9,85780	27	10,14220	9	9,90915	13
48	9,76712	18	9,85807	27	10,14193	10	9,90906	12
49	9,76730	17	9,85834	26	10,14166	9	9,90896	11
50	9,76747	18	9,85860	27	10,14140	9	9,90887	10
51	9,76765	17	9,85887	26	10,14113	9	9,90878	9
52	9,76782	18	9,85913	27	10,14087	9	9,90869	8
53	9,76800	17	9,85940	27	10,14060	9	9,90860	7
54	9,76817	18	9,85967	26	10,14033	9	9,90851	6
55	9,76835	17	9,85993	27	10,14007	10	9,90842	5
56	9,76852	18	9,86020	26	10,13980	9	9,90832	4
57	9,76870	17	9,86046	27	10,13954	9	9,90823	3
58	9,76887	17	9,86073	27	10,13927	9	9,90814	2
59	9,76904	18	9,86100	26	10,13900	9	9,90805	1
60	9,76922		9,86126		10,13874		9,90796	0
	Cosinus	Diff.	Cotang.	C.D.	Tangens	Diff.	Sinus	Min.

54 Grad.

P. P.

	18
1	1,8
2	3,6
3	5,4
4	7,2
5	9,0
6	10,8
7	12,6
8	14,4
9	16,2

	17
1	1,7
2	3,4
3	5,1
4	6,8
5	8,5
6	10,2
7	11,9
8	13,6
9	15,3

P. P.

36 Grad.

Min.	Sinus	Diff.	Tangens	C.D.	Cotang.	Diff.	Cosinus	
0	9,76922	17	9,86126	27	10,13874	9	9,90796	60
1	9,76939	18	9,86153	26	10,13847	10	9,90787	59
2	9,76957	17	9,86179	27	10,13821	9	9,90777	58
3	9,76974	17	9,86206	26	10,13794	9	9,90768	57
4	9,76991	18	9,86232	27	10,13768	9	9,90759	56
5	9,77009	17	9,86259	26	10,13741	9	9,90750	55
6	9,77026	17	9,86285	27	10,13715	10	9,90741	54
7	9,77043	18	9,86312	26	10,13688	9	9,90731	53
8	9,77061	17	9,86338	27	10,13662	9	9,90722	52
9	9,77078	17	9,86365	27	10,13635	9	9,90713	51
10	9,77095	17	9,86392	26	10,13608	10	9,90704	50
11	9,77112	18	9,86418	27	10,13582	9	9,90694	49
12	9,77130	17	9,86445	26	10,13555	9	9,90685	48
13	9,77147	17	9,86471	27	10,13529	9	9,90676	47
14	9,77164	17	9,86498	26	10,13502	10	9,90667	46
15	9,77181	18	9,86524	27	10,13476	9	9,90657	45
16	9,77199	17	9,86551	26	10,13449	9	9,90648	44
17	9,77216	17	9,86577	26	10,13423	9	9,90639	43
18	9,77233	17	9,86603	27	10,13397	10	9,90630	42
19	9,77250	18	9,86630	26	10,13370	9	9,90620	41
20	9,77268	17	9,86656	27	10,13344	9	9,90611	40
21	9,77285	17	9,86683	26	10,13317	10	9,90602	39
22	9,77302	17	9,86709	27	10,13291	9	9,90592	38
23	9,77319	17	9,86736	26	10,13264	9	9,90583	37
24	9,77336	17	9,86762	27	10,13238	9	9,90574	36
25	9,77353	17	9,86789	26	10,13211	10	9,90565	35
26	9,77370	17	9,86815	27	10,13185	9	9,90555	34
27	9,77387	18	9,86842	26	10,13158	9	9,90546	33
28	9,77405	17	9,86868	26	10,13132	10	9,90537	32
29	9,77422	17	9,86894	27	10,13106	9	9,90527	31
30	9,77439		9,86921		10,13079		9,90518	30
	Cosinus	Diff.	Cotang.	C.D.	Tangens	Diff.	Sinus	Min.

53 Grad.

P. P.

	27
1	2,7
2	5,4
3	8,1
4	10,8
5	13,5
6	16,2
7	18,9
8	21,6
9	24,3

	26
1	2,6
2	5,2
3	7,8
4	10,4
5	13,0
6	15,6
7	18,2
8	20,8
9	23,4

P. P.

36 Grad.

Min.	Sinus	Diff.	Tangens	C.D.	Cotang.	Diff.	Cosinus	Min.
30	9,77439	17	9,86921	26	10,13079	9	9,90518	30
31	9,77456	17	9,86947	27	10,13053	10	9,90509	29
32	9,77473	17	9,86974	26	10,13026	9	9,90499	28
33	9,77490	17	9,87000	27	10,13000	10	9,90490	27
34	9,77507	17	9,87027	26	10,12973	9	9,90480	26
35	9,77524	17	9,87053	26	10,12947	9	9,90471	25
36	9,77541	17	9,87079	27	10,12921	10	9,90462	24
37	9,77558	17	9,87106	26	10,12894	9	9,90452	23
38	9,77575	17	9,87132	26	10,12868	9	9,90443	22
39	9,77592	17	9,87158	27	10,12842	10	9,90434	21
40	9,77609	17	9,87185	26	10,12815	9	9,90424	20
41	9,77626	17	9,87211	27	10,12789	10	9,90415	19
42	9,77643	17	9,87238	26	10,12762	9	9,90405	18
43	9,77660	17	9,87264	26	10,12736	10	9,90396	17
44	9,77677	17	9,87290	27	10,12710	9	9,90386	16
45	9,77694	17	9,87317	26	10,12683	9	9,90377	15
46	9,77711	17	9,87343	26	10,12657	10	9,90368	14
47	9,77728	16	9,87369	27	10,12631	9	9,90358	13
48	9,77744	17	9,87396	26	10,12604	10	9,90349	12
49	9,77761	17	9,87422	26	10,12578	9	9,90339	11
50	9,77778	17	9,87448	27	10,12552	10	9,90330	10
51	9,77795	17	9,87475	26	10,12525	9	9,90320	9
52	9,77812	17	9,87501	26	10,12499	10	9,90311	8
53	9,77829	17	9,87527	27	10,12473	9	9,90301	7
54	9,77846	16	9,87554	26	10,12446	10	9,90292	6
55	9,77862	17	9,87580	26	10,12420	9	9,90282	5
56	9,77879	17	9,87606	27	10,12394	10	9,90273	4
57	9,77896	17	9,87633	26	10,12367	9	9,90263	3
58	9,77913	17	9,87659	26	10,12341	10	9,90254	2
59	9,77930	16	9,87685	26	10,12315	9	9,90244	1
60	9,77946		9,87711		10,12289		9,90235	0
	Cosinus	Diff.	Cotang.	C.D.	Tangens	Diff.	Sinus	Min.

53 Grad.

P. P.

	18	17	16
1	1,8	1,7	1,6
2	3,6	3,4	3,2
3	5,4	5,1	4,8
4	7,2	6,8	6,4
5	9,0	8,5	8,0
6	10,8	10,2	9,6
7	12,6	11,9	11,2
8	14,4	13,6	12,8
9	16,2	15,3	14,4

P. P.

37 Grad.

Min.	Sinus	Diff.	Tangens	C.D.	Cotang.	Diff.	Cosinus	
0	9,77946	17	9,87711	27	10,12289	10	9,90235	60
1	9,77963	17	9,87738	26	10,12262	9	9,90225	59
2	9,77980	17	9,87764	26	10,12236	10	9,90216	58
3	9,77997	16	9,87790	27	10,12210	9	9,90206	57
4	9,78013	17	9,87817	26	10,12183	10	9,90197	56
5	9,78030	17	9,87843	26	10,12157	9	9,90187	55
6	9,78047	16	9,87869	26	10,12131	10	9,90178	54
7	9,78063	17	9,87895	27	10,12105	9	9,90168	53
8	9,78080	17	9,87922	26	10,12078	10	9,90159	52
9	9,78097	16	9,87948	26	10,12052	10	9,90149	51
10	9,78113	17	9,87974	26	10,12026	9	9,90139	50
11	9,78130	17	9,88000	27	10,12000	10	9,90130	49
12	9,78147	16	9,88027	26	10,11973	9	9,90120	48
13	9,78163	17	9,88053	26	10,11947	10	9,90111	47
14	9,78180	17	9,88079	26	10,11921	10	9,90101	46
15	9,78197	16	9,88105	26	10,11895	9	9,90091	45
16	9,78213	17	9,88131	27	10,11869	10	9,90082	44
17	9,78230	16	9,88158	26	10,11842	9	9,90072	43
18	9,78246	17	9,88184	26	10,11816	10	9,90063	42
19	9,78263	17	9,88210	26	10,11790	10	9,90053	41
20	9,78280	16	9,88236	26	10,11764	9	9,90043	40
21	9,78296	17	9,88262	27	10,11738	10	9,90034	39
22	9,78313	16	9,88289	26	10,11711	10	9,90024	38
23	9,78329	17	9,88315	26	10,11685	9	9,90014	37
24	9,78346	16	9,88341	26	10,11659	10	9,90005	36
25	9,78362	17	9,88367	26	10,11633	10	9,89995	35
26	9,78379	16	9,88393	27	10,11607	9	9,89985	34
27	9,78395	17	9,88420	26	10,11580	10	9,89976	33
28	9,78412	16	9,88446	26	10,11554	10	9,89966	32
29	9,78428	17	9,88472	26	10,11528	9	9,89956	31
30	9,78445		9,88498		10,11502		9,89947	30
	Cosinus	Diff.	Cotang.	C.D.	Tangens	Diff.	Sinus	Min.

52 Grad.

P. P.

	27
1	2,7
2	5,4
3	8,1
4	10,8
5	13,5
6	16,2
7	18,9
8	21,6
9	24,3

	26
1	2,6
2	5,2
3	7,8
4	10,4
5	13,0
6	15,6
7	18,2
8	20,8
9	23,4

P. P.

P. P. | **37 Grad.**

Min.	Sinus	Diff.	Tangens	C.D.	Cotang.	Diff.	Coſinus	
30	9,78445	16	9,88498	26	10,11502	10	9,89947	30
31	9,78461	17	9,88524	26	10,11476	10	9,89937	29
32	9,78478	16	9,88550	27	10,11450	9	9,89927	28
33	9,78494	16	9,88577	26	10,11423	10	9,89918	27
34	9,78510	17	9,88603	26	10,11397	10	9,89908	26
35	9,78527	16	9,88629	26	10,11371	10	9,89898	25
36	9,78543	17	9,88655	26	10,11345	9	9,89888	24
37	9,78560	16	9,88681	26	10,11319	10	9,89879	23
38	9,78576	16	9,88707	26	10,11293	10	9,89869	22
39	9,78592	17	9,88733	26	10,11267	10	9,89859	21
40	9,78609	16	9,88759	27	10,11241	9	9,89849	20
41	9,78625	17	9,88786	26	10,11214	10	9,89840	19
42	9,78642	16	9,88812	26	10,11188	10	9,89830	18
43	9,78658	16	9,88838	26	10,11162	10	9,89820	17
44	9,78674	17	9,88864	26	10,11136	9	9,89810	16
45	9,78691	16	9,88890	26	10,11110	10	9,89801	15
46	9,78707	16	9,88916	26	10,11084	10	9,89791	14
47	9,78723	16	9,88942	26	10,11058	10	9,89781	13
48	9,78739	17	9,88968	26	10,11032	10	9,89771	12
49	9,78756	16	9,88994	26	10,11006	9	9,89761	11
50	9,78772	16	9,89020	26	10,10980	10	9,89752	10
51	9,78788	17	9,89046	27	10,10954	10	9,89742	9
52	9,78805	16	9,89073	26	10,10927	10	9,89732	8
53	9,78821	16	9,89099	26	10,10901	10	9,89722	7
54	9,78837	16	9,89125	26	10,10875	10	9,89712	6
55	9,78853	16	9,89151	26	10,10849	9	9,89702	5
56	9,78869	17	9,89177	26	10,10823	10	9,89693	4
57	9,78886	16	9,89203	26	10,10797	10	9,89683	3
58	9,78902	16	9,89229	26	10,10771	10	9,89673	2
59	9,78918	16	9,89255	26	10,10745	10	9,89663	1
60	9,78934		9,89281		10,10719		9,89653	0
	Coſinus	Diff.	Cotang.	C.D.	Tangens	Diff.	Sinus	Min.

P. P.

	17
1	1,7
2	3,4
3	5,1
4	6,8
5	8,5
6	10,2
7	11,9
8	13,6
9	15,3

	16
1	1,6
2	3,2
3	4,8
4	6,4
5	8,0
6	9,6
7	11,2
8	12,8
9	14,4

52 Grad.

38 Grad.

Min.	Sinus	Diff.	Tangens	C.D.	Cotang.	Diff.	Cosinus	
0	9,78934	16	9,89281	26	10,10719	10	9,89653	60
1	9,78950	17	9,89307	26	10,10693	10	9,89643	59
2	9,78967	16	9,89333	26	10,10667	9	9,89633	58
3	9,78983	16	9,89359	26	10,10641	10	9,89624	57
4	9,78999	16	9,89385	26	10,10615	10	9,89614	56
5	9,79015	16	9,89411	26	10,10589	10	9,89604	55
6	9,79031	16	9,89437	26	10,10563	10	9,89594	54
7	9,79047	16	9,89463	26	10,10537	10	9,89584	53
8	9,79063	16	9,89489	26	10,10511	10	9,89574	52
9	9,79079	16	9,89515	26	10,10485	10	9,89564	51
10	9,79095	16	9,89541	26	10,10459	10	9,89554	50
11	9,79111	17	9,89567	26	10,10433	10	9,89544	49
12	9,79128	16	9,89593	26	10,10407	10	9,89534	48
13	9,79144	16	9,89619	26	10,10381	10	9,89524	47
14	9,79160	16	9,89645	26	10,10355	10	9,89514	46
15	9,79176	16	9,89671	26	10,10329	9	9,89504	45
16	9,79192	16	9,89697	26	10,10303	10	9,89495	44
17	9,79208	16	9,89723	26	10,10277	10	9,89485	43
18	9,79224	16	9,89749	26	10,10251	10	9,89475	42
19	9,79240	16	9,89775	26	10,10225	10	9,89465	41
20	9,79256	16	9,89801	26	10,10199	10	9,89455	40
21	9,79272	16	9,89827	26	10,10173	10	9,89445	39
22	9,79288	16	9,89853	26	10,10147	10	9,89435	38
23	9,79304	15	9,89879	26	10,10121	10	9,89425	37
24	9,79319	16	9,89905	26	10,10095	10	9,89415	36
25	9,79335	16	9,89931	26	10,10069	10	9,89405	35
26	9,79351	16	9,89957	26	10,10043	10	9,89395	34
27	9,79367	16	9,89983	26	10,10017	10	9,89385	33
28	9,79383	16	9,90009	26	10,09991	11	9,89375	32
29	9,79399	16	9,90035	26	10,09965	10	9,89364	31
30	9,79415		9,90061		10,09939		9,89354	30
	Cosinus	Diff.	Cotang.	C.D.	Tangens	Diff.	Sinus	Min.

51 Grad.

P. P.

	26
1	2,6
2	5,2
3	7,8
4	10,4
5	13,0
6	15,6
7	18,2
8	20,8
9	23,4

	25
1	2,5
2	5,0
3	7,5
4	10,0
5	12,5
6	15,0
7	17,5
8	20,0
9	22,5

P. P.

P. P.

17	
1	1,7
2	3,4
3	5,1
4	6,8
5	8,5
6	10,2
7	11,9
8	13,6
9	15,3

16	
1	1,6
2	3,2
3	4,8
4	6,4
5	8,0
6	9,6
7	11,2
8	12,8
9	14,4

15	
1	1,5
2	3,0
3	4,5
4	6,0
5	7,5
6	9,0
7	10,5
8	12,0
9	13,5

P. P.

38 Grad.

Min.	Sinus	Diff.	Tangens	C.D.	Cotang.	Diff.	Cosinus	
30	9,79415		9,90061		10,09939		9,89354	30
31	9,79431	16	9,90086	25	10,09914	10	9,89344	29
32	9,79447	16	9,90112	26	10,09888	10	9,89334	28
33	9,79463	16	9,90138	26	10,09862	10	9,89324	27
34	9,79478	15	9,90164	26	10,09836	10	9,89314	26
35	9,79494	16	9,90190	26	10,09810	10	9,89304	25
36	9,79510	16	9,90216	26	10,09784	10	9,89294	24
37	9,79526	16	9,90242	26	10,09758	10	9,89284	23
38	9,79542	16	9,90268	26	10,09732	10	9,89274	22
39	9,79558	16	9,90294	26	10,09706	10	9,89264	21
40	9,79573	15	9,90320	26	10,09680	10	9,89254	20
41	9,79589	16	9,90346	26	10,09654	10	9,89244	19
42	9,79605	16	9,90371	25	10,09629	11	9,89233	18
43	9,79621	16	9,90397	26	10,09603	10	9,89223	17
44	9,79636	15	9,90423	26	10,09577	10	9,89213	16
45	9,79652	16	9,90449	26	10,09551	10	9,89203	15
46	9,79668	16	9,90475	26	10,09525	10	9,89193	14
47	9,79684	16	9,90501	26	10,09499	10	9,89183	13
48	9,79699	15	9,90527	26	10,09473	10	9,89173	12
49	9,79715	16	9,90553	26	10,09447	11	9,89162	11
50	9,79731	16	9,90578	25	10,09422	10	9,89152	10
51	9,79746	15	9,90604	26	10,09396	10	9,89142	9
52	9,79762	16	9,90630	26	10,09370	10	9,89132	8
53	9,79778	16	9,90656	26	10,09344	10	9,89122	7
54	9,79793	15	9,90682	26	10,09318	10	9,89112	6
55	9,79809	16	9,90708	26	10,09292	11	9,89101	5
56	9,79825	16	9,90734	26	10,09266	10	9,89091	4
57	9,79840	15	9,90759	25	10,09241	10	9,89081	3
58	9,79856	16	9,90785	26	10,09215	10	9,89071	2
59	9,79872	16	9,90811	26	10,09189	11	9,89060	1
60	9,79887	15	9,90837	26	10,09163	10	9,89050	0
	Cosinus	Diff.	Cotang.	C.D.	Tangens	Diff.	Sinus	Min.

51 Grad.

39 Grad.

Min.	Sinus	Diff.	Tangens	C.D.	Cotang.	Diff.	Cosinus	
0	9,79887	16	9,90837	26	10,09163	10	9,89050	60
1	9,79903	15	9,90863	26	10,09137	10	9,89040	59
2	9,79918	16	9,90889	25	10,09111	10	9,89030	58
3	9,79934	16	9,90914	26	10,09086	11	9,89020	57
4	9,79950	15	9,90940	26	10,09060	10	9,89009	56
5	9,79965	16	9,90966	26	10,09034	10	9,88999	55
6	9,79981	15	9,90992	26	10,09008	11	9,88989	54
7	9,79996	16	9,91018	25	10,08982	10	9,88978	53
8	9,80012	15	9,91043	26	10,08957	10	9,88968	52
9	9,80027	16	9,91069	26	10,08931	10	9,88958	51
10	9,80043	15	9,91095	26	10,08905	11	9,88948	50
11	9,80058	16	9,91121	26	10,08879	10	9,88937	49
12	9,80074	15	9,91147	25	10,08853	10	9,88927	48
13	9,80089	16	9,91172	26	10,08828	11	9,88917	47
14	9,80105	15	9,91198	26	10,08802	10	9,88906	46
15	9,80120	16	9,91224	26	10,08776	10	9,88896	45
16	9,80136	15	9,91250	26	10,08750	11	9,88886	44
17	9,80151	15	9,91276	25	10,08724	10	9,88875	43
18	9,80166	16	9,91301	26	10,08699	10	9,88865	42
19	9,80182	15	9,91327	26	10,08673	11	9,88855	41
20	9,80197	16	9,91353	26	10,08647	10	9,88844	40
21	9,80213	15	9,91379	25	10,08621	10	9,88834	39
22	9,80228	16	9,91404	26	10,08596	11	9,88824	38
23	9,80244	15	9,91430	26	10,08570	10	9,88813	37
24	9,80259	15	9,91456	26	10,08544	10	9,88803	36
25	9,80274	16	9,91482	25	10,08518	11	9,88793	35
26	9,80290	15	9,91507	26	10,08493	10	9,88782	34
27	9,80305	15	9,91533	26	10,08467	11	9,88772	33
28	9,80320	16	9,91559	26	10,08441	10	9,88761	32
29	9,80336	15	9,91585	25	10,08415	10	9,88751	31
30	9,80351		9,91610		10,08390		9,88741	30
	Cosinus	Diff.	Cotang.	C.D.	Tangens	Diff.	Sinus	Min.

50 Grad.

P. P.

	26	25
1	2,6	2,5
2	5,2	5,0
3	7,8	7,5
4	10,4	10,0
5	13,0	12,5
6	15,6	15,0
7	18,2	17,5
8	20,8	20,0
9	23,4	22,5

P. P.

P. P.

	16
1	1,6
2	3,2
3	4,8
4	6,4
5	8,0
6	9,6
7	11,2
8	12,8
9	14,4

	15
1	1,5
2	3,0
3	4,5
4	6,0
5	7,5
6	9,0
7	10,5
8	12,0
9	13,5

39 Grad.

Min.	Sinus	Diff.	Tangens	C.D.	Cotang.	Diff.	Coſinus	
30	9,80351	15	9,91610	26	10,08390	11	9,88741	30
31	9,80366	16	9,91636	26	10,08364	10	9,88730	29
32	9,80382	15	9,91662	26	10,08338	11	9,88720	28
33	9,80397	15	9,91688	25	10,08312	10	9,88709	27
34	9,80412	16	9,91713	26	10,08287	11	9,88699	26
35	9,80428	15	9,91739	26	10,08261	10	9,88688	25
36	9,80443	15	9,91765	26	10,08235	10	9,88678	24
37	9,80458	15	9,91791	25	10,08209	11	9,88668	23
38	9,80473	16	9,91816	26	10,08184	10	9,88657	22
39	9,80489	15	9,91842	26	10,08158	11	9,88647	21
40	9,80504	15	9,91868	25	10,08132	10	9,88636	20
41	9,80519	15	9,91893	26	10,08107	11	9,88626	19
42	9,80534	16	9,91919	26	10,08081	10	9,88615	18
43	9,80550	15	9,91945	26	10,08055	11	9,88605	17
44	9,80565	15	9,91971	25	10,08029	10	9,88594	16
45	9,80580	15	9,91996	26	10,08004	11	9,88584	15
46	9,80595	15	9,92022	26	10,07978	10	9,88573	14
47	9,80610	15	9,92048	25	10,07952	11	9,88563	13
48	9,80625	16	9,92073	26	10,07927	10	9,88552	12
49	9,80641	15	9,92099	26	10,07901	11	9,88542	11
50	9,80656	15	9,92125	25	10,07875	10	9,88531	10
51	9,80671	15	9,92150	26	10,07850	11	9,88521	9
52	9,80686	15	9,92176	26	10,07824	11	9,88510	8
53	9,80701	15	9,92202	25	10,07798	10	9,88499	7
54	9,80716	15	9,92227	26	10,07773	11	9,88489	6
55	9,80731	15	9,92253	26	10,07747	10	9,88478	5
56	9,80746	16	9,92279	25	10,07721	11	9,88468	4
57	9,80762	15	9,92304	26	10,07696	10	9,88457	3
58	9,80777	15	9,92330	26	10,07670	11	9,88447	2
59	9,80792	15	9,92356	25	10,07644	11	9,88436	1
60	9,80807		9,92381		10,07619		9,88425	0
	Coſinus	Diff.	Cotang.	C.D.	Tangens	Diff.	Sinus	Min.

P. P.

50 Grad.

40 Grad.

Min.	Sinus	Diff.	Tangens	C.D.	Cotang.	Diff.	Cosinus	
0	9,80807		9,92381		10,07619		9,88425	60
1	9,80822	15	9,92407	26	10,07593	10	9,88415	59
2	9,80837	15	9,92433	26	10,07567	11	9,88404	58
3	9,80852	15	9,92458	25	10,07542	10	9,88394	57
4	9,80867	15	9,92484	26	10,07516	11	9,88383	56
5	9,80882	15	9,92510	26	10,07490	11	9,88372	55
6	9,80897	15	9,92535	25	10,07465	10	9,88362	54
7	9,80912	15	9,92561	26	10,07439	11	9,88351	53
8	9,80927	15	9,92587	26	10,07413	11	9,88340	52
9	9,80942	15	9,92612	25	10,07388	10	9,88330	51
10	9,80957	15	9,92638	26	10,07362	11	9,88319	50
11	9,80972	15	9,92663	25	10,07337	11	9,88308	49
12	9,80987	15	9,92689	26	10,07311	10	9,88298	48
13	9,81002	15	9,92715	26	10,07285	11	9,88287	47
14	9,81017	15	9,92740	25	10,07260	11	9,88276	46
15	9,81032	15	9,92766	26	10,07234	10	9,88266	45
16	9,81047	15	9,92792	26	10,07208	11	9,88255	44
17	9,81061	14	9,92817	25	10,07183	11	9,88244	43
18	9,81076	15	9,92843	26	10,07157	10	9,88234	42
19	9,81091	15	9,92868	25	10,07132	11	9,88223	41
20	9,81106	15	9,92894	26	10,07106	11	9,88212	40
21	9,81121	15	9,92920	26	10,07080	11	9,88201	39
22	9,81136	15	9,92945	25	10,07055	10	9,88191	38
23	9,81151	15	9,92971	26	10,07029	11	9,88180	37
24	9,81166	15	9,92996	25	10,07004	11	9,88169	36
25	9,81180	14	9,93022	26	10,06978	11	9,88158	35
26	9,81195	15	9,93048	26	10,06952	10	9,88148	34
27	9,81210	15	9,93073	25	10,06927	11	9,88137	33
28	9,81225	15	9,93099	26	10,06901	11	9,88126	32
29	9,81240	15	9,93124	25	10,06876	11	9,88115	31
30	9,81254	14	9,93150	26	10,06850	10	9,88105	30
	Cosinus	Diff.	Cotang.	C.D.	Tangens	Diff.	Sinus	Min.

49 Grad.

P. P.

	26	25
1	2,6	2,
2	5,2	5,
3	7,8	7,
4	10,4	10,
5	13,0	12,
6	15,6	15,
7	18,2	17,
8	20,8	20,
9	23,4	22,

P. P.

40 Grad.

Min.	Sinus	Diff.	Tangens	C.D.	Cotang.	Diff.	Cosinus	
30	9,81254		9,93150		10,06850		9,88105	30
31	9,81269	15	9,93175	25	10,06825	11	9,88094	29
32	9,81284	15	9,93201	26	10,06799	11	9,88083	28
33	9,81299	15	9,93227	26	10,06773	11	9,88072	27
34	9,81314	15	9,93252	25	10,06748	11	9,88061	26
35	9,81328	14	9,93278	26	10,06722	10	9,88051	25
36	9,81343	15	9,93303	25	10,06697	11	9,88040	24
37	9,81358	15	9,93329	26	10,06671	11	9,88029	23
38	9,81372	14	9,93354	25	10,06646	11	9,88018	22
39	9,81387	15	9,93380	26	10,06620	11	9,88007	21
40	9,81402	15	9,93406	26	10,06594	11	9,87996	20
41	9,81417	15	9,93431	25	10,06569	11	9,87985	19
42	9,81431	14	9,93457	26	10,06543	10	9,87975	18
43	9,81446	15	9,93482	25	10,06518	11	9,87964	17
44	9,81461	15	9,93508	26	10,06492	11	9,87953	16
45	9,81475	14	9,93533	25	10,06467	11	9,87942	15
46	9,81490	15	9,93559	26	10,06441	11	9,87931	14
47	9,81505	15	9,93584	25	10,06416	11	9,87920	13
48	9,81519	14	9,93610	26	10,06390	11	9,87909	12
49	9,81534	15	9,93636	26	10,06364	11	9,87898	11
50	9,81549	15	9,93661	25	10,06339	11	9,87887	10
51	9,81563	14	9,93687	26	10,06313	10	9,87877	9
52	9,81578	15	9,93712	25	10,06288	11	9,87866	8
53	9,81592	14	9,93738	26	10,06262	11	9,87855	7
54	9,81607	15	9,93763	25	10,06237	11	9,87844	6
55	9,81622	15	9,93789	26	10,06211	11	9,87833	5
56	9,81636	14	9,93814	25	10,06186	11	9,87822	4
57	9,81651	15	9,93840	26	10,06160	11	9,87811	3
58	9,81665	14	9,93865	25	10,06135	11	9,87800	2
59	9,81680	15	9,93891	26	10,06109	11	9,87789	1
60	9,81694	14	9,93916	25	10,06084	11	9,87778	0
	Cosinus	Diff.	Cotang.	C.D.	Tangens	Diff.	Sinus	Min.

49 Grad.

P. P.

	15	14
1	1,5	1,4
2	3,0	2,8
3	4,5	4,2
4	6,0	5,6
5	7,5	7,0
6	9,0	8,4
7	10,5	9,8
8	12,0	11,2
9	13,5	12,6

41 Grad.

Min.	Sinus	Diff.	Tangens	C.D.	Cotang.	Diff.	Cosinus	
0	9,81694	15	9,93916	26	10,06084	11	9,87778	60
1	9,81709	14	9,93942	25	10,06058	11	9,87767	59
2	9,81723	15	9,93967	26	10,06033	11	9,87756	58
3	9,81738	14	9,93993	25	10,06007	11	9,87745	57
4	9,81752	15	9,94018	26	10,05982	11	9,87734	56
5	9,81767	14	9,94044	25	10,05956	11	9,87723	55
6	9,81781	15	9,94069	26	10,05931	11	9,87712	54
7	9,81796	14	9,94095	25	10,05905	11	9,87701	53
8	9,81810	15	9,94120	26	10,05880	11	9,87690	52
9	9,81825	14	9,94146	25	10,05854	11	9,87679	51
10	9,81839	15	9,94171	26	10,05829	11	9,87668	50
11	9,81854	14	9,94197	25	10,05803	11	9,87657	49
12	9,81868	14	9,94222	26	10,05778	11	9,87646	48
13	9,81882	15	9,94248	25	10,05752	11	9,87635	47
14	9,81897	14	9,94273	26	10,05727	11	9,87624	46
15	9,81911	15	9,94299	25	10,05701	12	9,87613	45
16	9,81926	14	9,94324	26	10,05676	11	9,87601	44
17	9,81940	15	9,94350	25	10,05650	11	9,87590	43
18	9,81955	14	9,94375	26	10,05625	11	9,87579	42
19	9,81969	14	9,94401	25	10,05599	11	9,87568	41
20	9,81983	15	9,94426	26	10,05574	11	9,87557	40
21	9,81998	14	9,94452	25	10,05548	11	9,87546	39
22	9,82012	14	9,94477	26	10,05523	11	9,87535	38
23	9,82026	15	9,94503	25	10,05497	11	9,87524	37
24	9,82041	14	9,94528	26	10,05472	12	9,87513	36
25	9,82055	14	9,94554	25	10,05446	11	9,87501	35
26	9,82069	15	9,94579	25	10,05421	11	9,87490	34
27	9,82084	14	9,94604	26	10,05396	11	9,87479	33
28	9,82098	14	9,94630	25	10,05370	11	9,87468	32
29	9,82112	14	9,94655	26	10,05345	11	9,87457	31
30	9,82126		9,94681		10,05319		9,87446	30
	Cosinus	Diff.	Cotang.	C.D.	Tangens	Diff.	Sinus	Min.

48 Grad.

P. P.

	26
1	2,6
2	5,2
3	7,8
4	10,4
5	13,0
6	15,6
7	18,2
8	20,8
9	23,4

	25
1	2,5
2	5,0
3	7,
4	10,
5	12,
6	15,
7	17,
8	20,
9	22,

P. P.

41 Grad.

Min.	Sinus	Diff.	Tangens	C.D.	Cotang.	Diff.	Cosinus	
30	9,82126	15	9,94681	25	10,05319	12	9,87446	30
31	9,82141	14	9,94706	26	10,05294	11	9,87434	29
32	9,82155	14	9,94732	25	10,05268	11	9,87423	28
33	9,82169	15	9,94757	26	10,05243	11	9,87412	27
34	9,82184	14	9,94783	25	10,05217	11	9,87401	26
35	9,82198	14	9,94808	26	10,05192	12	9,87390	25
36	9,82212	14	9,94834	25	10,05166	11	9,87378	24
37	9,82226	14	9,94859	25	10,05141	11	9,87367	23
38	9,82240	15	9,94884	26	10,05116	11	9,87356	22
39	9,82255	14	9,94910	25	10,05090	11	9,87345	21
40	9,82269	14	9,94935	26	10,05065	12	9,87334	20
41	9,82283	14	9,94961	25	10,05039	11	9,87322	19
42	9,82297	14	9,94986	26	10,05014	11	9,87311	18
43	9,82311	15	9,95012	25	10,04988	12	9,87300	17
44	9,82326	14	9,95037	25	10,04963	11	9,87288	16
45	9,82340	14	9,95062	26	10,04938	11	9,87277	15
46	9,82354	14	9,95088	25	10,04912	11	9,87266	14
47	9,82368	14	9,95113	26	10,04887	12	9,87255	13
48	9,82382	14	9,95139	25	10,04861	11	9,87243	12
49	9,82396	14	9,95164	26	10,04836	11	9,87232	11
50	9,82410	14	9,95190	25	10,04810	12	9,87221	10
51	9,82424	15	9,95215	25	10,04785	11	9,87209	9
52	9,82439	14	9,95240	26	10,04760	11	9,87198	8
53	9,82453	14	9,95266	25	10,04734	12	9,87187	7
54	9,82467	14	9,95291	26	10,04709	11	9,87175	6
55	9,82481	14	9,95317	25	10,04683	11	9,87164	5
56	9,82495	14	9,95342	26	10,04658	12	9,87153	4
57	9,82509	14	9,95368	25	10,04632	11	9,87141	3
58	9,82523	14	9,95393	25	10,04607	11	9,87130	2
59	9,82537	14	9,95418	26	10,04582	12	9,87119	1
60	9,82551		9,95444		10,04556		9,87107	0
	Cosinus	Diff.	Cotang.	C.D.	Tangens	Diff.	Sinus	Min.

48 Grad.

P. P.

	15
1	1,5
2	3,0
3	4,5
4	6,0
5	7,5
6	9,0
7	10,5
8	12,0
9	13,5

	14
1	1,4
2	2,8
3	4,2
4	5,6
5	7,0
6	8,4
7	9,8
8	11,2
9	12,6

P. P.

42 Grad.

Min.	Sinus	Diff.	Tangens	C.D.	Cotang.	Diff.	Cosinus	
0	9,82551	14	9,95444	25	10,04556	11	9,87107	60
1	9,82565	14	9,95469	26	10,04531	11	9,87096	59
2	9,82579	14	9,95495	25	10,04505	12	9,87085	58
3	9,82593	14	9,95520	25	10,04480	11	9,87073	57
4	9,82607	14	9,95545	26	10,04455	12	9,87062	56
5	9,82621	14	9,95571	25	10,04429	11	9,87050	55
6	9,82635	14	9,95596	26	10,04404	11	9,87039	54
7	9,82649	14	9,95622	25	10,04378	12	9,87028	53
8	9,82663	14	9,95647	25	10,04353	11	9,87016	52
9	9,82677	14	9,95672	26	10,04328	12	9,87005	51
10	9,82691	14	9,95698	25	10,04302	11	9,86993	50
11	9,82705	14	9,95723	25	10,04277	12	9,86982	49
12	9,82719	14	9,95748	26	10,04252	11	9,86970	48
13	9,82733	14	9,95774	25	10,04226	12	9,86959	47
14	9,82747	14	9,95799	26	10,04201	11	9,86947	46
15	9,82761	14	9,95825	25	10,04175	12	9,86936	45
16	9,82775	13	9,95850	25	10,04150	11	9,86924	44
17	9,82788	14	9,95875	26	10,04125	11	9,86913	43
18	9,82802	14	9,95901	25	10,04099	12	9,86902	42
19	9,82816	14	9,95926	26	10,04074	11	9,86890	41
20	9,82830	14	9,95952	25	10,04048	12	9,86879	40
21	9,82844	14	9,95977	25	10,04023	12	9,86867	39
22	9,82858	14	9,96002	26	10,03998	11	9,86855	38
23	9,82872	13	9,96028	25	10,03972	12	9,86844	37
24	9,82885	14	9,96053	25	10,03947	11	9,86832	36
25	9,82899	14	9,96078	26	10,03922	12	9,86821	35
26	9,82913	14	9,96104	25	10,03896	11	9,86809	34
27	9,82927	14	9,96129	26	10,03871	12	9,86798	33
28	9,82941	14	9,96155	25	10,03845	11	9,86786	32
29	9,82955	13	9,96180	25	10,03820	12	9,86775	31
30	9,82968		9,96205		10,03795		9,86763	30
	Cosinus	Diff.	Cotang.	C.D.	Tangens	Diff.	Sinus	Min.

47 Grad.

P. P.

	26
1	2,6
2	5,2
3	7,8
4	10,4
5	13,0
6	15,6
7	18,2
8	20,8
9	23,4

	25
1	2,5
2	5,
3	7,5
4	10,
5	12,5
6	15,
7	17,5
8	20,
9	22,

P. P.

P. P.

14	
1	1,4
2	2,8
3	4,2
4	5,6
5	7,0
6	8,4
7	9,8
8	11,2
9	12,6

13	
1	1,3
2	2,6
3	3,9
4	5,2
5	6,5
6	7,8
7	9,1
8	10,4
9	11,7

P. P.

42 Grad.

Min.	Sinus	Diff.	Tangens	C.D.	Cotang.	Diff.	Cosinus	
30	9,82968		9,96205		10,03795		9,86763	30
31	9,82982	14	9,96231	26	10,03769	11	9,86752	29
32	9,82996	14	9,96256	25	10,03744	12	9,86740	28
33	9,83010	14	9,96281	25	10,03719	12	9,86728	27
34	9,83023	13	9,96307	26	10,03693	11	9,86717	26
35	9,83037	14	9,96332	25	10,03668	12	9,86705	25
36	9,83051	14	9,96357	25	10,03643	11	9,86694	24
37	9,83065	14	9,96383	26	10,03617	12	9,86682	23
38	9,83078	13	9,96408	25	10,03592	12	9,86670	22
39	9,83092	14	9,96433	25	10,03567	11	9,86659	21
40	9,83106	14	9,96459	26	10,03541	12	9,86647	20
41	9,83120	14	9,96484	25	10,03516	12	9,86635	19
42	9,83133	13	9,96510	26	10,03490	11	9,86624	18
43	9,83147	14	9,96535	25	10,03465	12	9,86612	17
44	9,83161	14	9,96560	25	10,03440	12	9,86600	16
45	9,83174	13	9,96586	26	10,03414	11	9,86589	15
46	9,83188	14	9,96611	25	10,03389	12	9,86577	14
47	9,83202	14	9,96636	25	10,03364	12	9,86565	13
48	9,83215	13	9,96662	26	10,03338	11	9,86554	12
49	9,83229	14	9,96687	25	10,03313	12	9,86542	11
50	9,83242	13	9,96712	25	10,03288	12	9,86530	10
51	9,83256	14	9,96738	26	10,03262	12	9,86518	9
52	9,83270	14	9,96763	25	10,03237	11	9,86507	8
53	9,83283	13	9,96788	25	10,03212	12	9,86495	7
54	9,83297	14	9,96814	26	10,03186	12	9,86483	6
55	9,83310	13	9,96839	25	10,03161	11	9,86472	5
56	9,83324	14	9,96864	25	10,03136	12	9,86460	4
57	9,83338	14	9,96890	26	10,03110	12	9,86448	3
58	9,83351	13	9,96915	25	10,03085	12	9,86436	2
59	9,83365	14	9,96940	25	10,03060	11	9,86425	1
60	9,83378	13	9,96966	26	10,03034	12	9,86413	0
	Cosinus	Diff.	Cotang.	C.D.	Tangens	Diff.	Sinus	Min.

47 Grad.

43 Grad.

Min.	Sinus	Diff.	Tangens	C.D.	Cotang.	Diff.	Cosinus	
0	9,83378	14	9,96966	25	10,03034	12	9,86413	60
1	9,83392	13	9,96991	25	10,03009	12	9,86401	59
2	9,83405	14	9,97016	26	10,02984	12	9,86389	58
3	9,83419	13	9,97042	25	10,02958	11	9,86377	57
4	9,83432	14	9,97067	25	10,02933	12	9,86366	56
5	9,83446	13	9,97092	26	10,02908	12	9,86354	55
6	9,83459	14	9,97118	25	10,02882	12	9,86342	54
7	9,83473	13	9,97143	25	10,02857	12	9,86330	53
8	9,83486	14	9,97168	25	10,02832	12	9,86318	52
9	9,83500	13	9,97193	26	10,02807	11	9,86306	51
10	9,83513	14	9,97219	25	10,02781	12	9,86295	50
11	9,83527	13	9,97244	25	10,02756	12	9,86283	49
12	9,83540	14	9,97269	26	10,02731	12	9,86271	48
13	9,83554	13	9,97295	25	10,02705	12	9,86259	47
14	9,83567	14	9,97320	25	10,02680	12	9,86247	46
15	9,83581	13	9,97345	26	10,02655	12	9,86235	45
16	9,83594	14	9,97371	25	10,02629	12	9,86223	44
17	9,83608	13	9,97396	25	10,02604	11	9,86211	43
18	9,83621	13	9,97421	26	10,02579	12	9,86200	42
19	9,83634	14	9,97447	25	10,02553	12	9,86188	41
20	9,83648	13	9,97472	25	10,02528	12	9,86176	40
21	9,83661	13	9,97497	26	10,02503	12	9,86164	39
22	9,83674	14	9,97523	25	10,02477	12	9,86152	38
23	9,83688	13	9,97548	25	10,02452	12	9,86140	37
24	9,83701	14	9,97573	25	10,02427	12	9,86128	36
25	9,83715	13	9,97598	26	10,02402	12	9,86116	35
26	9,83728	13	9,97624	25	10,02376	12	9,86104	34
27	9,83741	14	9,97649	25	10,02351	12	9,86092	33
28	9,83755	13	9,97674	26	10,02326	12	9,86080	32
29	9,83768	13	9,97700	25	10,02300	12	9,86068	31
30	9,83781		9,97725		10,02275		9,86056	30
	Cosinus	Diff.	Cotang.	C.D.	Tangens	Diff.	Sinus	Min.

46 Grad.

P. P.

	26
1	2,6
2	5,2
3	7,8
4	10,4
5	13,0
6	15,6
7	18,2
8	20,8
9	23,4

	25
1	2,
2	5,
3	7,
4	10,
5	12,
6	15,
7	17,
8	20,
9	22,

P. P.

P. P.

	14
1	1,4
2	2,8
3	4,2
4	5,6
5	7,0
6	8,4
7	9,8
8	11,2
9	12,6

	13
1	1,3
2	2,6
3	3,9
4	5,2
5	6,5
6	7,8
7	9,1
8	10,4
9	11,7

P. P.

43 Grad.

Min.	Sinus	Diff.	Tangens	C.D.	Cotang.	Diff.	Cosinus	
30	9,83781		9,97725		10,02275		9,86056	30
31	9,83795	14	9,97750	25	10,02250	12	9,86044	29
32	9,83808	13	9,97776	26	10,02224	12	9,86032	28
33	9,83821	13	9,97801	25	10,02199	12	9,86020	27
34	9,83834	13	9,97826	25	10,02174	12	9,86008	26
35	9,83848	14	9,97851	25	10,02149	12	9,85996	25
36	9,83861	13	9,97877	26	10,02123	12	9,85984	24
37	9,83874	13	9,97902	25	10,02098	12	9,85972	23
38	9,83887	13	9,97927	25	10,02073	12	9,85960	22
39	9,83901	14	9,97953	26	10,02047	12	9,85948	21
40	9,83914	13	9,97978	25	10,02022	12	9,85936	20
41	9,83927	13	9,98003	25	10,01997	12	9,85924	19
42	9,83940	13	9,98029	26	10,01971	12	9,85912	18
43	9,83954	14	9,98054	25	10,01946	12	9,85900	17
44	9,83967	13	9,98079	25	10,01921	12	9,85888	16
45	9,83980	13	9,98104	25	10,01896	12	9,85876	15
46	9,83993	13	9,98130	26	10,01870	12	9,85864	14
47	9,84006	13	9,98155	25	10,01845	13	9,85851	13
48	9,84020	14	9,98180	25	10,01820	12	9,85839	12
49	9,84033	13	9,98206	26	10,01794	12	9,85827	11
50	9,84046	13	9,98231	25	10,01769	12	9,85815	10
51	9,84059	13	9,98256	25	10,01744	12	9,85803	9
52	9,84072	13	9,98281	25	10,01719	12	9,85791	8
53	9,84085	13	9,98307	26	10,01693	12	9,85779	7
54	9,84098	13	9,98332	25	10,01668	13	9,85766	6
55	9,84112	14	9,98357	25	10,01643	12	9,85754	5
56	9,84125	13	9,98383	26	10,01617	12	9,85742	4
57	9,84138	13	9,98408	25	10,01592	12	9,85730	3
58	9,84151	13	9,98433	25	10,01567	12	9,85718	2
59	9,84164	13	9,98458	25	10,01542	12	9,85706	1
60	9,84177	13	9,98484	26	10,01516	13	9,85693	0
	Cosinus	Diff.	Cotang.	C.D.	Tangens	Diff.	Sinus	Min.

46 Grad.

44 Grad.

Min.	Sinus	Diff.	Tangens	C.D.	Cotang.	Diff.	Cosinus	
0	9,84177		9,98484		10,01516		9,85693	60
1	9,84190	13	9,98509	25	10,01491	12	9,85681	59
2	9,84203	13	9,98534	25	10,01466	12	9,85669	58
3	9,84216	13	9,98560	26	10,01440	12	9,85657	57
4	9,84229	13	9,98585	25	10,01415	12	9,85645	56
5	9,84242	13	9,98610	25	10,01390	13	9,85632	55
6	9,84255	13	9,98635	25	10,01365	12	9,85620	54
7	9,84269	14	9,98661	26	10,01339	12	9,85608	53
8	9,84282	13	9,98686	25	10,01314	12	9,85596	52
9	9,84295	13	9,98711	25	10,01289	13	9,85583	51
10	9,84308	13	9,98737	26	10,01263	12	9,85571	50
11	9,84321	13	9,98762	25	10,01238	12	9,85559	49
12	9,84334	13	9,98787	25	10,01213	12	9,85547	48
13	9,84347	13	9,98812	25	10,01188	13	9,85534	47
14	9,84360	13	9,98838	26	10,01162	12	9,85522	46
15	9,84373	13	9,98863	25	10,01137	12	9,85510	45
16	9,84385	12	9,98888	25	10,01112	13	9,85497	44
17	9,84398	13	9,98913	25	10,01087	12	9,85485	43
18	9,84411	13	9,98939	26	10,01061	12	9,85473	42
19	9,84424	13	9,98964	25	10,01036	13	9,85460	41
20	9,84437	13	9,98989	25	10,01011	12	9,85448	40
21	9,84450	13	9,99015	26	10,00985	12	9,85436	39
22	9,84463	13	9,99040	25	10,00960	13	9,85423	38
23	9,84476	13	9,99065	25	10,00935	12	9,85411	37
24	9,84489	13	9,99090	25	10,00910	12	9,85399	36
25	9,84502	13	9,99116	26	10,00884	13	9,85386	35
26	9,84515	13	9,99141	25	10,00859	12	9,85374	34
27	9,84528	13	9,99166	25	10,00834	13	9,85361	33
28	9,84540	12	9,99191	25	10,00809	12	9,85349	32
29	9,84553	13	9,99217	26	10,00783	12	9,85337	31
30	9,84566	13	9,99242	25	10,00758	13	9,85324	30
	Cosinus	Diff.	Cotang.	C.D.	Tangens	Diff.	Sinus	Min.

45 Grad.

P. P.

	26
1	2,6
2	5,2
3	7,8
4	10,4
5	13,0
6	15,6
7	18,2
8	20,8
9	23,4

	25
1	2,5
2	5,0
3	7,5
4	10,0
5	12,5
6	15,0
7	17,5
8	20,0
9	22,5

P. P.

44 Grad.

Min.	Sinus	Diff.	Tangens	C.D.	Cotang.	Diff.	Cosinus	
30	9,84566	13	9,99242	25	10,00758	12	9,85324	30
31	9,84579	13	9,99267	26	10,00733	13	9,85312	29
32	9,84592	13	9,99293	25	10,00707	12	9,85299	28
33	9,84605	13	9,99318	25	10,00682	13	9,85287	27
34	9,84618	12	9,99343	25	10,00657	12	9,85274	26
35	9,84630	13	9,99368	26	10,00632	12	9,85262	25
36	9,84643	13	9,99394	25	10,00606	13	9,85250	24
37	9,84656	13	9,99419	25	10,00581	12	9,85237	23
38	9,84669	13	9,99444	25	10,00556	13	9,85225	22
39	9,84682	12	9,99469	26	10,00531	12	9,85212	21
40	9,84694	13	9,99495	25	10,00505	13	9,85200	20
41	9,84707	13	9,99520	25	10,00480	12	9,85187	19
42	9,84720	13	9,99545	25	10,00455	13	9,85175	18
43	9,84733	12	9,99570	26	10,00430	12	9,85162	17
44	9,84745	13	9,99596	25	10,00404	13	9,85150	16
45	9,84758	13	9,99621	25	10,00379	12	9,85137	15
46	9,84771	13	9,99646	26	10,00354	13	9,85125	14
47	9,84784	12	9,99672	25	10,00328	12	9,85112	13
48	9,84796	13	9,99697	25	10,00303	13	9,85100	12
49	9,84809	13	9,99722	25	10,00278	13	9,85087	11
50	9,84822	13	9,99747	26	10,00253	12	9,85074	10
51	9,84835	12	9,99773	25	10,00227	13	9,85062	9
52	9,84847	13	9,99798	25	10,00202	12	9,85049	8
53	9,84860	13	9,99823	25	10,00177	13	9,85037	7
54	9,84873	12	9,99848	26	10,00152	12	9,85024	6
55	9,84885	13	9,99874	25	10,00126	13	9,85012	5
56	9,84898	13	9,99899	25	10,00101	13	9,84999	4
57	9,84911	12	9,99924	25	10,00076	12	9,84986	3
58	9,84923	13	9,99949	26	10,00051	13	9,84974	2
59	9,84936	13	9,99975	25	10,00025	12	9,84961	1
60	9,84949		10,00000		10,00000		9,84949	0
	Cosinus	Diff.	Cotang.	C.D.	Tangens	Diff.	Sinus	Min.

45 Grad.

P. P.

	13
1	1,3
2	2,6
3	3,9
4	5,2
5	6,5
6	7,8
7	9,1
8	10,4
9	11,7

	12
1	1,2
2	2,4
3	3,6
4	4,8
5	6,0
6	7,2
7	8,4
8	9,6
9	10,8

P. P.

Bemerkung

zu den trigonometrischen Tafeln IV.

Die trigonometriſchen Tafeln haben einen doppelten Zeilen-Index, welcher die Minuten angibt, und zwar gehört der Zeilen-Index links mit der Überſchrift Min. zu der links oben auf der Seite gegebenen Gradzahl, und in dieſem Falle gelten für alle Spalten die Überſchriſten; dagegen gehört der Zeilen-Index rechts mit der Unterſchrift Min. zu der rechts unten auf der Seite gegebenen Gradzahl, und in dieſem Falle gelten für alle Spalten die Unterſchriften.

Kommen in einer Rechnung trigonometriſche Funktionen von Winkeln höherer oder negativer Quadranten vor, ſo ſind ſie auf ſolche des erſten Quadranten zu reduzieren, ehe man zum Logarithmus übergeht, da jene Funktionswerte nicht in den Tafeln enthalten und zum Teil negativ ſind, alſo keine reellen Logarithmen haben.

Weiteres enthalten die Erläuterungen.

V.

Abgekürzte
Tafel der siebenziffrigen Mantissen

zu den

dekadischen Logarithmen,

als Ersatz für die größeren siebenstelligen Tafeln
Seite 130—135.

A	
11	0413 9269
12	0791 8125
13	1139 4335
14	1461 2804
15	1760 9126
16	2041 1998
17	2304 4892
18	2552 7251
19	2787 5360
20	3010 3000
22	3424 2268
24	3802 1124
26	4149 7335
28	4471 5803
30	4771 2125
33	5185 1394
36	5563 0250
39	5910 6461
40	6020 5999
44	6434 5268
48	6812 4124
50	6989 7000
55	7403 6269
60	7781 5125
66	8195 4394
70	8450 9804
77	8864 9073
80	9030 8999
88	9444 8267
90	9542 4251
99	9956 3519
A	

B	0	1	2	3	4
1000	0000000	0434	0869	1303	1737
1001	4341	4775	5208	5642	6076
1002	8677	9111	9544	9977	*0411
1003	0013009	3442	3875	4308	4741
1004	7337	7770	8202	8635	9067
1005	0021661	2093	2525	2957	3389
1006	5980	6411	6843	7275	7706
1007	0030295	0726	1157	1588	2019
1008	4605	5036	5467	5898	6328
1009	8912	9342	9772	*0203	*0633
1010	0043214	3644	4074	4504	4933
1011	7512	7941	8371	8800	9229
1012	0051805	2234	2663	3092	3521
1013	6094	6523	6952	7380	7809
1014	0060380	0808	1236	1664	2092
1015	4660	5088	5516	5944	6372
1016	8937	9365	9792	*0219	*0647
1017	0073210	3637	4064	4490	4917
1018	7478	7904	8331	8757	9184
1019	0081742	2168	2594	3020	3446
1020	6002	6427	6853	7279	7704
1021	0090257	0683	1108	1533	1959
1022	4509	4934	5359	5784	6208
1023	8756	9181	9605	*0030	*0454
1024	0103000	3424	3848	4272	4696
1025	7239	7662	8086	8510	8933
1026	0111474	1897	2320	2743	3166
1027	5704	6127	6550	6973	7396
1028	9931	*0354	*0776	*1198	*1621
1029	0124154	4576	4998	5420	5842
1030	8372	8794	9215	9637	*0059
1031	0132587	3008	3429	3850	4271
1032	6797	7218	7639	8059	8480
1033	0141003	1424	1844	2264	2685
1034	5205	5625	6045	6465	6885
B	0	1	2	3	4

B	5	6	7	8	9
1000	0002171	2605	3039	3473	3907
1001	6510	6943	7377	7810	8244
1002	0010844	1277	1710	2143	2576
1003	5174	5607	6039	6472	6905
1004	9499	9932	*0364	*0796	*1228
1005	0023821	4253	4685	5116	5548
1006	8138	8569	9001	9432	9863
1007	0032451	2882	3313	3744	4174
1008	6759	7190	7620	8051	8481
1009	0041063	1493	1924	2354	2784
1010	5363	5793	6223	6652	7082
1011	9659	*0088	*0517	*0947	*1376
1012	0053950	4379	4808	5237	5666
1013	8238	8666	9094	9523	9951
1014	0062521	2949	3377	3805	4233
1015	6799	7227	7655	8082	8510
1016	0071074	1501	1928	2355	2782
1017	5344	5771	6198	6624	7051
1018	9610	*0037	*0463	*0889	*1316
1019	0083872	4298	4724	5150	5576
1020	8130	8556	8981	9407	9832
1021	0092384	2809	3234	3659	4084
1022	6633	7058	7483	7907	8332
1023	0100878	1303	1727	2151	2575
1024	5120	5544	5967	6391	6815
1025	9357	9780	*0204	*0627	*1050
1026	0113590	4013	4436	4859	5282
1027	7818	8241	8664	9086	9509
1028	0122043	2465	2887	3310	3732
1029	6264	6685	7107	7529	7951
1030	0130480	0901	1323	1744	2165
1031	4692	5113	5534	5955	6376
1032	8901	9321	9742	*0162	*0583
1033	0143105	3525	3945	4365	4785
1034	7305	7725	8144	8564	8984
B	5	6	7	8	9

P. P.

	434	433	432
1	43,4	43,3	43,2
2	86,8	86,6	86,4
3	130,2	129,9	129,6
4	173,6	173,2	172,8
5	217,0	216,5	216,0
6	260,4	259,8	259,2
7	303,8	303,1	302,4
8	347,2	346,4	345,6
9	390,6	389,7	388,8

	431	430	429
1	43,1	43,0	42,9
2	86,2	86,0	85,8
3	129,3	129,0	128,7
4	172,4	172,0	171,6
5	215,5	215,0	214,5
6	258,6	258,0	257,4
7	301,7	301,0	300,3
8	344,8	344,0	343,2
9	387,9	387,0	386,1

	428	427	426
1	42,8	42,7	42,6
2	85,6	85,4	85,2
3	128,4	128,1	127,8
4	171,2	170,8	170,4
5	214,0	213,5	213,0
6	256,8	256,2	255,6
7	299,6	298,9	298,2
8	342,4	341,6	340,8
9	385,2	384,3	383,4

	425	424	423
1	42,5	42,4	42,3
2	85,0	84,8	84,6
3	127,5	127,2	126,9
4	170,0	169,6	169,2
5	212,5	212,0	211,5
6	255,0	254,4	253,8
7	297,5	296,8	296,1
8	340,0	339,2	338,4
9	382,5	381,6	380,7

	422	421	420
1	42,2	42,1	42,0
2	84,4	84,2	84,0
3	126,6	126,3	126,0
4	168,8	168,4	168,0
5	211,0	210,5	210,0
6	253,2	252,6	252,0
7	295,4	294,7	294,0
8	337,6	336,8	336,0
9	379,8	378,9	378,0

P. P.

A	
11	0413 9269
12	0791 8125
13	1139 4335
14	1461 2804
15	1760 9126
16	2041 1998
17	2304 4892
18	2552 7251
19	2787 5360
20	3010 3000
22	3424 2268
24	3802 1124
26	4149 7335
28	4471 5803
30	4771 2125
33	5185 1394
36	5563 0250
39	5910 6461
40	6020 5999
44	6434 5268
48	6812 4124
50	6989 7000
55	7403 6269
60	7781 5125
66	8195 4394
70	8450 9804
77	8864 9073
80	9030 8999
88	9444 8267
90	9542 4251
99	9956 3519
A	

B	0	1	2	3	4
1035	0149403	9823	*0243	*0662	*1082
1036	0153598	4017	4436	4855	5274
1037	7788	8206	8625	9044	9462
1038	0161974	2392	2810	3229	3647
1039	6155	6573	6991	7409	7827
1040	0170333	0751	1168	1586	2003
1041	4507	4924	5342	5759	6176
1042	8677	9094	9511	9927	*0344
1043	0182843	3259	3676	4092	4508
1044	7005	7421	7837	8253	8669
1045	0191163	1578	1994	2410	2825
1046	5317	5732	6147	6562	6977
1047	9467	9882	*0296	*0711	*1126
1048	0203613	4027	4442	4856	5270
1049	7755	8169	8583	8997	9411
1050	0211893	2307	2720	3134	3547
1051	6027	6440	6854	7267	7680
1052	0220157	0570	0983	1396	1808
1053	4284	4696	5109	5521	5933
1054	8406	8818	9230	9642	*0054
1055	0232525	2936	3348	3759	4171
1056	6639	7050	7462	7873	8284
1057	0240750	1161	1572	1982	2393
1058	4857	5267	5678	6088	6498
1059	8960	9370	9780	*0190	*0600
1060	0253059	3468	3878	4288	4697
1061	7154	7563	7972	8382	8791
1062	0261245	1654	2063	2472	2881
1063	5333	5741	6150	6558	6967
1064	9416	9824	*0233	*0641	*1049
1065	0273496	3904	4312	4719	5127
1066	7572	7979	8387	8794	9201
1067	0281644	2051	2458	2865	3272
1068	5713	6119	6526	6932	7339
1069	9777	*0183	*0590	*0996	*1402
B	0	1	2	3	4

B	5	6	7	8	9
1035	0151501	1920	2340	2759	3178
1036	5693	6112	6531	6950	7369
1037	9881	*0300	*0718	*1137	*1555
1038	0164065	4483	4901	5319	5737
1039	8245	8663	9080	9498	9916
1040	0172421	2838	3256	3673	4090
1041	6593	7010	7427	7844	8260
1042	0180761	1177	1594	2010	2427
1043	4925	5341	5757	6173	6589
1044	9084	9500	9916	*0332	*0747
1045	0193240	3656	4071	4486	4902
1046	7392	7807	8222	8637	9052
1047	0201540	1955	2369	2784	3198
1048	5684	6099	6513	6927	7341
1049	9824	*0238	*0652	*1066	*1479
1050	0213961	4374	4787	5201	5614
1051	8093	8506	8919	9332	9745
1052	0222221	2634	3046	3459	3871
1053	6345	6758	7170	7582	7994
1054	0230466	0878	1289	1701	2113
1055	4582	4994	5405	5817	6228
1056	8695	9106	9517	9928	*0339
1057	0242804	3214	3625	4036	4446
1058	6909	7319	7729	8139	8549
1059	0251010	1419	1829	2239	2649
1060	5107	5516	5926	6335	6744
1061	9200	9609	*0018	*0427	*0836
1062	0263289	3698	4107	4515	4924
1063	7375	7783	8192	8600	9008
1064	0271457	1865	2273	2680	3088
1065	5535	5942	6350	6757	7165
1066	9609	*0016	*0423	*0830	*1237
1067	0283679	4086	4492	4899	5306
1068	7745	8152	8558	8964	9371
1069	0291808	2214	2620	3026	3432
B	5	6	7	8	9

P. P.

	420	419	418
1	42,0	41,9	41,8
2	84,0	83,8	83,6
3	126,0	125,7	125,4
4	168,0	167,6	167,2
5	210,0	209,5	209,0
6	252,0	251,4	250,8
7	294,0	293,3	292,6
8	336,0	335,2	334,4
9	378,0	377,1	376,2

	417	416	415
1	41,7	41,6	41,5
2	83,4	83,2	83,0
3	125,1	124,8	124,5
4	166,8	166,4	166,0
5	208,5	208,0	207,5
6	250,2	249,6	249,0
7	291,9	291,2	290,5
8	333,6	332,8	332,0
9	375,3	374,4	373,5

	414	413	412
1	41,4	41,3	41,2
2	82,8	82,6	82,4
3	124,2	123,9	123,6
4	165,6	165,2	164,8
5	207,0	206,5	206,0
6	248,4	247,8	247,2
7	289,8	289,1	288,4
8	331,2	330,4	329,6
9	372,6	371,7	370,8

	411	410	409
1	41,1	41,0	40,9
2	82,2	82,0	81,8
3	123,3	123,0	122,7
4	164,4	164,0	163,6
5	205,5	205,0	204,5
6	246,6	246,0	245,4
7	287,7	287,0	286,3
8	328,8	328,0	327,2
9	369,9	369,0	368,1

	408	407	406
1	40,8	40,7	40,6
2	81,6	81,4	81,2
3	122,4	122,1	121,8
4	163,2	162,8	162,4
5	204,0	203,5	203,0
6	244,8	244,2	243,6
7	285,6	284,9	284,2
8	326,4	325,6	324,8
9	367,2	366,3	365,4

P. P.

A	
11	0413 9269
12	0791 8125
13	1139 4335
14	1461 2804
15	1760 9126
16	2041 1998
17	2304 4892
18	2552 7251
19	2787 5360
20	3010 3000
22	3424 2268
24	3802 1124
26	4149 7335
28	4471 5803
30	4771 2125
33	5185 1394
36	5563 0250
39	5910 6461
40	6020 5999
44	6434 5268
48	6812 4124
50	6989 7000
55	7403 6269
60	7781 5125
66	8195 4394
70	8450 9804
77	8864 9073
80	9030 8999
88	9444 8267
90	9542 4251
99	9956 3519

B	0	1	2	3	4
1070	0293838	4244	4649	5055	5461
1071	7895	8300	8706	9111	9516
1072	0301948	2353	2758	3163	3568
1073	5997	6402	6807	7211	7616
1074	0310043	0447	0851	1256	1660
1075	4085	4489	4893	5296	5700
1076	8123	8526	8930	9333	9737
1077	0322157	2560	2963	3367	3770
1078	6188	6590	6993	7396	7799
1079	0330214	0617	1019	1422	1824
1080	4238	4640	5042	5444	5846
1081	8257	8659	9060	9462	9864
1082	0342273	2674	3075	3477	3878
1083	6285	6686	7087	7487	7888
1084	0350293	0693	1094	1495	1895
1085	4297	4698	5098	5498	5898
1086	8298	8698	9098	9498	9898
1087	0362295	2695	3094	3494	3893
1088	6289	6688	7087	7486	7885
1089	0370279	0678	1076	1475	1874
1090	4265	4663	5062	5460	5858
1091	8248	8646	9044	9442	9839
1092	0382226	2624	3022	3419	3817
1093	6202	6599	6996	7393	7791
1094	0390173	0570	0967	1364	1761
1095	4141	4538	4934	5331	5727
1096	8106	8502	8898	9294	9690
1097	0402066	2462	2858	3254	3650
1098	6023	6419	6814	7210	7605
1099	9977	*0372	*0767	*1162	*1557
1100	0413927	4322	4716	5111	5506
1101	7873	8268	8662	9056	9451
1102	0421816	2210	2604	2998	3392
1103	5755	6149	6543	6936	7330
1104	9691	*0084	*0477	*0871	*1264
B	0	1	2	3	4

B	5	6	7	8	9
1070	0295867	6272	6678	7084	7489
1071	9922	*0327	*0732	*1138	*1543
1072	0303973	4378	4783	5188	5592
1073	8020	8425	8830	9234	9638
1074	0312064	2468	2872	3277	3681
1075	6104	6508	6912	7315	7719
1076	0320140	0544	0947	1350	1754
1077	4173	4576	4979	5382	5785
1078	8201	8604	9007	9409	9812
1079	0332226	2629	3031	3433	3835
1080	6248	6650	7052	7453	7855
1081	0340265	0667	1068	1470	1871
1082	4279	4680	5081	5482	5884
1083	8289	8690	9091	9491	9892
1084	0352296	2696	3096	3497	3897
1085	6298	6698	7098	7498	7898
1086	0360297	0697	1097	1496	1896
1087	4293	4692	5091	5491	5890
1088	8284	8683	9082	9481	9880
1089	0372272	2671	3070	3468	3867
1090	6257	6655	7053	7451	7849
1091	0380237	0635	1033	1431	1829
1092	4214	4612	5009	5407	5804
1093	8188	8585	8982	9379	9776
1094	0392158	2554	2951	3348	3745
1095	6124	6520	6917	7313	7709
1096	0400086	0482	0878	1274	1670
1097	4045	4441	4837	5232	5628
1098	8001	8396	8791	9187	9582
1099	0411952	2347	2742	3137	3532
1100	5900	6295	6690	7084	7479
1101	9845	*0239	*0633	*1028	*1422
1102	0423786	4180	4574	4968	5361
1103	7723	8117	8510	8904	9297
1104	0431657	2050	2444	2837	3230
B	5	6	7	8	9

P. P.

	406	405	404
1	40,6	40,5	40,4
2	81,2	81,0	80,8
3	121,8	121,5	121,2
4	162,4	162,0	161,6
5	203,0	202,5	202,0
6	243,6	243,0	242.4
7	284,2	283,5	282,8
8	324,8	324,0	323,2
9	365,4	364,5	363,6

	403	402	401
1	40,3	40,2	40,1
2	80,6	80,4	80,2
3	120,9	120,6	120,3
4	161,2	160,8	160,4
5	201,5	201,0	200,5
6	241,8	241,2	240,6
7	282,1	281,4	280,7
8	322,4	321,6	320,8
9	362,7	361,8	360,9

	400	399	398
1	40,0	39,9	39,8
2	80,0	79,8	79,6
3	120,0	119,7	119,4
4	160,0	159,6	159,2
5	200,0	199,5	199,0
6	240,0	239,4	238,8
7	280,0	279,3	278,6
8	320,0	319,2	318,4
9	360,0	359,1	358,2

	397	396	395
1	39,7	39,6	39,5
2	79,4	79,2	79,0
3	119,1	118,8	118,5
4	158,8	158,4	158,0
5	198,5	198,0	197,5
6	238,2	237,6	237,0
7	277,9	277,2	276,5
8	317,6	316,8	316,0
9	357,3	356,4	355,5

	394	393
1	39,4	39,3
2	78,8	78,6
3	118,2	117,9
4	157,6	157,2
5	197,0	196,5
6	236,4	235,8
7	275,8	275,1
8	315,2	314,4
9	354,6	353,7

P. P.

Bemerkung

zu den abgekürzten siebenstelligen Tafeln V.

Die Anwendung dieſer Tafeln beſteht darin, daſs man jeden Numerus, der ſich nicht in den Tafeln A oder B findet, in ein Produkt aus zwei Faktoren verwandelt, deren einer ſich in A; deren anderer ſich in B als Numerus findet; der aus A iſt zweiziffrig und abgeſehen vom Stellenwert möglichſt groſs zu wählen. Die Logarithmen dieſer beiden Faktoren werden aufgeſucht und addiert.

Findet ſich eine gegebene Mantiſſe nicht in Tafel A oder B, ſo kann man zunächſt die gröſste der in ihr enthaltenen Mantiſſen aus A davon abziehen und erhält dann eine Mantiſſe, deren Numerus aus B zu ermitteln iſt; ſchlieſslich ergibt ſich durch Multiplikation beider Numeri der geſuchte Numerus. Weitere Ausführungen und Beiſpiele ſind in den Erläuterungen enthalten.

VI und VII.

N.	L.	N.	L.	N.	L.
1	0,000000000000	71	4,262679877041	173	5,153291594498
2	0,693147180560	73	4,290459441148	179	5,187385805841
3	1,098612288668	79	4,369447852467	181	5,198497031266
5	1,609437912434	83	4,418840607797	191	5,252273428047
7	1,945910149055	89	4,488636369732	193	5,262690188905
11	2,397895272798	97	4,574710978503	197	5,283203728738
13	2,564949357462	101	4,615120516841	199	5,293304824724
17	2,833213344056	103	4,634728988230	211	5,351858133476
19	2,944438979166	107	4,672828834462	223	5,407171771460
23	3,135494215929	109	4,691347882229	227	5,424950017481
29	3,367295829986	113	4,727387818712	229	5,433722003554
31	3,433987204485	127	4,844187086459	233	5,451038453566
37	3,610917912644	131	4,875197323201	239	5,476463551932
41	3,713572066704	137	4,919980925828	241	5,484796933491
43	3,761200115694	139	4,934473933131	251	5,525452939132
47	3,850147601710	149	5,003946305945	257	5,549076084895
53	3,970291913552	151	5,017279836815	263	5,572154032178
59	4,077537443906	157	5,056245805348	269	5,594711379602
61	4,110873864173	163	5,093750200807	271	5,602118820880
67	4,204692619391	167	5,117993812417	277	5,624017506187

Bemerkung. Durch Addition dieſer Logarithmen kann man die natürlichen Logarithmen vieler zuſammengeſetzter Zahlen erhalten.

Zur Berechnung natürlicher Logarithmen dienen die Reihen:

1) $\ln(1 + x) = \quad x - \frac{1}{2}x^2 + \frac{1}{3}x^3 - \frac{1}{4}x^4 + - + \quad (x \leqq 1)$

2) $\ln(1 - x) = - x - \frac{1}{2}x^2 - \frac{1}{3}x^3 - \frac{1}{4}x^4 - - - \quad (x < 1)$

3) $\ln\left(\frac{1 + x}{1 - x}\right) = 2\left(x + \frac{1}{3}x^3 + \frac{1}{5}x^5 + \frac{1}{7}x^7 + +\right) \quad (x < 1)$

4) $\ln a = 2\left(\frac{a - 1}{a + 1} + \frac{1}{3}\left(\frac{a - 1}{a + 1}\right)^3 + \frac{1}{5}\left(\frac{a - 1}{a + 1}\right)^5 + + +\right) \quad (a > 0)$

VII.

Tafel zur Berechnung dekadischer Logarithmen aus natürlichen und umgekehrt.

Um aus einem natürlichen Logarithmus den dekadischen zu berechnen, muſs man ersteren mit dem Modulus M des dekadischen oder Briggsschen Systems multiplizieren. Dies wird erleichtert durch die erste hier unten aufgeführte Multiplikations-Tafel, welche die Vielfachen jenes Modulus enthält.

Um aus dem dekadischen Logarithmus den natürlichen für dieselbe Zahl zu berechnen, muſs man ersteren durch den Modulus des Briggsschen Systems M dividieren, oder mit dem umgekehrten Werte desselben $\frac{1}{M}$ multiplizieren. Dazu dient die zweite Tafel, in welcher die Vielfachen der umgekehrten Werte jenes Modulus angegeben sind.

	$M = \lg e = \frac{1}{\ln 10}$		$\frac{1}{M} = \frac{1}{\lg e} = \ln 10$
1	0,434294481903	1	2,302585092994
2	0,868588963807	2	4,605170185988
3	1,302883445710	3	6,907755278982
4	1,737177927613	4	9,210340371976
5	2,171472409516	5	11,512925464970
6	2,605766891420	6	13,815510557964
7	3,040061373323	7	16,118095650958
8	3,474355855226	8	18,420680743952
9	3,908650337129	9	20,723265836946

Beispiele:

ln 1000 = 6,907755278982	lg π = 0,497149872694
6 . . . 2,605766891420	4 . . . 0,921034037198
9 390865033713	9 207232658369
7 3040061373	7 16118095651
7 304006137	1 230258509
5 21714724	4 92103404
5 2171472	9 20723266
2 086859	8 1842068
7 30401	7 161181
8 3474	2 4605
9 391	6 1382
8 35	9 207
2 1	4 9
lg 1000 = 3,000000000000	ln π = 1,144729885849

Bei dieser Art abzukürzen ist die Unsicherheit $\frac{12}{2}$ oder 6 Einheiten der letzten Stelle.

Bemerkung

zu den Tafeln VI und VII.

Für das praktiſche Rechnen bedient man ſich meiſt der dekadiſchen Logarithmen und berechnet aus denſelben die natürlichen, wobei man mit Vorteil die Tafel VII benutzt.

Bei der Aufſtellung einer Logarithmentafel dagegen werden zuerſt die natürlichen Logarithmen und aus dieſen die dekadiſchen berechnet, und es können die Tafeln VI und VII dazu dienen, den Gang einer ſolchen Rechnung zu erläutern.

VIII.

Die trigonometrischen Funktionen

ſiebenſtellig

von zehn zu zehn Minuten.

Seite 142—150.

0° — 5°

Winkel	Sinus	Tangens	Cotangens	Cosinus	
0° 0′	0,0000000	0,0000000	∞	1,0000000	0′ 90°
10′	0,0029089	0,0029089	343,77371	0,9999958	50′
20′	0,0058177	0,0058178	171,88540	0,9999831	40′
30′	0,0087265	0,0087269	114,58865	0,9999619	30′
40′	0,0116353	0,0116361	85,939791	0,9999323	20′
50′	0,0145439	0,0145454	68,750087	0,9998942	10′
1° 0′	0,0174524	0,0174551	57,289962	0,9998477	0′ 89°
10′	0,0203608	0,0203650	49,103881	0,9997927	50′
20′	0,0232690	0,0232753	42,964077	0,9997292	40′
30′	0,0261769	0,0261859	38,188459	0,9996573	30′
40′	0,0290847	0,0290970	34,367771	0,9995770	20′
50′	0,0319922	0,0320086	31,241577	0,9994881	10′
2° 0′	0,0348995	0,0349208	28,636253	0,9993908	0′ 88°
10′	0,0378065	0,0378335	26,431600	0,9992851	50′
20′	0,0407131	0,0407469	24,541758	0,9991709	40′
30′	0,0436194	0,0436609	22,903765	0,9990482	30′
40′	0,0465253	0,0465757	21,470401	0,9989171	20′
50′	0,0494308	0,0494913	20,205553	0,9987775	10′
3° 0′	0,0523360	0,0524078	19,081137	0,9986295	0′ 87°
10′	0,0552406	0,0553251	18,074977	0,9984731	50′
20′	0,0581448	0,0582434	17,169337	0,9983082	40′
30′	0,0610485	0,0611626	16,349855	0,9981348	30′
40′	0,0639517	0,0640829	15,604784	0,9979530	20′
50′	0,0668544	0,0670043	14,924417	0,9977627	10′
4° 0′	0,0697565	0,0699268	14,300666	0,9975641	0′ 86°
10′	0,0726580	0,0728505	13,726738	0,9973569	50′
20′	0,0755589	0,0757755	13,196883	0,9971413	40′
30′	0,0784591	0,0787017	12,706205	0,9969173	30′
40′	0,0813587	0,0816293	12,250505	0,9966849	20′
50′	0,0842576	0,0845583	11,826167	0,9964440	10′
5° 0′	0,0871557	0,0874887	11,430052	0,9961947	0′ 85°
	Cosinus	Cotangens	Tangens	Sinus	Winkel

85° — 90°

5° — 10°

Winkel	Sinus	Tangens	Cotangens	Coſinus	
5° 0'	0,0871557	0,0874887	11,430052	0,9961947	0' 85°
10'	0,0900532	0,0904206	11,059431	0,9959370	50'
20'	0,0929499	0,0933540	10,711913	0,9956708	40'
30'	0,0958458	0,0962890	10,385397	0,9953962	30'
40'	0,0987408	0,0992257	10,078031	0,9951132	20'
50'	0,1016351	0,1021641	9,7881732	0,9948217	10'
6° 0'	0,1045285	0,1051042	9,5143645	0,9945219	0' 84°
10'	0,1074210	0,1080462	9,2553035	0,9942136	50'
20'	0,1103126	0,1109899	9,0098261	0,9938969	40'
30'	0,1132032	0,1139356	8,7768874	0,9935719	30'
40'	0,1160929	0,1168831	8,5555468	0,9932384	20'
50'	0,1189816	0,1198328	8,3449557	0,9928965	10'
7° 0'	0,1218693	0,1227846	8,1443464	0,9925462	0' 83°
10'	0,1247560	0,1257384	7,9530224	0,9921874	50'
20'	0,1276416	0,1286943	7,7703506	0,9918204	40'
30'	0,1305262	0,1316525	7,5957541	0,9914449	30'
40'	0,1334096	0,1346129	7,4287064	0,9910610	20'
50'	0,1362919	0,1375757	7,2687255	0,9906687	10'
8° 0'	0,1391731	0,1405408	7,1153697	0,9902681	0' 82°
10'	0,1420531	0,1435084	6,9682335	0,9898590	50'
20'	0,1449319	0,1464784	6,8269437	0,9894416	40'
30'	0,1478094	0,1494510	6,6911562	0,9890159	30'
40'	0,1506857	0,1524262	6,5605538	0,9885817	20'
50'	0,1535607	0,1554040	6,4348428	0,9881392	10'
9° 0'	0,1564345	0,1583844	6,3137515	0,9876883	0' 81°
10'	0,1593069	0,1613677	6,1970279	0,9872291	50'
20'	0,1621779	0,1643537	6,0844381	0,9867615	40'
30'	0,1650476	0,1673426	5,9757644	0,9862856	30'
40'	0,1679159	0,1703344	5,8708042	0,9858013	20'
50'	0,1707828	0,1733292	5,7693688	0,9853087	10'
10° 0'	0,1736482	0,1763270	5,6712818	0,9848078	0' 80°
	Coſinus	Cotangens	Tangens	Sinus	Winkel

80° — 85°

10°—15°

Winkel	Sinus	Tangens	Cotangens	Cosinus	
10° 0'	0,1736482	0,1763270	5,6712818	0,9848078	0' 80°
10'	0,1765121	0,1793278	5,5763786	0,9842985	50'
20'	0,1793746	0,1823318	5,4845052	0,9837808	40'
30'	0,1822355	0,1853390	5,3955172	0,9832549	30'
40'	0,1850949	0,1883495	5,3092793	0,9827206	20'
50'	0,1879528	0,1913632	5,2256647	0,9821781	10'
11° 0'	0,1908090	0,1943803	5,1445540	0,9816272	0' 79°
10'	0,1936636	0,1974008	5,0658352	0,9810680	50'
20'	0,1965166	0,2004248	4,9894027	0,9805005	40'
30'	0,1993679	0,2034523	4,9151570	0,9799247	30'
40'	0,2022176	0,2064834	4,8430045	0,9793406	20'
50'	0,2050655	0,2095181	4,7728567	0,9787483	10'
12° 0'	0,2079117	0,2125566	4,7046301	0,9781476	0' 78°
10'	0,2107561	0,2155988	4,6382457	0,9775386	50'
20'	0,2135988	0,2186448	4,5736287	0,9769215	40'
30'	0,2164396	0,2216947	4,5107085	0,9762960	30'
40'	0,2192786	0,2247485	4,4494181	0,9756623	20'
50'	0,2221158	0,2278063	4,3896940	0,9750203	10'
13° 0'	0,2249511	0,2308682	4,3314759	0,9743701	0' 77°
10'	0,2277844	0,2339342	4,2747066	0,9737116	50'
20'	0,2306159	0,2370044	4,2193318	0,9730448	40'
30'	0,2334454	0,2400787	4,1652998	0,9723699	30'
40'	0,2362729	0,2431575	4,1125614	0,9716867	20'
50'	0,2390984	0,2462405	4,0610700	0,9709954	10'
14° 0'	0,2419219	0,2493280	4,0107809	0,9702957	0' 76°
10'	0,2447433	0,2524200	3,9616518	0,9695879	50'
20'	0,2475627	0,2555165	3,9136420	0,9688718	40'
30'	0,2503800	0,2586176	3,8667131	0,9681476	30'
40'	0,2531952	0,2617234	3,8208281	0,9674152	20'
50'	0,2560082	0,2648339	3,7759519	0,9666746	10'
15° 0'	0,2588190	0,2679492	3,7320508	0,9659258	0' 75°
	Cosinus	Cotangens	Tangens	Sinus	Winkel

75°—80°

15° — 20°

Winkel	Sinus	Tangens	Cotangens	Cosinus	
15° 0'	0,2588190	0,2679492	3,7320508	0,9659258	0' 75°
10'	0,2616277	0,2710693	3,6890927	0,9651688	50'
20'	0,2644342	0,2741944	3,6470467	0,9644037	40'
30'	0,2672384	0,2773245	3,6058835	0,9636305	30'
40'	0,2700403	0,2804597	3,5655749	0,9628490	20'
50'	0,2728400	0,2835999	3,5260938	0,9620594	10'
16° 0'	0,2756374	0,2867454	3,4874144	0,9612617	0' 74°
10'	0,2784324	0,2898961	3,4495120	0,9604558	50'
20'	0,2812251	0,2930521	3,4123626	0,9596418	40'
30'	0,2840153	0,2962135	3,3759434	0,9588197	30'
40'	0,2868032	0,2993803	3,3402326	0,9579895	20'
50'	0,2895887	0,3025527	3,3052091	0,9571512	10'
17° 0'	0,2923717	0,3057307	3,2708526	0,9563048	0' 73°
10'	0,2951522	0,3089143	3,2371438	0,9554502	50'
20'	0,2979303	0,3121036	3,2040638	0,9545876	40'
30'	0,3007058	0,3152988	3,1715948	0,9537169	30'
40'	0,3034788	0,3184998	3,1397194	0,9528382	20'
50'	0,3062492	0,3217067	3,1084210	0,9519514	10'
18° 0'	0,3090170	0,3249197	3,0776835	0,9510565	0' 72°
10'	0,3117822	0,3281387	3,0474915	0,9501536	50'
20'	0,3145448	0,3313639	3,0178301	0,9492426	40'
30'	0,3173047	0,3345953	2,9886850	0,9483236	30'
40'	0,3200619	0,3378330	2,9600422	0,9473966	20'
50'	0,3228164	0,3410771	2,9318885	0,9464616	10'
19° 0'	0,3255682	0,3443276	2,9042109	0,9455186	0' 71°
10'	0,3283172	0,3475846	2,8769970	0,9445675	50'
20'	0,3310634	0,3508483	2,8502349	0,9436085	40'
30'	0,3338069	0,3541186	2,8239129	0,9426415	30'
40'	0,3365475	0,3573956	2,7980198	0,9416665	20'
50'	0,3392852	0,3606795	2,7725448	0,9406835	10'
20° 0'	0,3420201	0,3639702	2,7474774	0,9396926	0' 70°
	Cosinus	Cotangens	Tangens	Sinus	Winkel

70° — 75°

20° — 25°

Winkel	Sinus	Tangens	Cotangens	Cosinus	
20° 0'	0,3420201	0,3639702	2,7474774	0,9396926	0' 70°
10'	0,3447521	0,3672680	2,7228075	0,9386937	50'
20'	0,3474812	0,3705728	2,6985254	0,9376869	40'
30'	0,3502074	0,3738847	2,6746215	0,9366722	30'
40'	0,3529306	0,3772038	2,6510867	0,9356495	20'
50'	0,3556508	0,3805303	2,6279121	0,9346189	10'
21° 0'	0,3583679	0,3838640	2,6050891	0,9335804	0' 69°
10'	0,3610821	0,3872053	2,5826094	0,9325340	50'
20'	0,3637932	0,3905541	2,5604649	0,9314797	40'
30'	0,3665012	0,3939105	2,5386479	0,9304175	30'
40'	0,3692061	0,3972746	2,5171507	0,9293475	20'
50'	0,3719079	0,4006465	2,4959661	0,9282696	10'
22° 0'	0,3746066	0,4040262	2,4750869	0,9271839	0' 68°
10'	0,3773021	0,4074139	2,4545061	0,9260903	50'
20'	0,3799944	0,4108097	2,4342172	0,9249888	40'
30'	0,3826834	0,4142136	2,4142136	0,9238795	30'
40'	0,3853693	0,4176257	2,3944889	0,9227624	20'
50'	0,3880518	0,4210460	2,3750372	0,9216375	10'
23° 0'	0,3907311	0,4244748	2,3558524	0,9205049	0' 67°
10'	0,3934071	0,4279120	2,3369287	0,9193644	50'
20'	0,3960798	0,4313579	2,3182606	0,9182161	40'
30'	0,3987491	0,4348124	2,2998425	0,9170601	30'
40'	0,4014150	0,4382756	2,2816693	0,9158963	20'
50'	0,4040775	0,4417476	2,2637357	0,9147247	10'
24° 0'	0,4067366	0,4452287	2,2460368	0,9135455	0' 66°
10'	0,4093923	0,4487187	2,2285676	0,9123584	50'
20'	0,4120445	0,4522179	2,2113234	0,9111637	40'
30'	0,4146932	0,4557263	2,1942997	0,9099613	30'
40'	0,4173385	0,4592439	2,1774920	0,9087511	20'
50'	0,4199801	0,4627709	2,1608958	0,9075333	10'
25° 0'	0,4226183	0,4663077	2,1445069	0,9063078	0' 65°
	Cosinus	Cotangens	Tangens	Sinus	Winkel

65° — 70°

25° — 30°

Winkel	Sinus	Tangens	Cotangens	Cosinus	
25° 0'	0,4226183	0,4663077	2,1445069	0,9063078	0' 65°
10'	0,4252528	0,4698539	2,1283213	0,9050746	50'
20'	0,4278838	0,4734098	2,1123348	0,9038338	40'
30'	0,4305111	0,4769755	2,0965436	0,9025853	30'
40'	0,4331348	0,4805512	2,0809438	0,9013291	20'
50'	0,4357548	0,4841368	2,0655318	0,9000654	10'
26° 0'	0,4383711	0,4877326	2,0503038	0,8987940	0' 64°
10'	0,4409838	0,4913386	2,0352565	0,8975151	50'
20'	0,4435927	0,4949549	2,0203862	0,8962285	40'
30'	0,4461978	0,4985816	2,0056897	0,8949343	30'
40'	0,4487992	0,5022189	1,9911637	0,8936327	20'
50'	0,4513967	0,5058668	1,9768050	0,8923233	10'
27° 0'	0,4539905	0,5095254	1,9626105	0,8910065	0' 63°
10'	0,4565804	0,5131950	1,9485771	0,8896821	50'
20'	0,4591665	0,5168755	1,9347020	0,8883502	40'
30'	0,4617486	0,5205670	1,9209821	0,8870108	30'
40'	0,4643269	0,5242698	1,9074147	0,8856639	20'
50'	0,4669012	0,5279839	1,8939971	0,8843095	10'
28° 0'	0,4694716	0,5317094	1,8807265	0,8829476	0' 62°
10'	0,4720380	0,5354465	1,8676003	0,8815782	50'
20'	0,4746004	0,5391952	1,8546159	0,8802014	40'
30'	0,4771588	0,5429557	1,8417709	0,8788171	30'
40'	0,4797131	0,5467281	1,8290628	0,8774254	20'
50'	0,4822634	0,5505125	1,8164892	0,8760262	10'
29° 0'	0,4848096	0,5543091	1,8040478	0,8746197	0' 61°
10'	0,4873517	0,5581179	1,7917362	0,8732058	50'
20'	0,4898897	0,5619391	1,7795524	0,8717844	40'
30'	0,4924236	0,5657728	1,7674940	0,8703557	30'
40'	0,4949532	0,5696191	1,7555590	0,8689196	20'
50'	0,4974787	0,5734783	1,7437453	0,8674762	10'
30° 0'	0,5000000	0,5773503	1,7320508	0,8660254	0' 60°
	Cosinus	Cotangens	Tangens	Sinus	Winkel

60° — 65°

30° — 35°

Winkel	Sinus	Tangens	Cotangens	Cofinus	
30° 0'	0,5000000	0,5773503	1,7320508	0,8660254	0' 60°
10'	0,5025170	0,5812353	1,7204736	0,8645673	50'
20'	0,5050298	0,5851335	1,7090116	0,8631019	40'
30'	0,5075384	0,5890450	1,6976631	0,8616292	30'
40'	0,5100426	0,5929699	1,6864261	0,8601491	20'
50'	0,5125425	0,5969084	1,6752988	0,8586618	10'
31° 0'	0,5150381	0,6008606	1,6642795	0,8571673	0' 59°
10'	0,5175293	0,6048266	1,6533663	0,8556655	50'
20'	0,5200161	0,6088067	1,6425576	0,8541564	40'
30'	0,5224986	0,6128008	1,6318517	0,8526402	30'
40'	0,5249766	0,6168092	1,6212469	0,8511167	20'
50'	0,5274502	0,6208320	1,6107417	0,8495860	10'
32° 0'	0,5299193	0,6248694	1,6003345	0,8480481	0' 58°
10'	0,5323839	0,6289214	1,5900238	0,8465030	50'
20'	0,5348440	0,6329883	1,5798079	0,8449508	40'
30'	0,5372996	0,6370703	1,5696856	0,8433914	30'
40'	0,5397507	0,6411673	1,5596552	0,8418249	20'
50'	0,5421971	0,6452797	1,5497155	0,8402513	10'
33° 0'	0,5446390	0,6494076	1,5398650	0,8386706	0' 57°
10'	0,5470763	0,6535511	1,5301023	0,8370827	50'
20'	0,5495090	0,6577103	1,5204261	0,8354878	40'
30'	0,5519370	0,6618856	1,5108352	0,8338858	30'
40'	0,5543603	0,6660769	1,5013282	0,8322768	20'
50'	0,5567790	0,6702845	1,4919039	0,8306607	10'
34° 0'	0,5591929	0,6745085	1,4825610	0,8290376	0' 56°
10'	0,5616021	0,6787492	1,4732983	0,8274074	50'
20'	0,5640066	0,6830066	1,4641147	0,8257703	40'
30'	0,5664062	0,6872810	1,4550090	0,8241262	30'
40'	0,5688011	0,6915724	1,4459801	0,8224751	20'
50'	0,5711912	0,6958813	1,4370268	0,8208170	10'
35° 0'	0,5735764	0,7002075	1,4281480	0,8191520	0' 55°
	Cofinus	Cotangens	Tangens	Sinus	Winkel

55° — 60°

35° — 40°

Winkel	Sinus	Tangens	Cotangens	Coſinus	
35° 0'	0,5735764	0,7002075	1,4281480	0,8191520	0' 55°
10'	0,5759568	0,7045515	1,4193427	0,8174801	50'
20'	0,5783323	0,7089133	1,4106098	0,8158013	40'
30'	0,5807030	0,7132931	1,4019483	0,8141155	30'
40'	0,5830687	0,7176911	1,3933571	0,8124229	20'
50'	0,5854294	0,7221075	1,3848353	0,8107234	10'
36° 0'	0,5877853	0,7265425	1,3763819	0,8090170	0' 54°
10'	0,5901361	0,7309963	1,3679959	0,8073038	50'
20'	0,5924819	0,7354691	1,3596764	0,8055837	40'
30'	0,5948228	0,7399611	1,3514224	0,8038569	30'
40'	0,5971586	0,7444724	1,3432331	0,8021232	20'
50'	0,5994893	0,7490033	1,3351075	0,8003827	10'
37° 0'	0,6018150	0,7535541	1,3270448	0,7986355	0' 53°
10'	0,6041356	0,7581248	1,3190441	0,7968815	50'
20'	0,6064511	0,7627157	1,3111046	0,7951208	40'
30'	0,6087614	0,7673270	1,3032254	0,7933533	30'
40'	0,6110666	0,7719589	1,2954057	0,7915792	20'
50'	0,6133666	0,7766118	1,2876447	0,7897983	10'
38° 0'	0,6156615	0,7812856	1,2799416	0,7880108	0' 52°
10'	0,6179511	0,7859808	1,2722957	0,7862165	50'
20'	0,6202355	0,7906975	1,2647062	0,7844157	40'
30'	0,6225146	0,7954359	1,2571723	0,7826082	30'
40'	0,6247885	0,8001963	1,2496933	0,7807940	20'
50'	0,6270571	0,8049790	1,2422685	0,7789733	10'
39° 0'	0,6293204	0,8097840	1,2348972	0,7771460	0' 51°
10'	0,6315784	0,8146118	1,2275786	0,7753121	50'
20'	0,6338310	0,8194625	1,2203121	0,7734716	40'
30'	0,6360782	0,8243364	1,2130970	0,7716246	30'
40'	0,6383201	0,8292337	1,2059327	0,7697710	20'
50'	0,6405566	0,8341547	1,1988184	0,7679110	10'
40° 0'	0,6427876	0,8390996	1,1917536	0,7660444	0' 50°
	Coſinus	Cotangens	Tangens	Sinus	Winkel

50° — 55°

40° — 45°

Winkel	Sinus	Tangens	Cotangens	Cosinus	
40° 0'	0,6427876	0,8390996	1,1917536	0,7660444	0' 50°
10'	0,6450132	0,8440688	1,1847376	0,7641714	50'
20'	0,6472334	0,8490624	1,1777698	0,7622919	40'
30'	0,6494480	0,8540807	1,1708496	0,7604060	30'
40'	0,6516572	0,8591240	1,1639763	0,7585136	20'
50'	0,6538609	0,8641926	1,1571495	0,7566147	10'
41° 0'	0,6560590	0,8692867	1,1503684	0,7547096	0' 49°
10'	0,6582516	0,8744067	1,1436326	0,7527980	50'
20'	0,6604386	0,8795528	1,1369414	0,7508800	40'
30'	0,6626200	0,8847253	1,1302944	0,7489557	30'
40'	0,6647959	0,8899244	1,1236909	0,7470251	20'
50'	0,6669661	0,8951506	1,1171305	0,7450881	10'
42° 0'	0,6691306	0,9004040	1,1106125	0,7431448	0' 48°
10'	0,6712895	0,9056851	1,1041365	0,7411953	50'
20'	0,6734427	0,9109940	1,0977020	0,7392394	40'
30'	0,6755902	0,9163312	1,0913085	0,7372773	30'
40'	0,6777320	0,9216968	1,0849554	0,7353090	20'
50'	0,6798681	0,9270914	1,0786423	0,7333345	10'
43° 0'	0,6819984	0,9325151	1,0723687	0,7313537	0' 47°
10'	0,6841229	0,9379683	1,0661341	0,7293668	50'
20'	0,6862416	0,9434513	1,0599381	0,7273736	40'
30'	0,6883546	0,9489646	1,0537801	0,7253744	30'
40'	0,6904617	0,9545083	1,0476598	0,7233690	20'
50'	0,6925630	0,9600829	1,0415767	0,7213574	10'
44° 0'	0,6946584	0,9656888	1,0355303	0,7193398	0' 46°
10'	0,6967479	0,9713262	1,0295203	0,7173161	50'
20'	0,6988315	0,9769956	1,0235461	0,7152863	40'
30'	0,7009093	0,9826973	1,0176074	0,7132505	30'
40'	0,7029811	0,9884316	1,0117037	0,7112086	20'
50'	0,7050469	0,9941991	1,0058348	0,7091607	10'
45° 0'	0,7071068	1,0000000	1,0000000	0,7071068	0' 45°
	Cosinus	Cotangens	Tangens	Sinus	Winkel

45° — 50°

IX.

Anhang.

Enthaltend:

	0	1	2	3	4	5	6	7	8	9
0,00	0,0000	000	000	000	000	000	000	000	001	001
0,01	001	001	001	002	002	002	003	003	003	004
0,02	004	004	005	005	006	006	007	007	008	008
0,03	009	010	010	011	012	012	013	014	014	015
0,04	016	017	018	018	019	020	021	022	023	024
0,05	025	026	027	028	029	030	031	032	034	035
0,06	036	037	038	040	041	042	044	045	046	048
0,07	049	050	052	053	055	056	058	059	061	062
0,08	064	066	067	069	071	072	074	076	077	079
0,09	081	083	085	086	088	090	092	094	096	098
0,10	0,0100	102	104	106	108	110	112	114	117	119
0,11	121	123	125	128	130	132	135	137	139	142
0,12	144	146	149	151	154	156	159	161	164	166
0,13	169	172	174	177	180	182	185	188	190	193
0,14	196	199	202	204	207	210	213	216	219	222
0,15	0,0225	228	231	234	237	240	243	246	250	253
0,16	256	259	262	266	269	272	276	279	282	286
0,17	289	292	296	299	303	306	310	313	317	320
0,18	0,0324	328	331	335	339	342	346	350	353	357
0,19	361	365	369	372	376	380	384	388	392	396
0,20	0,0400	404	408	412	416	420	424	428	433	437
0,21	441	445	449	454	458	462	467	471	475	480
0,22	484	488	493	497	502	506	511	515	520	524
0,23	0,0529	534	538	543	548	552	557	562	566	571
0,24	576	581	586	590	595	600	605	610	615	620
0,25	0,0625	630	635	640	645	650	655	660	666	671
0,26	676	681	686	692	697	702	708	713	718	724
0,27	0,0729	734	740	745	751	756	762	767	773	778
0,28	784	790	795	801	807	812	818	824	829	835
0,29	0,0841	847	853	858	864	870	876	882	888	894
0,30	0,0900	906	912	918	924	930	936	942	949	955
0,31	961	967	973	980	986	992	999	*005	*011	*018
0,32	0,1024	030	037	043	050	056	063	069	076	082
0,33	089	096	102	109	116	122	129	136	142	149
0,34	0,1156	163	170	176	183	190	197	204	211	218
	0	1	2	3	4	5	6	7	8	9

P. P.

	1	2	3	4	5	6	7
1	0,1	0,2	0,3	0,4	0,5	0,6	0,7
2	0,2	0,4	0,6	0,8	1,0	1,2	1,4
3	0,3	0,6	0,9	1,2	1,5	1,8	2,1
4	0,4	0,8	1,2	1,6	2,0	2,4	2,8
5	0,5	1,0	1,5	2,0	2,5	3,0	3,5
6	0,6	1,2	1,8	2,4	3,0	3,6	4,2
7	0,7	1,4	2,1	2,8	3,5	4,2	4,9
8	0,8	1,6	2,4	3,2	4,0	4,8	5,6
9	0,9	1,8	2,7	3,6	4,5	5,4	6,3

P. P.

	0	1	2	3	4	5	6	7	8	9
0,35	0,1225	232	239	246	253	260	267	274	282	289
0,36	296	303	310	318	325	332	340	347	354	362
0,37	369	376	384	391	399	406	414	421	429	436
0,38	444	452	459	467	475	482	490	498	505	513
0,39	521	529	537	544	552	560	568	576	584	592
0,40	600	608	616	624	632	640	648	656	665	673
0,41	681	689	697	706	714	722	731	739	747	756
0,42	764	772	781	789	798	806	815	823	832	840
0,43	849	858	866	875	884	892	901	910	918	927
0,44	936	945	954	962	971	980	989	998	*007	*016
0,45	0,2025	034	043	052	061	070	079	088	098	107
0,46	116	125	134	144	153	162	172	181	190	200
0,47	209	218	228	237	247	256	266	275	285	294
0,48	304	314	323	333	343	352	362	372	381	391
0,49	401	411	421	430	440	450	460	470	480	490
0,50	500	510	520	530	540	550	560	570	581	591
0,51	601	611	621	632	642	652	663	673	683	694
0,52	704	714	725	735	746	756	767	777	788	798
0,53	809	820	830	841	852	862	873	884	894	905
0,54	916	927	938	948	959	970	981	992	*003	*014
0,55	0,3025	036	047	058	069	080	091	102	114	125
0,56	136	147	158	170	181	192	204	215	226	238
0,57	249	260	272	283	295	306	318	329	341	352
0,58	364	376	387	399	411	422	434	446	457	469
0,59	481	493	505	516	528	540	552	564	576	588
0,60	600	612	624	636	648	660	672	684	697	709
0,61	721	733	745	758	770	782	795	807	819	832
0,62	844	856	869	881	894	906	919	931	944	956
0,63	969	982	994	*007	*020	*032	*045	*058	*070	*083
0,64	0,4096	109	122	134	147	160	173	186	199	212
0,65	225	238	251	264	277	290	303	316	330	343
0,66	356	369	382	396	409	422	436	449	462	476
0,67	489	502	516	529	543	556	570	583	597	610
0,68	624	638	651	665	679	692	706	720	733	747
0,69	761	775	789	802	816	830	844	858	872	886
	0	1	2	3	4	5	6	7	8	9

P. P.

	7	8
1	0,7	0,8
2	1,4	1,6
3	2,1	2,4
4	2,8	3,2
5	3,5	4,0
6	4,2	4,8
7	4,9	5,6
8	5,6	6,4
9	6,3	7,2

	9	11
1	0,9	1,1
2	1,8	2,2
3	2,7	3,3
4	3,6	4,4
5	4,5	5,5
6	5,4	6,6
7	6,3	7,7
8	7,2	8,8
9	8,1	9,9

	12	13
1	1,2	1,3
2	2,4	2,6
3	3,6	3,9
4	4,8	5,2
5	6,0	6,5
6	7,2	7,8
7	8,4	9,1
8	9,6	10,4
9	10,8	11,7

	14
1	1,4
2	2,8
3	4,2
4	5,6
5	7,0
6	8,4
7	9,8
8	11,2
9	12,6

P. P.

	0	1	2	3	4	5	6	7	8	9
0,70	0,4900	914	928	942	956	970	984	998	*013	*027
0,71	0,5041	055	069	084	098	112	127	141	155	170
0,72	184	198	213	227	242	256	271	285	300	314
0,73	329	344	358	373	388	402	417	432	446	461
0,74	476	491	506	520	535	550	565	580	595	610
0,75	625	640	655	670	685	700	715	730	746	761
0,76	776	791	806	822	837	852	868	883	898	914
0,77	929	944	960	975	991	*006	*022	*037	*053	*068
0,78	0,6084	100	115	131	147	162	178	194	209	225
0,79	241	257	273	288	304	320	336	352	368	384
0,80	400	416	432	448	464	480	496	512	529	545
0,81	561	577	593	610	626	642	659	675	691	708
0,82	724	740	757	773	790	806	823	839	856	872
0,83	889	906	922	939	956	972	989	*006	*022	*039
0,84	0,7056	073	090	106	123	140	157	174	191	208
0,85	225	242	259	276	293	310	327	344	362	379
0,86	396	413	430	448	465	482	500	517	534	552
0,87	569	586	604	621	639	656	674	691	709	726
0,88	744	762	779	797	815	832	850	868	885	903
0,89	921	939	957	974	992	*010	*028	*046	*064	*082
0,90	0,8100	118	136	154	172	190	208	226	245	263
0,91	281	299	317	336	354	372	391	409	427	446
0,92	464	482	501	519	538	556	575	593	612	630
0,93	649	668	686	705	724	742	761	780	798	817
0,94	836	855	874	892	911	930	949	968	987	*006
0,95	0,9025	044	063	082	101	120	139	158	178	197
0,96	216	235	254	274	293	312	332	351	370	390
0,97	409	428	448	467	487	506	526	545	565	584
0,98	604	624	643	663	683	702	722	742	761	781
0,99	801	821	841	860	880	900	920	940	960	980
1,00	1,0000	020	040	060	080	100	120	140	161	181
1,01	201	221	241	262	282	302	323	343	363	384
1,02	404	424	445	465	486	506	527	547	568	588
1,03	609	630	650	671	692	712	733	754	774	795
1,04	816	837	858	878	899	920	941	962	983	*004
	0	1	2	3	4	5	6	7	8	9

P. P.

	14	15
1	1,4	1,5
2	2,8	3,0
3	4,2	4,5
4	5,6	6,0
5	7,0	7,5
6	8,4	9,0
7	9,8	10,5
8	11,2	12,0
9	12,6	13,5

	16	17
1	1,6	1,7
2	3,2	3,4
3	4,8	5,1
4	6,4	6,8
5	8,0	8,5
6	9,6	10,2
7	11,2	11,9
8	12,8	13,6
9	14,4	15,3

	18	19
1	1,8	1,9
2	3,6	3,8
3	5,4	5,7
4	7,2	7,6
5	9,0	9,5
6	10,8	11,4
7	12,6	13,3
8	14,4	15,2
9	16,2	17,1

	21
1	2,1
2	4,2
3	6,3
4	8,4
5	10,5
6	12,6
7	14,7
8	16,8
9	18,9

P. P.

	0	1	2	3	4	5	6	7	8	9
1,05	1,1025	046	067	088	109	130	151	172	194	215
1,06	236	257	278	300	321	342	364	385	406	428
1,07	449	470	492	513	535	556	578	599	621	642
1,08	664	686	707	729	751	772	794	816	837	859
1,09	881	903	925	946	968	990	*012	*034	*056	*078
1,10	1,2100	122	144	166	188	210	232	254	277	299
1,11	321	343	365	388	410	432	455	477	499	522
1,12	544	566	589	611	634	656	679	701	724	746
1,13	769	792	814	837	860	882	905	928	950	973
1,14	996	*019	*042	*064	*087	*110	*133	*156	*179	*202
1,15	1,3225	248	271	294	317	340	363	386	410	433
1,16	456	479	502	526	549	572	596	619	642	666
1,17	689	712	736	759	783	806	830	853	877	900
1,18	924	948	971	995	*019	*042	*066	*090	*113	*137
1,19	1,4161	185	209	232	256	280	304	328	352	376
1,20	400	424	448	472	496	520	544	568	593	617
1,21	641	665	689	714	738	762	787	811	835	860
1,22	884	908	933	957	982	*006	*031	*055	*080	*104
1,23	1,5129	154	178	203	228	252	277	302	326	351
1,24	376	401	426	450	475	500	525	550	575	600
1,25	625	650	675	700	725	750	775	800	826	851
1,26	876	901	926	952	977	*002	*028	*053	*078	*104
1,27	1,6129	154	180	205	231	256	282	307	333	358
1,28	384	410	435	461	487	512	538	564	589	615
1,29	641	667	693	718	744	770	796	822	848	874
1,30	900	926	952	978	*004	*030	*056	*082	*109	*135
1,31	1,7161	187	213	240	266	292	319	345	371	398
1,32	424	450	477	503	530	556	583	609	636	662
1,33	689	716	742	769	796	822	849	876	902	929
1,34	956	983	*010	*036	*063	*090	*117	*144	*171	*198
1,35	1,8225	252	279	306	333	360	387	414	442	469
1,36	496	523	550	578	605	632	660	687	714	742
1,37	769	796	824	851	879	906	934	961	989	*016
1,38	1,9044	072	099	127	155	182	210	238	265	293
1,39	321	349	377	404	432	460	488	516	544	572
	0	1	2	3	4	5	6	7	8	9

P. P.

	21	22	23	24	25	26	27	28
1	2,1	2,2	2,3	2,4	2,5	2,6	2,7	2,8
2	4,2	4,4	4,6	4,8	5,0	5,2	5,4	5,6
3	6,3	6,6	6,9	7,2	7,5	7,8	8,1	8,4
4	8,4	8,8	9,2	9,6	10,0	10,4	10,8	11,2
5	10,5	11,0	11,5	12,0	12,5	13,0	13,5	14,0
6	12,6	13,2	13,8	14,4	15,0	15,6	16,2	16,8
7	14,7	15,4	16,1	16,8	17,5	18,2	18,9	19,6
8	16,8	17,6	18,4	19,2	20,0	20,8	21,6	22,4
9	18,9	19,8	20,7	21,6	22,5	23,4	24,3	25,2

P. P.

	0	1	2	3	4	5	6	7	8	9
1,40	1,9600	628	656	684	712	740	768	796	825	853
1,41	881	909	937	966	994	*022	*051	*079	*107	*136
1,42	2,0164	192	221	249	278	306	335	363	392	420
1,43	449	478	506	535	564	592	621	650	678	707
1,44	736	765	794	822	851	880	909	938	967	996
1,45	2,1025	054	083	112	141	170	199	228	258	287
1,46	316	345	374	404	433	462	492	521	550	580
1,47	609	638	668	697	727	756	786	815	845	874
1,48	904	934	963	993	*023	*052	*082	*112	*141	*171
1,49	2,2201	231	261	290	320	350	380	410	440	470
1,50	500	530	560	590	620	650	680	710	741	771
1,51	801	831	861	892	922	952	983	*013	*043	*074
1,52	2,3104	134	165	195	226	256	287	317	348	378
1,53	409	440	470	501	532	562	593	624	654	685
1,54	716	747	778	808	839	870	901	932	963	994
1,55	2,4025	056	087	118	149	180	211	242	274	305
1,56	336	367	398	430	461	492	524	555	586	618
1,57	649	680	712	743	775	806	838	869	901	932
1,58	964	996	*027	*059	*091	*122	*154	*186	*217	*249
1,59	2,5281	313	345	376	408	440	472	504	536	568
1,60	600	632	664	696	728	760	792	824	857	889
1,61	921	953	985	*018	*050	*082	*115	*147	*179	*212
1,62	2,6244	276	309	341	374	406	439	471	504	536
1,63	569	602	634	667	700	732	765	798	830	863
1,64	896	929	962	994	*027	*060	*093	*126	*159	*192
1,65	2,7225	258	291	324	357	390	423	456	490	523
1,66	556	589	622	656	689	722	756	789	822	856
1,67	889	922	956	989	*023	*056	*090	*123	*157	*190
1,68	2,8224	258	291	325	359	392	426	460	493	527
1,69	561	595	629	662	696	730	764	798	832	866
1,70	900	934	968	*002	*036	*070	*104	*138	*173	*207
1,71	2,9241	275	309	344	378	412	447	481	515	550
1,72	584	618	653	687	722	756	791	825	860	894
1,73	929	964	998	*033	*068	*102	*137	*172	*206	*241
1,74	3,0276	311	346	380	415	450	485	520	555	590
	0	1	2	3	4	5	6	7	8	9

P. P.

	28	29
1	2,8	2,9
2	5,6	5,8
3	8,4	8,7
4	11,2	11,6
5	14,0	14,5
6	16,8	17,4
7	19,6	20,3
8	22,4	23,2
9	25,2	26,1

	31	32
1	3,1	3,2
2	6,2	6,4
3	9,3	9,6
4	12,4	12,8
5	15,5	16,0
6	18,6	19,2
7	21,7	22,4
8	24,8	25,6
9	27,9	28,8

	33	34
1	3,3	3,4
2	6,6	6,8
3	9,9	10,2
4	13,2	13,6
5	16,5	17,0
6	19,8	20,4
7	23,1	23,8
8	26,4	27,2
9	29,7	30,6

	35
1	3,5
2	7,0
3	10,5
4	14,0
5	17,5
6	21,0
7	24,5
8	28,0
9	31,5

P. P.

	0	1	2	3	4	5	6	7	8	9
1,75	3,0625	660	695	730	765	800	835	870	906	941
1,76	976	*011	*046	*082	*117	*152	*188	*223	*258	*294
1,77	3,1329	364	400	435	471	506	542	577	613	648
1,78	684	720	755	791	827	862	898	934	969	*005
1,79	3,2041	077	113	148	184	220	256	292	328	364
1,80	400	436	472	508	544	580	616	652	689	725
1,81	761	797	833	870	906	942	979	*015	*051	*088
1,82	3,3124	160	197	233	270	306	343	379	416	452
1,83	489	526	562	599	636	672	709	746	782	819
1,84	856	893	930	966	*003	*040	*077	*114	*151	*188
1,85	3,4225	262	299	336	373	410	447	484	522	559
1,86	596	633	670	708	745	782	820	857	894	932
1,87	969	*006	*044	*081	*119	*156	*194	*231	*269	*306
1,88	3,5344	382	419	457	495	532	570	608	645	683
1,89	721	759	797	834	872	910	948	986	*024	*062
1,90	3,6100	138	176	214	252	290	328	366	405	443
1,91	481	519	557	596	634	672	711	749	787	826
1,92	864	902	941	979	*018	*056	*095	*133	*172	*210
1,93	3,7249	288	326	365	404	442	481	520	558	597
1,94	636	675	714	752	791	830	869	908	947	986
1,95	3,8025	064	103	142	181	220	259	298	338	377
1,96	416	455	494	534	573	612	652	691	730	770
1,97	809	848	888	927	967	*006	*046	*085	*125	*164
1,98	3,9204	244	283	323	363	402	442	482	521	561
1,99	601	641	681	720	760	800	840	880	920	960
2,00	4,0000	040	080	120	160	200	240	280	321	361
2,01	401	441	481	522	562	602	643	683	723	764
2,02	804	844	885	925	966	*006	*047	*087	*128	*168
2,03	4,1209	250	290	331	372	412	453	494	534	575
2,04	616	657	698	738	779	820	861	902	943	984
2,05	4,2025	066	107	148	189	230	271	312	354	395
2,06	436	477	518	560	601	642	684	725	766	808
2,07	849	890	932	973	*015	*056	*098	*139	*181	*222
2,08	4,3264	306	347	389	431	472	514	556	597	639
2,09	681	723	765	806	848	890	932	974	*016	*058
	0	1	2	3	4	5	6	7	8	9

P. P.

	35	36
1	3,5	3,6
2	7,0	7,2
3	10,5	10,8
4	14,0	14,4
5	17,5	18,0
6	21,0	21,6
7	24,5	25,2
8	28,0	28,8
9	31,5	32,4

	37	38
1	3,7	3,8
2	7,4	7,6
3	11,1	11,4
4	14,8	15,2
5	18,5	19,0
6	22,2	22,8
7	25,9	26,6
8	29,6	30,4
9	33,3	34,2

	39	41
1	3,9	4,1
2	7,8	8,2
3	11,7	12,3
4	15,6	16,4
5	19,5	20,5
6	23,4	24,6
7	27,3	28,7
8	31,2	32,8
9	35,1	36,9

	42
1	4,2
2	8,4
3	12,6
4	16,8
5	21,0
6	25,2
7	29,4
8	33,6
9	37,8

P. P.

Einige aſtronomische Angaben.

Tropiſches Sonnenjahr	365,242217 Tage.	
Sterntag	86164,100 Sek. mittl. Zeit.	
Äquatoreal-Horizontalparallaxe der Sonne	0,1468′ (8,809″).	
Die mittlere Entfernung der Erde von der Sonne (eine Sonnenweite)	23417 Erdhalbmeſſer.	
Die Maſſe der Sonne im Verhältnis zu derjenigen der Erde	329390.	
Der Durchmeſſer der Sonne im Verhältnis zu dem der Erde	109,05.	
Dauer einer Umdrehung der Sonne um ihre Achſe	25,2 Tage.	
Gauſsſches Maſs für die Anziehung der Sonne	k = 0,0172021 = 3548,18761″;	
die Logarithmen	8,2355814—10	3,5500065.
		Änderung in 10 Jahren
Die Schiefe der Ekliptik 1900 nach Newcomb	23° 27,14′.	—0.08′.
Die Präzeſſion der Tag- und Nachtgleichen oder der Rückgang des Frühlingspunktes; Periode etwa 26000 Jahre; jährlich	0,8374′.	
Aberrationskonſtante nach Struve	0,34075′	(20,4451″).
		lg
Lichtzeit (Dauer der Fortpflanzung der Lichtbewegung durch eine Sonnenweite) nach Struve	497,78 Sekunden	2,697037.
Tropiſche Umlaufszeit des Mondes	27,32166 Tage.	
Mittlere Entfernung des Mondes von der Erde	30,139 Erddurchmeſſer.	
Exzentrizität der Mondbahn	0,05491, mittl. Neigung 5° 8,8′.	
Maſſe des Mondes im Verhältnis zu derjenigen der Erde	$\frac{1}{80}$.	
Durchmeſſer des Mondes im Verhältnis zu dem der Erde	0,2729.	
Synodiſcher Monat	29,5305879 Tage.	

Bahnelemente der Planeten

(Epoche: 1900 Januar 1,0. Mittlere Berliner Zeit).

Name	a	Mittlere tägl. tropiſche Bewegung	L	π	Δπ	e	Δe	Ω	ΔΩ	i	Δi	d	m
Merkur	0,38710	+4° 5,540′	178° 1,60′	75°53,98′	+ 9,32′	0,20561	+0,2	47° 8,75′	+ 7,11′	7° 0,12′	+0,01′	0,38	0,05
Venus	0,72333	+1°36,128′	342°42,45′	130° 9,83′	+ 8,24′	0,00682	−0,5	75°46,78′	+ 5,48′	3°23,62′	+0,01′	0,97	0,81
Erde	1	+ 59,137′	99°39,60′	101°13,25′	+10,28′	0,01675	−0,4	0° 0,00′	—	0° 0,00′	0	1	1
Mars	1,52369	+ 31,442′	293°43,68′	334°13,12′	+11,04′	0,09331	+0,9	48°47,15′	+ 4,67′	1°52,02′	−0,004′	0,53	0,11
Jupiter	5,20280	+ 4,986′	350°51,96′	11°54,45′	+ 9,65′	0,04825	+1,7	99°26,59′	+ 6,06′	1°18,70′	−0,03′	11,3(10,5)	314,5
Saturn	9,53884	+ 2,008′	21°52,76′	90° 6,67′	+11,57′	0,05606	−3,1	112°47,05′	+ 5,12′	2°29,65′	−0,03′	9,25(8,3)	94,07
Uranus	19,19098	+ 0,704′	243°21,72′	169° 2,93′	+ 8,42′	0,04704	−0,3	73°29,42′	+ 3,10′	0°46,37′	+0,003′	3,94	14,4
Neptun	30,07067	+ 0,359′	85° 1,50′	43°45,33′	+ 8,52′	0,00853	+0,1	130°40,73′	+ 6,63′	1°46,75′	−0,05′	4,43	17,05

Hierin bedeutet:

a Die mittlere Entfernung von der Sonne in Sonnenweiten.
L Die Länge am 1. Januar 1900 Mittags 12 Uhr, mittlere Berliner Zeit (bei Jup. u. Sat. 1. 1. 1880).
π Die Länge des Perihels den 1. Januar 1900. Δπ Die Veränderung derſelben in 10 Jahren.
e Die numeriſche Exzentrizität der Bahn. Δe Die Veränderung derſelben in 10 Jahren, in Einheiten der fünften Dezimalſtelle.
Ω Die Länge des aufſteigenden Knotens. ΔΩ Die Veränderung desſelben in 10 Jahren.
i Die Neigung der Bahn gegen die Ebene der Ekliptik. Δi Die Veränderung derſelben in 10 Jahren.
d Den Durchmeſſer des Planeten im Verhältnis zum Erddurchmeſſer (bei Jupiter und Saturn der Polardurchmeſſer eingeklammert).
m Die Maſſe im Verhältnis zur Erdmaſſe.
Die Längenangaben ſind heliozentriſch und tropiſch.

Die Dimensionen der Erde (nach Bessel)

und andere die Erde betreffende Angaben,
bezogen auf das Meter als Längeneinheit.

		lg
Halbe große Achse (Radius des Äquators)	$a = 6377397{,}156$	6,80464346
Halbe kleine Achse (Umdrehungsachse)	$b = 6356078{,}962$	6,80318928
Abplattung $\frac{a-b}{a} = \frac{1}{299{,}1528}$	$= 0{,}00334277$	7,52410699—10
Numerische Exzentrizität der Meridianellipse $\sqrt{\frac{a^2-b^2}{a^2}}$	$= 0{,}08169683$	8,91220521—10
Oberfläche	$= 50995 \cdot 10^{10}$	14,7075282
Rauminhalt $\frac{4}{3} a^2 b \pi$	$= 10828413 \cdot 10^{14}$	21,0345648
Ein Meridiangrad am Pol $\frac{a^2}{b} \frac{\pi}{180}$	$= 111680$	5,0479750
Ein Meridiangrad am Äquator $\frac{b^2}{a} \frac{\pi}{180}$	$= 110564$	5,0436125
Ein Äquatorgrad $a \frac{\pi}{180}$	$= 111306{,}6$	5,0465208
Ein geographische Meile $a \frac{\pi}{2700}$	$= 7420{,}437$	3,8704295
Ein Grad des kleinen Scheitelkreises $b \frac{\pi}{180}$	$= 110934{,}6$	5,0450667

Mittlere Dichtigkeit nach Baily 5,66; nach Reich 5,58.

Beschleunigung durch die Schwere (Pendelschwere) g im Meeresniveau in Metern:

		lg
Am Äquator	9,7810	0,99038
Unter 45° Breite	9,8061	0,99150
Am Pol	9,8313	0,99261
Unter der Breite φ	$9{,}8061\,(1 - 0{,}0025935 \cos 2\varphi)$.	

Die Beschleunigung durch die Anziehung der Erde G ist unter 45° um 0,018 m größer als die Pendelschwere g, und ihre Richtung weicht dort am meisten nach den entsprechenden Polen zu vom Lote ab, nämlich um 5,94′. (Auf die Pendelschwere wirkt die Achsendrehung der Erde ein, auf die Beschleunigung durch die Anziehung der Erde nicht.)

h Meter über dem Meeresniveau ist die Beschleunigung durch die Schwere gleich $g\,(1 - 0{,}00000031396\,h)$.

Ortstafel für Sternwarten

nach dem Berliner astronomischen Jahrbuch für 1896. Berlin 1894.

Ort	Breite + nördlich − südlich °	'	Länge von Greenwich + westlich in Winkeln °	'	− östlich in Zeit hor.	min.	sec.
Adelaide	− 34	55,56	−138	35,11	− 9	14	20,42
Altona	+ 53	32,75	− 9	56,59	− 0	39	46,35
Athen	+ 37	58,33	− 23	43,73	− 1	34	54,91
Berlin	+ 52	30,28	− 13	23,73	− 0	53	34,91
Berlin (Urania) . .	+ 52	31,53	− 13	21,89	− 0	53	27,56
Bern	+ 46	57,15	− 7	26,42	− 0	29	45,66
Bombay	+ 18	54,00	− 72	48,93	− 4	51	15,70
Bonn	+ 50	43,75	− 7	5,82	− 0	28	23,29
Bordeaux	+ 44	50,12	+ 0	31,35	+ 0	2	5,41
Breslau	+ 51	6,94	− 17	2,21	− 1	8	8,84
Brüssel	+ 50	51,18	− 4	22,18	− 0	17	28,71
Cambridge in Engl. .	+ 52	12,86	− 0	5,69	− 0	0	22,75
Cambridge in N.-Am.	+ 42	22,79	+ 71	7,75	+ 4	44	30,98
Chicago (alte St.) .	+ 41	50,02	+ 87	36,70	+ 5	50	26,78
Christiania	+ 59	54,73	− 10	43,41	− 0	42	53,64
Danzig	+ 54	21,30	− 18	39,90	− 1	14	39,61
Dorpat	+ 58	22,79	− 26	43,38	− 1	46	53,51
Dresden (neue St.) .	+ 51	2,28	− 13	43,71	− 0	54	54,85
Dublin	+ 53	23,22	+ 6	20,27	+ 0	25	21,09
Edinburgh	+ 55	57,39	+ 3	10,76	+ 0	12	43,05
Florenz (M. Lookout)	+ 43	46,07	− 11	15,48	− 0	45	1,91
Genf	+ 46	11,98	− 6	9,19	− 0	24	36,76
Genua (Mar.-St.) . .	+ 44	25,15	− 8	52,85	− 0	35	31,41
Gotha (neue St.) . .	+ 50	56,63	− 10	42,64	− 0	42	50,56
Göttingen	+ 51	31,80	− 9	56,60	− 0	39	46,41
Greenwich	+ 51	28,63	0	0,00	0	0	0,00
Hamburg-Bergedorf .	+ 53	28,85	− 10	14,80	− 0	39	54.90
Helsingfors	+ 60	9,71	− 24	57,29	− 1	39	49,14
Jena	+ 50	55,59	− 11	35,23	− 0	46	20,91
Kairo	+ 30	4,64	− 31	17,23	− 2	5	8,91
Kapstadt	− 33	56,05	− 18	28,69	− 1	13	54,74
Karlsruhe	+ 49	0,49	− 8	24,13	− 0	33	36,51
Kazan	+ 55	47,40	− 49	7,27	− 3	16	29,07
Kiel	+ 54	20,48	− 10	8,99	− 0	40	35,96
Königsberg	+ 54	42,84	− 19	29,78	− 1	21	59,11
Kopenhagen (neue St.)	+ 55	41,21	− 12	34,73	− 0	50	18,92
Krakau	+ 50	3,86	− 19	57,60	− 1	19	50,38
La Plata	− 34	54,50	+ 57	54,25	+ 3	51	36,99
Leiden	+ 52	9,34	− 4	29,09	− 0	17	56,35
Leipzig	+ 51	20,10	− 12	23,51	− 0	49	34,02
	Länge v. Ferro		+ 17	39,74	+ 1	10	38,96

Ort	Breite + nördlich − südlich °	′	Länge von Greenwich + westlich − östlich in Winkeln °	′	in Zeit hor.	min.	sec.
Lissabon	+ 38	42,52	+ 9	11,17	+ 0	36	44,67
Liverpool (neue St.) .	+ 53	24,06	+ 3	4,30	+ 0	12	17,19
Lübeck	+ 53	51,52	− 10	41,43	− 0	42	45,71
Madras	+ 13	4,13	− 80	14,83	− 5	20	59,31
Madrid	+ 40	24,50	+ 3	41,25	+ 0	14	45,01
Manila	+ 14	35,42	− 120	57,48	− 8	3	49,91
Marburg	+ 50	48,78	− 8	46,25	− 0	35	5,01
Marseille (neue St.) .	+ 43	18,32	− 5	23,66	− 0	21	34,64
Melbourne	− 37	49,89	− 144	58,54	− 9	39	54,17
Mexico	+ 19	26,02	+ 99	6,67	+ 6	36	26,67
Moskau	+ 55	45,33	− 37	34,29	− 2	30	17,17
München	+ 48	8,76	− 11	36,53	− 0	46	26,12
Natal	− 29	50,78	− 30	30,30	− 2	2	1,21
Neapel (Capo di M.)	+ 40	51,76	− 14	15,13	− 0	57	0,51
New York (Lew.-Ruth.)	+ 40	43,81	+ 71	29,16	+ 4	45	56,62
Nikolajew	+ 46	58,34	− 31	58,47	− 2	7	53,87
Oxford (Universität) .	+ 51	45,57	+ 1	15,10	+ 0	5	0,39
Palermo	+ 38	6,73	− 13	21,18	− 0	53	24,71
Paris (Obs. nation.) .	+ 48	50,19	− 2	20,26	− 0	9	21,03
Petersburg (Akad.) .	+ 59	56,50	− 30	18,37	− 2	1	13,46
Philadelphia . . .	+ 39	57,12	+ 75	9,61	+ 5	0	38,45
Portsmouth . . .	+ 50	48,05	+ 1	6,20	+ 0	4	24,79
Prag (Univers.-St.) .	+ 50	5,31	− 14	25,38	− 0	57	41,51
Quebec	+ 46	48,29	+ 71	12,32	+ 4	44	49,29
Quito	− 0	14,00	+ 78	50,02	+ 5	15	20,09
Rio de Janeiro . . .	− 22	54,40	+ 43	10,35	+ 2	52	41,41
Rom (coll. Rom.) .	+ 41	53,89	− 12	28,89	− 0	49	55,55
St. Helena	− 15	55,43	+ 5	43,05	+ 0	22	52,19
San Fernando . . .	+ 36	27,67	+ 6	12,32	+ 0	24	49,26
San Francisco . . .	+ 37	47,40	+ 122	25,63	+ 8	9	42,51
Santiago (neue St.) .	− 33	26,70	+ 70	41,57	+ 4	42	46,29
Schwerin	+ 53	37,63	− 11	25,23	− 0	45	40,91
Stockholm	+ 59	20,57	− 18	3,50	− 1	12	13,98
Strafsburg (neue St.) .	+ 48	35,00	− 7	46,17	− 0	31	4,66
Sydney	− 33	51,69	− 151	12,40	− 10	4	49,60
Tokio	+ 35	39,29	− 139	44,50	− 9	18	58,01
Triest	+ 45	38,76	− 13	45,75	− 0	55	3,01
Turin	+ 45	4,12	− 7	41,81	− 0	30	47,23
Upsala (neue St.) . .	+ 59	51,49	− 17	37,56	− 1	10	30,23
Warschau	+ 52	13,10	− 21	1,83	− 1	24	7,33
Washington	+ 38	53,65	+ 77	3,02	+ 5	8	12,09
Wien (alte St.) . . .	+ 48	12,59	− 16	22,93	− 1	5	31,70
Wilhelmshaven . . .	+ 53	31,87	− 8	8,80	− 0	32	35,21
Zürich	+ 47	22,67	− 8	33,10	− 0	34	12,41
	Länge v. Ferro		+ 17	39,74	+ 1	10	38,96

Erläuterungen

zu den vorstehenden Tafeln.

---

§. 1.

Begriff und Bezeichnung des Logarithmus.

Unter dem Logarithmus der Zahl a für die Basis g versteht man bekanntlich denjenigen Potenzexponenten, mit welchem g potenziert den Potenzwert a gibt. Alle Logarithmen für dieselbe Basis bilden ein logarithmisches System.

Das Briggsſche System, so genannt nach dem Erfinder und ersten Berechner Henry Briggs, welcher im Jahre 1630 in Oxford starb, enthält die Logarithmen für die Basis Zehn. Dasſelbe heiſst auch das System der dekadischen oder gemeinen Logarithmen.

Der Logarithmus von a für g wird bezeichnet

$$\overset{g}{\lg}\, a \text{ oder } \mathfrak{L}\frac{a}{g},$$

a heiſst der Numerus. Ist die Basis selbstverständlich, so kann sie fortgelassen werden. Dies ist im Folgenden stets bei dekadischen Logarithmen geschehen.

§. 2.

Tafel I. Seite 2—7.

Diese Tafel enthält die reellen dekadischen Logarithmen für alle ganzen Zahlen von 1 bis 999, auf 5 Dezimalstellen genau. Über ihre Anordnung ist das Nötige in der Bemerkung Seite 8 gesagt. Sie ist übrigens nur für Vorübungen und in einzelnen speziellen Fällen zweckmäſsig; im allgemeinen bedient man sich mit gröſserem Vorteil der Tafel II zu logarithmischen Rechnungen, oder wenn man noch gröſsere Genauigkeit braucht, der Tafel V.

Allgemeine Anmerkung. Da jede Tabelle als Darstellung des Verlaufes einer Funktion, d. h. einer veränderlichen Gröſse, deren Wert von einer anderen veränderlichen abhängt, angesehen werden kann, so kann es nicht miſsverstanden werden, wenn die Tabelle angibt

$$\lg 0 = -\infty \text{ (minus unendlich)},$$

obwohl lg 0 begrifflich unmöglich ist. Es soll durch die angeführte Gleichung nämlich ausgedrückt werden, daſs der Logarithmus negativ unendlich wird, wenn der Numerus einen (positiven) unendlich kleinen Wert hat, also wenn der Numerus sich dem Grenzwert Null nähert. Dasſelbe ist bei allen Tabellen da zu beachten, wo das Zeichen ∞ vorkommt.

§. 3.

Kennziffer und Mantiſſe.

Im Briggsſchen oder dekadischen Logarithmensystem ist

$\lg 1 = 0$, $\lg 10 = +1$, $\lg 100 = +2$, $\lg 1000 = +3$ u. s. w.

$\lg 0{,}1 = -1$, $\lg 0{,}01 = -2$, $\lg 0{,}001 = -3$ u. s. w.

Allgemein $\lg 10^n = n$.

Jede Zahl, die nicht selbst irgend einer Potenz von 10 mit ganzzahligem positiven oder negativen Exponenten gleich ist, kann verwandelt werden in ein Produkt aus der höchsten derartigen Potenz von 10, die in ihr enthalten ist, und einem unechten Dezimalbruch, dessen Wert zwischen 1 und 10 liegt, und der sich nur durch die Stellung des Kommas von dem Werte der ursprünglich gegebenen Zahl unterscheidet. Zum Beispiel

$$30250 = 3{,}025 \cdot 10000; \quad 0{,}03025 = 3{,}025 \cdot 0{,}01 \text{ u. s. w.}$$

Allgemein $a = b \cdot 10^n$ (b liegt zwischen 1 und 10, n ist eine positive oder negative ganze Zahl).

Hieraus folgt nach den Rechengesetzen der Logarithmierung:

lg 30250 = lg 3,025 + lg 10000 = lg 3,025 + 4.
lg 0,03025 = lg 3,025 + lg 0,01 = lg 3,025 — 2.

Allgemein lg a = lg b + lg (10^n) = lg b + n.

Hierbei ist lg b stets positiv und echt.

Die Tafeln brauchen deshalb nur die Logarithmen der Zahlen zwischen 1 und 10 zu enthalten. Dies sind die sogenannten Mantiſſen, welche man als Dezimalbrüche auf eine bestimmte Anzahl Stellen abgekürzt dargestellt denkt, und von welchen man eben nur die Dezimalstellen in den Tabellen angibt mit Hinweglassung des Dezimalkommas und der vorhergehenden Null, welche selbstverständlich sind. Diese Mantiſſen sind nach dem oben Gesagten unabhängig vom Stellenwerte des Numerus, also gleich für alle Zahlen, welche sich nur durch die Stellung des Kommas unterscheiden. Die positive oder negative ganze Zahl, welche zur Mantiſſe addiert werden muſs, um den vollständigen Logarithmus zu erhalten, heiſst die Kennziffer (Charakteristik). Sie ist stets gleich dem Exponenten der höchsten Potenz von Zehn mit ganzzahligem Exponenten, welche in dem Numerus enthalten ist, also leicht aus dem Stellenwert zu erkennen.

Hat nämlich der Numerus ganze Stellen, so ist die Kennziffer positiv und um eins kleiner als die Anzahl der ganzen Stellen. Ist der Numerus ein echter Dezimalbruch, so ist die Kennziffer negativ und ihrem absoluten Werte nach gleich der Anzahl der Nullen, welche den geltenden Ziffern vorhergehen, und zum Schreiben des Dezimalbruches notwendig sind (also die Null vor dem Komma mitgerechnet).

§. 4.

Tafel II. Seite 10—35.

Diese Tafel enthält die fünfstelligen Mantiſſen (vgl. §. 3) aller vierziffrigen Zahlen von 1000 bis 9999 (oder was dasselbe sagt, die Logarithmen aller Zahlen von 1,000 bis 9,999 auf fünf Dezimalstellen genau, mit Hinweglassung des Kommas und der vorhergehenden Null). Die drei ersten Ziffern jeder

Zahl bilden den Zeilen-Index, der links unter N steht, die vierte Ziffer gibt den Spalten-Index für jede Mantiſſe. Man findet aber in jeder Spalte nur die drei letzten Ziffern der Mantiſſen. Die dazugehörigen beiden ersten Ziffern müssen für jede Mantiſſe am Anfange der Zeile unter L gesucht werden. Ist da ein leerer Raum, so müssen die zunächst darüber stehenden beiden Ziffern genommen werden. Wenn aber die drei Endziffern der Mantiſſe mit einem Sternchen bezeichnet sind, so gehören dazu die Anfangsziffern der folgenden Zeile.

So findet man S. 10 zu der Zahl 1260 hinter dem Zeilen-Index 126 und unter dem Spalten-Index 0 die drei Ziffern 037. Diese gehören als Endziffern zu den beiden unmittelbar davorstehenden Anfangsziffern 10. Die vollständige Mantiſſe von lg 1260 ist also 10037 und folglich lg 1260 = 3,10037.

Sucht man lg 5251; so findet man S. 22 hinter dem Zeilen-Index 525 unter dem Spalten-Index 1 die drei Endziffern der Mantiſſe 024 und in derselben Zeile vorn unter L die Anfangsziffern 72.
Also ist lg 5251 = 3,72024; lg 5,251 = 0,72024 u. s. w.
Für die Zahl 1476 findet man (S. 11) hinter dem Zeilen-Index 147, unter dem Spalten-Index 6 die Endziffern 909. Am Anfange der Zeile unter L ist eine leere Stelle, über derselben stehen aber die Anfangsziffern 16.
Es ist daher lg 1476 = 3,16909, lg 0,1476 = 0,16909 — 1.

Die drei Endziffern des auf die beschriebene Weise aufzusuchenden lg 1628 sind 165 und haben (S. 11) ein Sternchen vor sich. Dies deutet an, daſs die Anfangsziffern aus der nächsten Zeile zu entnehmen sind. Hier findet man 21.
Es ist also lg 1628 = 3,21165, lg 0,001628 = 0,21165 — 3.

Statt zu den mit Sternchen versehenen drei Endziffern die Anfangsziffern aus der folgenden Reihe zu ergänzen, kann man auch die um eine Einheit der zweiten Stelle vermehrten Anfangsziffern der vorangehenden Reihe wählen. Dies erspart das Umschlagen am Ende einer Seite. So gehören z. B. zu den besternten Endziffern der letzten Zeile S. 15 die Anfangsziffern 49; da die nächst vorhergehenden 48 sind.

Hat der Numerus mehr als vier Ziffern, so liegt er doch zwischen zwei Zahlen, die durch vier geltende Ziffern ausgedrückt sind und in der niedrigsten Stelle nur um eine Einheit differieren; demgemäfs kann man durch die Tafeln ermitteln, zwischen welchen beiden Nachbarwerten der Logarithmus liegt. Z. B.

25,874 liegt zwischen 25,87 und 25,88; also
liegt lg 25,874 „ 1,41280 „ 1,41296.

Wie zu einer in den Tafeln enthaltenen Logarithmenmantiffe die Ziffern der zugehörigen Zahl gefunden werden, ergibt sich leicht. Man hat nur an den Zeilen-Index, der zu dieser Mantiffe gehört, den Spalten-Index als letzte Ziffer zuzufügen. Die Stellung des Kommas in dem so gefundenen vierziffrigen Numerus ist aus der Kennziffer zu ersehen (nach §. 3.)

Ist die Mantiffe nicht in den Tafeln enthalten, so kann man doch zwei aufeinander folgende Mantiffen aufsuchen, zwischen denen sie liegt, und so zwei vierziffrige Zahlen angeben, die sich nur um eine Einheit der letzten Stelle unterscheiden, und zwischen denen der Numerus liegt.

Ist gegeben lg $x = 0{,}14364$, so ist $x = 1{,}392$
lg $y = 2{,}23019$, „ „ $y = 169{,}9$
lg $z = 0{,}08171-4$, „ „ $z = 0{,}0001207$
lg $t = 6{,}04727$, „ „ $t = 1115000$.

Ist lg $u = 1{,}65942$, so liegt
u zwischen 45,64 und 45,65.

Man beachte übrigens, dafs die Mantiffen in den Tafeln selbst nicht genaue, sondern abgekürzte Werte sind; dafs also auch, wenn sie sich in den Tafeln finden, der Numerus nicht genau anzugeben ist. Bis zu welcher Stelle derselbe als genau zu betrachten ist, kann durch die Betrachtungen in den §§. 5 bis 7 entschieden werden.

§. 5.

Interpolation. Proportionalteile (P. P.).

Die Genauigkeit, welche mit Tafel II zu erreichen ist, läfst sich noch wesentlich vergröfsern, da man mittelst derselben auch die fünfziffrigen Mantiffen der Logarithmen fünf- bis sechsziffriger Zahlen bestimmen und zu solchen Logarithmen, deren Mantiffen sich nicht in den Tafeln finden, den Numerus auf fünf bis sechs Ziffern genau berechnen kann.

Bildet man nämlich die Differenzen je zweier auf einander folgender Mantiſſen, ausgedrückt in Einheiten der letzten (fünften) Dezimalstelle, so sieht man, daſs dieselben zwar abnehmen, aber sehr allmählich; und für eine groſse Anzahl auf einander folgender Numeri bleiben die Differenzen für die betrachteten Dezimalstellen gleich; ihre Verschiedenheit würde sich erst in den folgenden Dezimalstellen zeigen.

Es ergibt sich z. B. aus Seite 11:

lg 1550 = 3,19033; lg 1551 = 3,19061; lg 1552 = 3,19089

Während also die Numeri um je eine Einheit der vierten Stelle wachsen, wachsen die Mantiſſen um je 28 Einheiten der fünften Dezimalstelle, sie bilden demnach eine arithmetische Reihe, oder die Zunahme der Logarithmen ist proportional der Zunahme der Numeri. Dies ist nun hier ebenso wie bei allen stetig verlaufenden Funktionen um so mehr der Fall, je kleiner die Intervalle, also in unserem Falle, je kleiner die Unterschiede der Numeri gewählt werden. Dies begründet ein einfaches Verfahren der Interpolation (Einschiebung) oder der Auffindung fünfziffriger Mantiſſen der Logarithmen fünf- bis sechsziffriger Zahlen nach folgender Vorschrift:

Man suche in den Tafeln den Logarithmus zu den vier höchsten Ziffern, sowie die zugehörige Tafel-Differenz, d. h. die Differenz dieses Logarithmus von dem nächstfolgenden, und nehme zu dem aufgesuchten Logarithmus soviel Zehntel der Tafel-Differenz, als die fünfte Ziffer und soviel Hundertstel, als die sechste Ziffer des Numerus angibt.

Beispiel. Es ist zu suchen lg 2061,39.

Die Tafel ergibt lg 2061 = 3,31408; Differenz $D = 21$ Einheiten der fünften Stelle

$$\text{dazu } 3 \cdot \frac{D}{10} = 3 \cdot 2{,}1 = \quad 6{,}3$$

$$\text{und } 9 \frac{D}{100} = 9 \cdot 0{,}21 = \quad 1{,}89$$

lg 2061,39 = 3,3141619; abgekürzt auf 5 Dezimalstellen 3,31416.

Man könnte ebenso auch die siebente und die folgenden

Ziffern des Numerus berücksichtigen; dieselben haben aber nur einen geringen Einflufs.

Zur gröfseren Bequemlichkeit dient nun die rechts von der Tabelle der Mantiffen befindliche Spalte der Proportionalteile, Partes proportionales, mit der Überschrift P. P. Sie enthält mit gröfserem Druck die auf der Seite vorkommenden Tafel-Differenzen, so dafs ein Blick auf die letzte Ziffer der beiden auf einander folgenden Mantiffen genügt, die jedesmalige Differenz zu finden; ferner stehen unter jeder Differenz mit kleinerer Schrift die Zehntel der Differenz, und durch Versetzung des Kommas findet man die Hundertstel ebenso leicht.

Für das umgekehrte Verfahren, zu einem beliebigen Logarithmus, dessen Mantiffe nicht in der Tafel steht, den Numerus möglichst genau zu finden, ergibt sich folgende Vorschrift:

Man suche die nächst niedrige Mantiffe in den Tafeln auf, ferner den Unterschied derselben von der gegebenen Mantiffe (die kleine Differenz d) und von der nächst höheren, die auch in der Tafel enthalten ist (die Tafeldifferenz D), dann sieht man nach, wieviel Zehntel und Hundertstel der Tafeldifferenz in der kleinen Differenz enthalten sind, und erhält so die fünfte und sechste Ziffer des Numerus, welche man an die vier Ziffern anhängt, die als Numerus zu der nächst niederen Mantiffe der Tafel gehören.

Beispiel. Gegeben $\lg x = 3{,}22026$; die Tafel ergibt

$\lg 1660 = 3{,}22011$; Tafel-Differenz $D = 26$

kleine Differenz $d = 15$; darin ist enthalten

$5 \cdot \frac{D}{10} = 5 \quad 2{,}6 = 13{,}0$; Rest

$2{,}0$; darin ist enthalten

abgekürzt $8 \cdot \frac{D}{100} = 2{,}08$

Also ist $x = 1660{,}58$.

Die Stellung des Kommas ist selbstverständlich nur durch die Kennziffer bedingt.

Anmerkung. Das Interpolieren beim Aufsuchen des Numerus ist nichts anderes als ein Verwandeln des Bruches

$\frac{d}{D}$ in einen Dezimalbruch auf zwei Stellen abgekürzt; hierbei beachte man, dafs es genauer ist, die zweite Ziffer um eins zu erhöhen, wenn der Rest die Hälfte des Divisors übertrifft.

§. 6.
Beurteilung der Genauigkeit.

A. Aufschlagen der Mantiffe.

Die in der Tafel II enthaltenen Mantiffen sind auf fünf Stellen genau gegeben, das heifst, sie sind Näherungswerte, welche von dem wahren Werte um weniger als eine halbe Einheit der fünften Stelle abweichen. Durch genaues, nicht abgekürztes Interpolieren erhält man für die Mantiffen mehrziffriger Numeri Werte von gleicher Genauigkeit, wenn man einen für die Praxis ganz unerheblichen Bruchteil vernachlässigt, der im ungünstigsten Falle immer noch kleiner ist, als 0,00543 Einheiten der fünften Stelle; und zwar braucht man selten mehr als sechs, oft sogar nur die fünf ersten Ziffern des Numerus in Betracht zu ziehen.

Beweis. Dies läfst sich mit Hilfe der auf Seite 138 gegebenen Reihe für den natürlichen Logarithmus folgendermafsen beweisen:

Sei a die aus den vier ersten Stellen gebildete Zahl, die sich als Numerus in den Tafeln findet, x die aus den folgenden Ziffern gebildete Zahl, dann können wir, da es auf den absoluten Stellenwert nicht ankommt, voraussetzen, dafs $a > 1000$ und $x < 1$ ist. Nun ist

$$(a + x) = a \cdot \left(1 + \frac{x}{a}\right), \text{ also}$$

$$\begin{aligned}\lg (a + x) &= \lg a + \lg \left(1 + \frac{x}{a}\right) \\ &= \lg a + (\lg e) \cdot \ln \left(1 + \frac{x}{a}\right) \text{ (§. 9.)} \\ &= \lg a + (\lg e) \cdot \left(\frac{x}{a} - \tfrac{1}{2}\frac{x^2}{a^2} + \tfrac{1}{3}\frac{x^3}{a^3} - + \ldots\right),\end{aligned}$$

$$\lg(a+1)=\lg a+(\lg e)\cdot\left(\frac{1}{a}-\frac{1}{2}\frac{1}{a^2}+\frac{1}{3}\frac{1}{a^3}-+-+\right).$$

Folglich

$$D'=\lg(a+1)-\lg a=(\lg e)\cdot\left(\frac{1}{a}-\frac{1}{2}\frac{1}{a^2}+\frac{1}{3}\frac{1}{a^3}-+\ldots\right)$$

Hätte man die Werte von $\lg(a+1)$ und $\lg a$ genau, so würde man nach dem oben beschriebenen Interpolationsverfahren für $\lg(a+x)$ folgenden Näherungswert finden:

$\lg(a+x)$ nahezu gleich $\lg a + xD'$.

Man kennt aber nur die auf fünf Stellen genauen Näherungswerte für $\lg a$ und $\lg(a+1)$ aus den Tafeln; nennt man diese p und $p+D$, wo D die Tafeldifferenz bedeutet, so ist genau

$$\lg a = p+\alpha,$$
$$\lg(a+1)=p+D+\beta,$$

wo α und β unbekannt sind, positiv oder negativ, aber absolut kleiner als eine halbe Einheit der fünften Stelle; demnach ist

$$D' = D+(\beta-\alpha) \text{ oder}$$
$$D = D'+(\alpha-\beta).$$

Durch das Interpolieren mit Hilfe der Tafel erhält man nun für $\lg(a+x)$ den Näherungswert

$$p+xD=\lg a-\alpha+xD'+x(\alpha-\beta)$$
$$=\lg a+xD'-(1-x)\alpha-x\beta,$$

oder indem man für D' den oben berechneten Wert einsetzt:

$$\lg a+(\lg e)\cdot\left(\frac{x}{a}-\frac{1}{2}\frac{x}{a^2}+\frac{1}{3}\frac{x}{a^3}-\frac{1}{4}\frac{x}{a^4}+-\ldots\right)-(1-x)\alpha-x\beta.$$

Der genaue Wert dagegen war

$$\lg a+(\lg e)\cdot\left(\frac{x}{a}-\frac{1}{2}\frac{x^2}{a^2}+\frac{1}{3}\frac{x^3}{a^3}-\frac{1}{4}\frac{x^4}{a^4}+-\ldots\right).$$

Die Differenz dieser beiden Ausdrücke gibt den Fehler an, den man tatsächlich beim Interpolieren mit Hilfe der Tafeln macht, derselbe ist

$$\delta=(1-x)\alpha+x\beta+(\lg e)\cdot\left(\frac{1}{2}\frac{x-x^2}{a^2}-\frac{1}{3}\frac{x-x^3}{a^3}+\frac{1}{4}\frac{x-x^4}{a^4}\ldots\right).$$

Die beiden ersten Summanden dieses Ausdrucks, nämlich $(1-x)\alpha+x\beta$ sind im ungünstigsten Falle gleichstimmig und ihre Summe erreicht dann höchstens den absoluten Wert von einer halben Einheit der fünften Stelle, der dritte Summand ist positiv und sicher kleiner als (lg e) . $\left(\frac{x - x^2}{2\,a^2}\right)$, wie aus der Theorie der konvergenten Reihen folgt. $x - x^2$ aber ist stets kleiner als $\frac{1}{4}$, $2\,a^2 > 2000000$; hieraus folgt, daſs der dritte Summand kleiner ist als

$$\frac{0{,}434294}{8000000} \text{ d. h. kleiner als } 0{,}0000000543,$$

oder als 0,00543 Einheiten der fünften Stelle, also ist im ungünstigen Falle der Gesamtfehler immer noch kleiner als 0,50543 Einheiten der fünften Stelle.

Es ist aber wohl zu beachten, daſs diese Genauigkeit nur erreicht wird, wenn man beim Interpolieren die Mantiſſen nicht abkürzt, sondern auch die folgenden Stellen der kleinen Differenz angibt. Durch das Abkürzen auf fünf Stellen, wie es häufig der Bequemlichkeit wegen geschieht, wird die Genauigkeit abermals um eine halbe Einheit der fünften Stelle verringert, so daſs in diesem Falle die Unsicherheit eine **ganze** Einheit der fünften Stelle beträgt.

B. Aufschlagen des Numerus.

Beim Aufschlagen des Numerus ist die erreichbare Genauigkeit $\frac{1}{2D}$ Einheiten der vierten oder $\frac{100}{2D}$ Einheiten der sechsten Stelle, wenn D wie oben die Tafeldifferenz bezeichnet, d. h. um soviel kann der wahre Numerus gröſser oder kleiner sein als der durch vollständige (nicht abgekürzte) Interpolation bestimmte. Nun ist D anfangs gleich 44, am Ende der Tafel gleich 4, also beträgt die Unsicherheit anfangs $\frac{100}{88} = 1{,}136\cdots$, am Ende $\frac{100}{8} = 12{,}5$ Einheiten der sechsten Stelle.

Beweis. Haben a und x dieselbe Bedeutung wie oben, so ist die kleine Differenz

$$d = x\,D, \text{ also } x = \frac{d}{D}.$$

Berechnet man durch genaue (nicht abgekürzte) Division hieraus x und dann den Numerus $(a + x)$, so erhält man einen Numerus, dessen wahrer Logarithmus von dem gegebenen nach dem vorigen Beweise höchstens um eine halbe Einheit der letzten Stelle differiert. Eine solche Differenz bewirkt aber im Numerus einen Unterschied von $\frac{1}{2D}$ Einheiten der vierten Stelle, wie sich durch Interpolieren ergibt. — Kürzt man ab, so vermehrt sich die Unsicherheit um eine halbe Einheit der letzten Stelle des Numerus, ein Fehler, der nur beim Anfang der Tafel erheblich ist.

Bemerkung. Die hier durchgeführten Betrachtungen lassen sich übrigens auf alle Tabellen ausdehnen, bei welchen das einfache Interpolieren gestattet ist. Für die Logarithmentafel ist bemerkenswert, daſs das Schwanken in der Genauigkeit an verschiedenen Stellen der Tafel nur ein scheinbares ist. In Wahrheit kommt es nämlich beim Numerus nicht sowohl auf die absolute Gröſse der Unsicherheit an, als auf das Verhältnis dieser Unsicherheit zum ganzen Numerus. Es zeigt sich nun, daſs dieses Verhältnis für die ganze Tafel nahezu konstant ist, nämlich fast genau gleich $\frac{1}{2} \ln 10 \cdot \frac{1}{10^n}$, wenn n die Stellenzahl der Mantiſſen bedeutet, d. i. für fünfstellige Tafeln: 0,0000115129, für siebenstellige 0,000000115129. Bei genauer Mantiſſe schwankt also der Numerus um etwas mehr als ein Hunderttausendel seines Wertes bei fünfstelligen, um etwas mehr als ein Zehnmilliontel bei siebenstelligen Tafeln. — Der Beweis ergibt sich leicht, wenn man mit Hilfe der oben benutzten Reihen D in Einheiten der $n$ten Dezimalstelle ausdrückt.

Der Numerus ist also nie auf sechs und, wenn die Tafel-Differenz unter zehn liegt, sogar nicht auf fünf Stellen genau. Ohne Interpolation aber würde die Unsicherheit noch gröſser werden.

Für die Beurteilung der Genauigkeit beim Aufschlagen eines genau gegebenen Numerus diene folgendes Beispiel:

Gegeben lg $x = 3{,}87427$; man findet mit Interpolation $x = 7486{,}33$; die Tafel-Differenz $D = 6$, also ist die Unsicherheit $\frac{1}{12}$ Einheiten der vierten Stelle oder 0,083; d. h. x liegt sicher zwischen 7486,42 und 7486,24.

Bei den Anwendungen ist aber der Numerus selbst fast nie genau bekannt, seine Unsicherheit läſst sich jedoch aus dem Gange der Rechnung mit Hilfe der bekannten Gesetze des Rechnens mit abgekürzten Werten leicht beurteilen. Bei einer algebraischen Summe z. B. ist die Unsicherheit gleich der Summe der absoluten Ungenauigkeiten der einzelnen Summanden.

Unterscheiden sich nun die beiden Werte, zwischen denen der Logarithmus der gesuchten Zahl sicher liegt, um erheblich mehr als die Tafel-Differenz, so kann man die beiden zugehörigen Numeri einzeln aus der Tafel entnehmen, hat aber streng genommen noch den kleineren um $\frac{1}{2 D_1}$ Einheiten der vierten Stelle zu verkleinern, den gröſseren um $\frac{1}{2 D_2}$ solcher Einheiten zu vergröſsern; wenn D_1 und D_2 die betreffenden Tafel-Differenzen sind. So erhält man zwei Numeri, zwischen welchen der gesuchte Numerus sicher liegt. Liegt z. B. lg x zwischen 0,71631 und 0,76962, so findet man aus den Tafeln die zugehörigen Numeri 5,203666 und 5,883286; die Tafel-Differenzen D_1 und D_2 sind 9 und 7; durch das Aufschlagen ergeben sich die Unsicherheiten $\frac{100}{18}$ und $\frac{100}{14}$ Einheiten der sechsten Stelle des Numerus, also liegt x zwischen 5,20361 und 5,88336.

Weit häufiger aber ist der Fall, daſs die Unsicherheit des Logarithmus nur wenige Einheiten der letzten Stelle beträgt, so daſs die des Numerus durch Interpolieren gefunden werden kann. Ist dann die Unsicherheit des Logarithmus gleich α Einheiten der letzten Stelle, so entsprechen derselben $\frac{\alpha}{D}$ Einheiten der vierten Stelle des Numerus; das Aufschlagen bedingt wie oben gezeigt, eine weitere Vermehrung der Unsicherheit um $\frac{1}{2 D}$; also ist die gesamte Unsicherheit des Numerus $\beta = (\alpha + \frac{1}{2}) \frac{1}{D} = \frac{2\alpha + 1}{2 D}$ Einheiten der vierten Stelle. Beispiele finden sich im folgenden Paragraphen. Ähnliche Erwägungen kann man auch für andere Tabellen anstellen.

§. 7.

Beispiele zur logarithmischen Rechnung und zur Beurteilung der dabei erreichten Genauigkeit.

a. Multiplikation.

$$x = 72{,}5192 \cdot 0{,}0369224 \cdot 445{,}396 \cdot 0{,}008445.$$

$\lg 72{,}5192 = 1{,}8604552$
$\lg 0{,}0369224 = 0{,}5672888 - 2$
$\lg 445{,}396 = 2{,}648746$
$\lg 0{,}008445 = 0{,}92660 \quad - 3$

$\lg x = 1{,}0030900$
$x = 10{,}0714.$

Die Unsicherheit in lg x ist $\alpha = 2$ Einheiten der fünften Stelle; die Tafel-Differenz $D = 43$; die Unsicherheit im Numerus bei genauem Interpolieren $\beta = \frac{500}{86}$ Einheiten der sechsten Stelle, wozu noch eine halbe Einheit der siebenten Stelle wegen des Abkürzens tritt, die stets aufser acht gelassen werden kann; β ist sicher kleiner als 6 Einheiten der sechsten Stelle, also liegt x zwischen 10,0708 und 10,0720.

$$y = 0{,}0028847 \cdot 0{,}0141593 \cdot 838{,}514.$$

$\lg 0{,}0028847 = 0{,}460105 - 3$
$\lg 0{,}0141593 = 0{,}151039 - 2$
$\lg 838{,}514 = 2{,}923507$

$\lg y = 0{,}534651 - 2$
$y = 0{,}0342493.$

$\alpha = \frac{3}{2} = 1{,}5$; $D = 20$; $\beta = \frac{400}{40} = 10$ Einheiten der sechsten Stelle; y liegt zwischen 0,0342483 und 0,0342503. (Der sehr kleine Fehler durch das Abkürzen des Numerus ist nicht in Betracht gezogen.)

b. Division.

$$z = \frac{5672}{406{,}8}.$$

$\lg 5672 = 3{,}75374$
$-\lg 406{,}8 = -2{,}60938$

$\lg z = 1{,}14436$
$z = 13{,}9432.$

$\alpha = 1$
$D = 31.$
$\beta = \frac{300}{62} = 5$ Einheiten d. l. St.; also liegt z zwischen 13,9427 und 13,9437.

$$t = \frac{1758}{0{,}002768}.$$

$$\begin{aligned} \lg 1758 &= 3{,}24502 \\ -\lg 0{,}002768 &= -0{,}44217+3 \\ \hline \lg t &= 5{,}80285 \\ t &= 635111. \end{aligned}$$

$\alpha = 1.$ $D = 7.$ $\beta = \frac{300}{14}$ oder angenähert 21 Einheiten der sechsten Stelle. t liegt zwischen 635090 und 635132.

$$u = \frac{0{,}06719}{8{,}762}.$$

$$\begin{aligned} \lg 0{,}06719 &= 0{,}82730-2 \\ -\lg 8{,}762 &= -0{,}94260 \\ \hline \lg u &= 0{,}88470-3 \\ u &= 0{,}0076683. \end{aligned}$$

$\alpha = 1.$ $D = 6.$ $\beta = \frac{30}{12}$ oder angenähert 3 Einheiten der fünften Stelle. u liegt zwischen 0,0076680 und 0,0076686.

c. Potenzierung.

$$\begin{aligned} v &= 81{,}72^5. \\ \lg 81{,}72 &= 1{,}91233 \\ \lg v &= 9{,}56165 \\ v &= 3644530000 \end{aligned}$$

$\alpha = \frac{5}{2} = 2{,}5$; $D = 12$; $\beta = \frac{600}{24}$, d. h. etwa 25 Einheiten der sechsten Stelle. v liegt zwischen 3644280000 und 3644780000.

$$\begin{aligned} w &= 0{,}4219^4. \\ \lg 0{,}4219 &= 0{,}62521-1 \\ \lg w &= 0{,}50084-2 \\ w &= 0{,}0316839. \end{aligned}$$

$\alpha = 2$; $D = 13$; $\beta = \frac{250}{13}$, d. h. etwa 20 Einheiten der sechsten Stelle. w liegt zwischen 0,0316819 und 0,0316859.

d. Wurzelausziehung.

$$\begin{aligned} p &= \sqrt[5]{9217}. \\ \lg 9217 &= 3{,}96459 \\ \lg p &= 0{,}79292 \\ p &= 6{,}20757. \end{aligned}$$

$\alpha = 0{,}3$ (mit Rücksicht auf das abgekürzte Dividieren), die Tafel-Differenz $D = 7$; $\beta = \frac{160}{14}$, d. h. etwa 12 Einheiten der sechsten Stelle. p liegt zwischen 6,20745 und 6,20769.

(Man kann vorsichtiger rechnen, indem man genau durch 5 dividiert, nicht abgekürzt; dann findet man $\alpha = 0{,}1$.

$$\begin{aligned} \lg p &= 0{,}792918 \\ p &= 6{,}20754. \end{aligned}$$

$\beta = \frac{120}{14}$ Einheiten der sechsten Stelle, also p zwischen 6,20745 und 6,20763.)

$q = \sqrt[3]{0{,}009183}.$
$\lg 0{,}009183 = 0{,}96298 - 3$
$\lg q = 0{,}32099 - 1$
$q = 0{,}209405.$

Es ist (mit Rücksicht auf das abgekürzte Dividieren) $\alpha = \frac{1}{2} = 0{,}5$; $D = 20$; also der Fehler im Numerus q ist $\frac{200}{40} = 5$ Einheiten der sechsten Stelle.

q liegt zwischen 0,209400 und 0,209410.

(Vorsichtiger:
$\lg q = 0{,}320993 - 1$
$q = 0{,}2094066.$

$\alpha = \frac{1}{6}$; $\beta = \frac{400}{120}$; q liegt demnach zwischen 0,2094032 und 0,2094100.)

$r = \sqrt[4]{0{,}009183}.$
$\lg 0{,}009183 = 0{,}96298 - 3$
$= 1{,}96298 - 4$
$\lg r = 0{,}490745 - 1$
$r = 0{,}309557.$

Es ist (mit Rücksicht auf das abgekürzte Dividieren) $\alpha = \frac{5}{8}$; $D = 14$; $\beta = \frac{900}{112}$, d. h. etwas über 8; demnach liegt r zwischen 0,309549 und 0,309565.

(Vorsichtiger:
$r = 0{,}309561.$

$\alpha = \frac{1}{8}$; $\beta = \frac{500}{112}$, d. h. unter 5 Einheiten der sechsten Stelle, d. h. r liegt zwischen 0,309556 und 0,309567.)

Die Berechnung von Potenzen mit gebrochenen Exponenten und die Beurteilung der Genauigkeit dabei hat keine Schwierigkeit, ebenso können auch Potenzen mit irrationalen Exponenten berechnet werden.

Aus diesen Beispielen ersieht man, dafs sehr häufig selbst die fünfte Ziffer ungenau wird, und man wird danach beim praktischen Rechnen leicht beurteilen, ob es zweckmäfsig ist, die sechste Ziffer des Numerus zu berechnen oder nicht. Ist $D < 10$ (Seite 20 ff.), — so wird die sechste Ziffer vollkommen illusorisch. Deshalb ist u nur auf fünf Stellen berechnet.

Auch bei x, y, t, v, w ist es überflüssig, sechs Stellen zu berechnen.

Bei der Wurzelausziehung wird die Genauigkeit am gröfsten, namentlich wenn man nicht abgekürzt dividiert, sondern den Rest berücksichtigt. Dagegen wird bei Potenzierungen der Fehler sehr erheblich, wenn der Potenzexponent grofs ist. In diesem Falle tut man gut, sich der abgekürzten siebenstelligen Tafel V (Seite 130—135) zu bedienen (z. B. bei Zinseszins- und Rentenrechnung), während bei den meisten Rechnungen die Genauigkeit der fünfstelligen Tafel ausreicht.

§. 8.

Dekadische Ergänzung.

Wenn Multiplikationen und Divisionen abwechseln, kann man sich mit Nutzen der dekadischen Ergänzung bedienen, durch welche die Subtraktion der Logarithmen in eine Addition verwandelt wird.

Die dekadische Ergänzung ist der Logarithmus des umgekehrten Wertes. Man erhält ihn, wenn man den Logarithmus der gegebenen Gröfse von 1 — 1 = 0 abzieht. Es ist nämlich $\lg \frac{1}{a} = \lg 1 - \lg a = 0 - \lg a$. Soll z. B. 37,66 als Divisor in Rechnung gebracht werden; so kann man dafür $\frac{1}{37,66}$ als Faktor setzen.

Nun ist $\lg 37,66 = 1,57588 = 0,57588 + 1$.

Um dies von 0 = 1 — 1 abzuziehen und eine positive Mantiffe zu behalten, zieht man die Mantiffe von + 1 und die Kennziffer von — 1 ab. Dies gibt

$$0,42412 - 2 = \lg \frac{1}{37,66} \,.$$

Es wird daher dieser Logarithmus zu addieren sein, wenn der zuerst gegebene subtrahiert werden mufste. Dadurch verwandelt sich die ganze logarithmische Rechnung in eine einzige Addition.

Beispiel.

Es sei $x = \frac{0,03214 \cdot 72,65 \cdot 0,04215}{0,00418 \cdot 311,2 \cdot 0,05643}$ zu berechnen.

$$\begin{aligned}
\lg 0{,}03214 &= 0{,}50705 - 2\\
\lg \frac{1}{0{,}00418} &= 0{,}37882 + 2\\
\lg 72{,}65 &= 1{,}86124\\
\lg \frac{1}{311{,}2} &= 0{,}50696 - 3\\
\lg 0{,}04215 &= 0{,}62480 - 2\\
\lg \frac{1}{0{,}05643} &= 0{,}24849 + 1\\
\hline
\lg x &= 0{,}12736\\
x &= 1{,}3408.
\end{aligned}$$

Die Mantiffe der dekadischen Ergänzung läfst sich unmittelbar niederschreiben, wenn man den Logarithmus selbst in den Tafeln vor sich hat, indem man jede Ziffer der Mantiffe desselben von 9 abzieht, die niedrigste (letzte) aber von 10.

(Die Unsicherheit beträgt $\frac{7 \cdot 10}{66}$ d. h. etwa eine Einheit der fünften Stelle, d. h. x liegt zwischen 1,3407 und 1,3409.)

§. 9.

Verschiedene logarithmische Systeme. Natürliche Logarithmen. Tafel VI und VII. Seite 138—139.

Nach den Rechengesetzen der Logarithmierung ist

$$\overset{b}{\lg} a = \frac{\overset{g}{\lg} a}{\overset{g}{\lg} b} = \overset{g}{\lg} a \cdot \overset{b}{\lg} g,$$

oder in anderer Bezeichnung $\ell^{a}_{b} = \frac{\ell^{a}_{g}}{\ell^{b}_{g}} = \ell^{a}_{g} \cdot \ell^{g}_{b}.$

Hiernach kann man die Logarithmen eines beliebigen Systems mit Hilfe der dekadischen Logarithmen berechnen. Und zwar erhält man die sämtlichen Logarithmen des gesuchten Systems, indem man die entsprechenden Logarithmen des gegebenen Systems mit einer unveränderlichen Zahl multipliziert. Diese Zahl heifst der relative Modulus. Wollte man z. B. aus den dekadischen Logarithmen solche mit der Basis zwölf berechnen, so wäre

$\overset{12}{\lg}\, a = \frac{\lg a}{\lg 12} = \lg a \cdot \overset{12}{\lg}\, 10$; also wäre der Modulus

gleich $\frac{1}{\lg 12} = \overset{12}{\lg}\, 10 = \frac{1}{1{,}07918} = 0{,}92663.$

Aufser den dekadischen Logarithmen werden häufig gebraucht die sogenannten natürlichen oder Napierfchen Logarithmen, deren Grundzahl e als Summe einer unendlichen Reihe bestimmt werden kann, nämlich

$$e = 1 + \frac{1}{1} + \frac{1}{1.2} + \frac{1}{1.2.3} + \frac{1}{1.2.3.4} + + + \ldots$$

und deren erste Dezimalstellen auf Seite 35 angegeben sind. Den natürlichen Logarithmus von a bezeichnet man häufig: $\ln a$. Auf Seite 35 finden sich ferner die Werte $\lg e = \frac{1}{\ln 10}$ und $\frac{1}{\lg e} = \ln 10$ angegeben, mit Hilfe deren man aus den dekadischen Logarithmen die natürlichen und umgekehrt berechnen kann. Im Anschlufs an die siebenstelligen Tafeln der dekadischen Logarithmen sind in Tafel VI Seite 138 einige natürliche Logarithmen von Primzahlen gegeben, aus denen man eine grofse Zahl von andern Logarithmen durch Addition zusammensetzen kann; aufserdem finden sich dort mehrere Reihen, welche zur Berechnung der natürlichen Logarithmen dienen können. Tafel VII enthält Multiplikationstafeln, durch welche die Multiplikation mit $\lg e$ oder mit $\frac{1}{\lg e}$ erleichtert wird, wie die dort beigefügten Beispiele zeigen. Die erste Tafel, welche unseren natürlichen Logarithmen entspricht, gab John Napier in Edinburgh im Jahre 1614, vier Jahre vor seinem Tode, heraus; er nahm indessen als Basis nicht e, sondern $\left(1 + \frac{1}{n}\right)^n$ für $n = 10^7$; während e der Grenzwert von $\left(1 + \frac{1}{n}\right)^n$ für $n = \infty$ ist.

§. 10.

Tafel V. Seite 130—135.

Abgekürzte siebenstellige Tafel der dekadischen Logarithmen.

In den Fällen, wo die Rechnung mit den kleinen Logarithmentafeln das Resultat nicht genau genug gibt, bedient man sich der gröfseren Tafeln. Aus diesen ist hier S. 130 bis 135 der Anfang mitgeteilt und die Zusammenstellung so eingerichtet, dafs mittelst derselben und einer leicht auszuführenden Nebenrechnung die Benutzung der gröfseren Tafeln fast vollständig ersetzt wird.

Die hier gegebenen Tafeln enthalten, jedesmal über zwei gegenüberstehende Seiten sich erstreckend, drei verschiedene Abteilungen. In der ersten mit A überschriebenen finden sich die achtziffrigen Mantiffen für die Logarithmen aller zweiziffrigen Zahlen von 11 bis 99, in denen die zweite Ziffer entweder 0 ist oder ein Vielfaches der ersten. Darunter sind also auch (nach §. 3) die der einziffrigen, nämlich bei 20, 30, 40 etc.

In der zweiten mit B bezeichneten Abteilung befinden sich die siebenziffrigen Mantiffen aller fünfziffrigen Zahlen von 10000 bis 11049, auf die Art geordnet, dafs die ersten 4 Ziffern dieser Zahlen den Zeilen-Index bilden, die letzte den Spalten-Index. So ist z. B. S. 131 für die Zahl 10328 die Mantiffe 0140162. Die Einrichtung dieses Teils der Tafel stimmt im wesentlichen mit der von Tafel II überein.

In der letzten Abteilung P. P. sind die zu den in B aufgeführten Mantiffen gehörigen Differenzen mit ihren Proportionalteilen angegeben, aus denen man auch die Hundertteile und die Tausendteile durch passende Versetzung des Kommas findet.

So ist z. B. S. 133 die Differenz

$$\lg 10526 - \lg 10525 = 413.$$

Diese Zahl bezieht sich auf Einheiten der letzten (siebenten) Bruchstelle. Sie ist am Rande aufgeführt, und aus den darunter stehenden kleineren Zahlen ersieht man, dafs 41,3 ein Zehntel,

82,6 zwei Zehntel, 289,1 sieben Zehntel dieser Differenz betragen. Auch erkennt man leicht, daſs 24,78 sechs Hundertstel und 3,717 neun Tausendstel dieser Differenz sind, so wie 1,239 drei Tausendstel.

§. 11.

Aufsuchung der Mantiſſen in Tafel V.

Da die Kennziffer sich aus dem Stellenwert des Numerus ergibt (§. 3), so handelt es sich nur um die Ermittelung der Mantiſſen, die vom Stellenwert unabhängig sind. Man kann sich dazu in jedem Numerus das Komma hinter die erste geltende Ziffer gesetzt denken. Dies ist im Folgenden zu berücksichtigen. So ist z. B. die Angabe lg 55 = 7403626|9 gleichbedeutend mit: lg 5,5 = 0,7403626|9.

Die Einheiten der fünften Ziffer des Numerus und die der siebenten Dezimalstelle der Mantiſſe in Abteilung B werden beim Interpolieren und bei der Beurteilung der Genauigkeit zu Grunde gelegt. Sie sind deshalb häufig durch dahinter befindliche senkrechte Striche kenntlich gemacht.

1. Das Verfahren, zu einer fünfziffrigen Zahl, die sich als Index vollständig in diesen Tafeln vorfindet, den Logarithmus zu suchen, bedarf keiner Erklärung, da es genau mit dem in §. 4 erörterten übereinstimmt. So ist:

lg 10,871 = 1,0362695, lg 1101,7 = 3,0420633.

2. Soll zu einer mehrziffrigen Zahl, deren erste 5 Ziffern als Index in der Tafel B enthalten sind, der Logarithmus gefunden werden, so sucht man zuerst den für die ersten fünf Ziffern gehörigen und fügt zu diesem so viel Zehntel der zugehörigen Differenz als die sechste Ziffer der Zahl Einheiten hat, so viel Hundertstel als in der siebenten und so viel Tausendstel, als in der achten Einheiten enthalten sind.

Soll z. B. lg 10647,589 gefunden werden; so ist nach

der Tafel unmittelbar lg 10647 =	4,0272273	
$\frac{5}{10}$ der Differenz 407 betragen	203	5
$\frac{8}{100}$ „ „ „ „	32	56
$\frac{9}{1000}$ „ „ „ „	3	663
Demnach ist lg 10647,589 =	4,0272512	723.

3. Soll zu einer mehrziffrigen Zahl, deren erste vier Ziffern nicht als Index in der Tafel B stehen, der Logarithmus gefunden werden, so dividiere man dieselbe durch die nächst niedere zweiziffrige Zahl der Abteilung A, die in der aus den beiden ersten Ziffern des gegebenen Numerus gebildeten Zahl enthalten ist. Dadurch zerlegt man sie in zwei Faktoren, deren Logarithmen in diesen Tafeln enthalten sind. Man hat also nur nach der oben gegebenen Regel den Logarithmus des durch diese Division erhaltenen Quotienten aufzusuchen und dazu den Logarithmus des Divisors, der aus der Abteilung A jeder Seite entnommen wird, zu addieren, um in der Summe den Logarithmus der gegebenen Zahl zu finden.

Beispiele:

a) Es sei zu suchen lg 72569318. Die Division durch 70 (d. h. durch 7,0) zerlegt den Numerus in das Produkt

$$7 \cdot 10367045{,}43 = 7 \cdot 10^7 \cdot 1{,}036704543.$$

Aus A findet man (bei 70)	lg $7 \cdot 10^7$		= 7,8450980	4	
Aus B	lg 1,0367		= 0,0156531		$D = 419.$
		04	16	76	
		5	2	095	
und durch Interpolieren		4		1676	
		3		1257	
Also	lg 72569318		= 7,8607530	43517.	

b) Der gegebene Numerus sei

$$0{,}583217179 = 0{,}55 \cdot 1{,}0603|94871.$$

lg 0,55	= 0,7403626	9	— 1.	
lg 1,0603|94871	= 0,0254676	02239		$D = 409.$
also lg 0,583217179	= 0,7658302	92239	— 1.	

c) Der gegebene Numerus sei 13,629455 = 13 · 1,0484|19615.

lg 13	= 1,1139433	5	
lg 1,0484|19615	= 0,0205351	20610	$D = 414.$
lg 13,629455	= 1,1344784	70610.	

§. 12.

Aufsuchung des Numerus in Tafel V.

1. Soll zu einer siebenziffrigen Mantiſſe, die in den Tafeln selbst sich befindet, der Numerus gefunden werden, so hat dies keine Schwierigkeit; er wird aus dem Zeilen-Index und Spalten-Index zusammengesetzt. Ist also

$$\lg x = 0{,}0300732 - 2, \text{ so ist } x = 0{,}010717.$$

2. Soll zu einer siebenziffrigen Mantiſſe, die zwischen zwei in der Tafel enthaltenen liegt, die Zahl gesucht werden, so suche man die nächst niedrige in den Tafeln auf. Aus dieser bestimme man die fünf ersten Ziffern der Zahl. Die folgenden Ziffern ermittelt man durch Interpolation ganz wie in §. 5 auseinandergesetzt ist.

Beispiele:

a) Gegeben $\lg x = 0{,}0350887$; in der Tafel B findet man (S. 134)
$\lg\ 1{,}0841 = 0{,}0350693$; Tafel-Differenz $D = 401$

kleine Differenz $d =$	194	; darin ist enthalten
$\frac{D}{10}\cdot 4 =$	160	4
Rest	33	60; darin
$\frac{D}{100}\cdot 8 =$	32	08
Rest	1	520; darin
$\frac{D}{1000}\cdot 3 =$	1	203
Rest		3170; darin
$\frac{D}{10000}\cdot 7 =$		2807
Rest		3630; darin
$\frac{D}{10000}\cdot 9 =$		3609
Also findet man $x =$	1,0841	48379.

b) Gegeben die Mantiſſe 0263440|34; in B findet man (S. 133)

lg 10625		= 0263289	; $D = 409$.
		151	3
	3	122	7
		28	64
	7	28	63
			1000
	002		818

Also findet man die ersten 10 Stellen des Numerus 10625|37002.

Weiter als bis zur zehnten Ziffer zu interpolieren, ist ohne Nutzen, wie man bei Beurteilung der Genauigkeit (§. 13) erkennt.

3. Soll nun zu einer Mantiſſe, die sich nicht in den Tafeln befindet und auch nicht zwischen zwei Mantiſſen der Tafel liegt, der Numerus bestimmt werden, so suche man in der Abteilung A die nächst niedrigere Mantiſſe, subtrahiere dieselbe von der gegebenen; so wird der Rest eine Mantiſſe sein, zu der sich der Numerus aus den Tafeln bestimmen läſst. Diesen Numerus multipliziere man dann mit demjenigen, welcher zu dem aus der Abteilung A entlehnten Subtrahendus gehört. Das Produkt wird der gesuchte Numerus sein.

Beispiele:

a) Sei 6371248|39 die gegebene Mantiſſe, so ist in A die nächst niedere 6020599'9, die zum Numerus 4 (oder 40) gehört. Die Subtraktion gibt den Rest 0350648|49. Dazu findet man aus B mit Interpolation den Numerus 10840|88872. Der gesuchte Numerus ist also

$$4 \cdot 10840|88872 = 4336355488 \qquad D = 400.$$

b) Gegeben die Mantiſſe	4627396|
Die nächste aus A gehört zu 2,8 und ist	4471580|3
Der Unterschied beider ist	0155815|7
Dazu aus B der Numerus	10365|29284

Also ist der gesuchte Numerus

$$2{,}8 \cdot 10365|29284 = 2902281995.$$

§. 13.

Beurteilung der Genauigkeit bei Tafel V.

Die allgemeinen Betrachtungen über die Beurteilung der Genauigkeit sind in §. 6 enthalten.

Für den praktischen Gebrauch der Tafel V genügen meist folgende Gesetze:

1. Beim Aufschlagen der Mantiffe:

Wenn man den Numerus für B auf zehn Ziffern genau berechnet und beim Interpolieren nicht abkürzt, so unterscheidet sich die wahre Mantiffe von der durch Tafel V ermittelten um weniger als ± 0,56 (genauer ± 0,5576) Einheiten der siebenten Dezimalstelle.

Die gesamte Unsicherheit setzt sich nämlich zusammen aus $(\pm 0{,}5 + 0{,}00543) \pm 0{,}05 \pm 0{,}000005 \cdot D$, wo $434 \gtreqless D \geqq 393$.

Das erste Glied, d. h. die Klammer, rührt von der Benutzung der Tafel B her, das zweite von derjenigen der Tafel A, das dritte von dem Abkürzen beim Dividieren. Vgl. §. 11, 3. — Hieraus ist auch ersichtlich, wie in speziellen Fällen die Unsicherheit geringer werden kann.

2. Beim Aufschlagen des Numerus:

a) Wenn man im allgemeinsten Falle (§. 12, 3) den Numerus aus B durch genaues, nicht abgekürztes Interpolieren auf zehn Ziffern berechnet, so beträgt die Unsicherheit dieses Numerus höchstens 0,00142 Einheiten der fünften, d. h. 142 Einheiten der zehnten Ziffer.

Dieselbe setzt sich nämlich zusammen aus

$$\left(\pm \frac{0{,}5 - 0{,}00543}{D}\right) \pm \frac{0{,}05}{D} \pm 0{,}000005.$$

Das erste Glied, d. h. die Klammer, rührt von der Benutzung der Tafel B her, das zweite von der der Tafel A, das dritte aus dem Abkürzen beim Interpolieren.

b) Da aber im allgemeinen der aus B ermittelte Numerus mit dem aus A gefundenen genauen Numerus multipliziert werden mufs, der zwischen 1,1 und 9,9 liegt, so ist auch die Unsicherheit des Numerus aus B (siehe a) mit diesem Werte zu multiplizieren, um diejenige Unsicherheit zu erhalten, die dem gesamten aus Tafel V gefundenen Numerus anhaftet.

Bemerkungen. Wenn man weniger als zehn Ziffern des Numerus von B berücksichtigt, wird die Unsicherheit des Resultats wesentlich vergröfsert; wenn man dagegen mehr als zehn Ziffern benutzt, wird sie nur ganz unwesentlich verringert.

Mit vollständigen siebenstelligen Tafeln würde man eine etwas gröfsere Genauigkeit erreichen. Es würde nämlich das zweite Glied $\left(\pm 0{,}05 \text{ bezw. } \pm \frac{0{,}05}{D}\right)$ oben beidemal wegfallen. Der Unterschied ist also nur sehr gering. Will man aber bei längeren Rechnungen durchweg gröfsere Genauigkeit haben, so empfiehlt es sich, von vornherein siebenstellige Tafeln anzuwenden, namentlich auch mit Rücksicht auf die trigonometrischen Tabellen.

§. 14.

Logarithmen der Summe der Differenz.

Es existiert bekanntlich keine einfache Formel, um den Logarithmus der Summe oder der Differenz zweier Zahlen durch die Logarithmen der Zahlen selbst auszudrücken.

Um nun bei einer gröfseren Rechnung das wiederholte Übergehen vom Logarithmus zum Numerus zu vermeiden, kann man sich folgender Hilfsformeln aus der Trigonometrie bedienen:

Es sei gegeben lg a und lg b.

1) Gesucht wird $\lg(a+b) = \lg b\left(\frac{a}{b} + 1\right) = \lg b + \lg\left(\frac{a}{b} + 1\right)$.

Man setze $\frac{a}{b} = \operatorname{tg}^2\varphi$, d. h. $\underline{\lg \operatorname{tg} \varphi = \frac{1}{2}(\lg a - \lg b)}$,

so wird $\frac{a}{b} + 1 = \frac{1}{\cos^2\varphi}$; also $\underline{\lg(a+b) = \lg b - 2\lg\cos\varphi}$.

2) Gesucht wird $\lg(a - b) = \lg b\left(\frac{a}{b} - 1\right) = \lg b + \lg\left(\frac{a}{b} - 1\right)$. $(a > b.)$

Man setze $\frac{a}{b} = \frac{1}{\cos^2\varphi}$; d. h. $\underline{\lg\cos\varphi = \frac{1}{2}(\lg b - \lg a)}$,

so wird $\frac{a}{b} - 1 = \operatorname{tg}^2\varphi$; also $\underline{\lg(a - b) = \lg b + 2\lg\operatorname{tg}\varphi}$.

Beispiele: 1) Es sei $x = \left(\sqrt[3]{7{,}8653} + \sqrt[3]{4{,}8725}\right)^3$;

Man setze $a = \sqrt[3]{7{,}8653}$, $b = \sqrt[3]{4{,}8725}$.

$\lg a =$ 0,29857|2			
$\lg b =$ 0,22925|2		=	1,22925|2—1
$\lg\operatorname{tg}\varphi = \frac{1}{2}$0,06932	= 10,03466—10.		
$-2\lg\cos\varphi$	=−2(9,83146|4—10)=		—0,66292|8+1.
	$\lg(a+b)$	=	0,56632|4
x = 50,000.	$\lg x$	=	1,69897

2) Es sei $y = \left(\sqrt[3]{7{,}8653} - \sqrt[3]{4{,}8725}\right)^3$;

lg a = 0,29857|2			
lg b = 0,22925|2.			=0,22925|2
$\lg\cos\varphi = \frac{1}{2}$(0,93068 —1)=	9,96534—10		
$2\lg\operatorname{tg}\varphi$	=2(9,61908—10)	=0,23816	—1.
	lg $(a—b)$	=0,46741|2	—1.
y = 0,025249.	lg y	=0,40224	—2.

Diese und ähnliche Umformungen können an Stelle der in den früheren Auflagen enthaltenen Gaufsſchen Tafeln benutzt werden; sie geben manchmal ein genaueres Resultat als das wiederholte Übergehen zum Numerus und zum Logarithmus während der Rechnung.

§. 15.

Tafel III. Kreis- und Winkelmessung.

Während man in der Praxis die Winkel und Bogen meist durch Grade, Minuten und Sekunden, also durch genaue Teile des rechten Winkels (bez. der Peripherie) ausdrückt, ist es für theoretische Betrachtungen sachgemäfser und bequemer, als Einheit den Winkel zu wählen, dessen Bogen gleich dem Radius ist, also als Mafs des Winkels die Zahl zu wählen, die man erhält, wenn man den Bogen durch den Radius mifst, wie dies in Tafel III Seite 36 gesagt ist; dem entsprechend ist in diesem Buche 1° nur als abgekürztes Zeichen für die Zahl $\frac{\pi}{180}$ benutzt u. s. w.; aufserdem ist, um die Zahl der willkürlich gewählten Einheiten zu verringern, die Sekunde hier aufser acht gelassen, und die Tafel III, ebenso wie Tafel IV, nur für Grade und Minuten eingerichtet.

Beispiele der Benutzung von Tafel III.

1) Den Wert des Winkels $\alpha = 38^\circ 27{,}858'$ zu berechnen.

30°	=	0,523599	
8°	=	0,139626	3
$20'$	=	0,005818	
$7'$	=	0,002036	2
$0{,}8'$	=	0,000232	7
$0{,}05'$	=	0,000014	5
$0{,}008'$	=	0,000002	3
α	=	0,671329.	

2) Den gegebenen Wert eines Winkels $\beta = 2{,}564893$ in Graden und Minuten auszudrücken.

2	=	6875,494	'
0,5	=	1718,873	4'
0,06	=	206,264	8'
0,004	=	13,751	0'
0,0008	=	2,750	2'
0,00009	=	0,309	4'
0,000003	=	0,010	3'

$$\beta = 8817{,}453' = 146^\circ 57{,}453'.$$

Die Resultate sind abgekürzt. Die Unsicherheit beträgt in beiden eine Einheit der letzten Stelle.

§. 16.
Allgemeines über die trigonometrischen Tafeln IV und VIII.

Die Tafel VIII (Seite 142—150) enthält die trigonometrischen Funktionen Sinus, Cosinus, Tangens und Cotangens für die Winkel des ersten Quadranten in Intervallen von 10 zu 10 Minuten auf sieben Dezimalstellen genau. Tafel IV, welche häufiger benutzt wird, enthält die Logarithmen dieser Funktionen von Minute zu Minute.

Sinus und Cosinus werden bekanntlich komplementäre Funktionen genannt, ebenso Tangens und Cotangens, weil der Sinus, respektive Tangens, eines Winkels gleich dem Cosinus, respektive Cotangens, des Komplementwinkels ist. Diese Eigenschaft ist bei der Aufstellung der Tafeln in der Weise benutzt, dafs jeder in den Tabellen enthaltene Funktionswert zwei Bedeutungen erkennen läfst, und zwar beziehen sich die Überschriften der Spalten auf die Überschrift der Seiten und den Zeilen-Index links, zur Angabe der Grade und Minuten des Winkels; die Unterschriften dagegen gehören zu der Unterschrift der Seiten und dem Zeilen-Index rechts zur Angabe der Grade und Minuten des Winkels.

So findet sich auf Seite 142 in der ersten Spalte links der Wert 0,0465253, und die Tafel zeigt, dafs derselbe erstens ist gleich sin 2° 40′, mit Benutzung der Überschrift und des Index links; aber zweitens gleich cos 87° 20′, mit Benutzung der Unterschrift und des Index rechts. Ebenso ergibt sich aus Seite 71

$$\lg \operatorname{tg} 16^\circ 35' = \lg \operatorname{ctg} 73^\circ 25' = 9{,}47392 - 10 \text{ u. s. w.}$$

Über das Zeichen ∞ vergleiche man §. 2.

§. 17.
Besondere Bemerkungen über Tafel IV.

Zur Tafel IV ist zunächst zu bemerken, dafs die Logarithmen der trigonometrischen Funktionen, da drei Viertel derselben negativ sind, jedesmal um 10 Ganze vermehrt sind, lediglich der gröfseren Übersichtlichkeit der Tafel wegen. Dies ist bei jeder Rechnung zu berücksichtigen.

Aufserdem enthält Tafel IV in den mit Diff. bezeichneten Spalten die absoluten Werte der Differenzen je zweier auf einander folgender Funktionswerte, ausgedrückt in Einheiten der fünften Dezimalstelle, und so weit es nötig ist, deren Proportionalteile. Die Differenzen sind jedesmal durch einen feineren Strich von denjenigen Hauptspalten getrennt, zu denen sie gehören. Die mittelste mit C.D. (*Communis differentia*) überschriebene Spalte gehört zu beiden benachbarten Hauptspalten. Das Vorzeichen der Differenzen ist in den Tafeln nicht mit angegeben. Es ist aber leicht zu bestimmen, nämlich positiv für die im ersten Quadranten wachsenden Funktionen Sinus und Tangens; dagegen negativ für die im ersten Quadranten abnehmenden Funktionen Cosinus und Cotangens.

Soweit die Differenzen nicht eingeklammert sind, können sie zur einfachen Interpolation, ganz wie dies früher bei Tafel II auseinandergesetzt war, benutzt werden. Zur Erleichterung der Rechnung finden sich unter P. P. am Innenrande jeder Seite die Proportionalteile, für die auf den beiden nebeneinander befindlichen Seiten vorkommenden Differenzen zusammengestellt, mit Fortlassung derjenigen für einziffrige Differenzen, welche leicht im Kopfe berechnet werden. Aufserdem sind auf Seite 41 bis 47 wegen Raummangels nur die P. P. für solche Differenzen mitgeteilt, welche mit einer Null endigen, weil aus ihnen auch die übrigen leicht berechnet werden können, während eine Zufügung aller P. P. die Übersichtlichkeit beeinträchtigt hätte. Von Seite 48 an dagegen sind alle P. P. für mehrziffrige Differenzen gerade mit Ausnahme der mit einer Null endigenden mitgeteilt, weil diese letzteren aus den P. P. für die mit einer Eins endigenden Differenzen gebildet werden können, indem statt der letzten Ziffer eine Null gesetzt wird.

Die Benutzung der Tafeln zur Interpolation wird aus folgenden Beispielen klar werden. Beim ersten Beispiel ist genau interpoliert, bei den folgenden ist die Mantiffe auf fünf Dezimalstellen abgekürzt.

1) Gesucht wird

lg sin $16^\circ\ 34{,}27'$. Man findet auf Seite 71

lg sin $16^\circ\ 34'$ $=$ 9,45504 $-$ 10; $D = +\,43$.

$2 \cdot \frac{D}{10} = +$ 8|6

$7 \cdot \frac{D}{100} = +$ 3|01

---, also

lg sin $16^\circ\ 34{,}27' =$ 9,45515|61 $-$ 10.

2) Gesucht wird

lg tg $35^\circ\ 16{,}87'$; (Seite 108.)

lg tg $35^\circ\ 16'$ $=$ 9,84952 $-$ 10; $D = +\,27$.

$8 \cdot \frac{D}{10} = +$ 21|6

$7 \cdot \frac{D}{100} = +$ 1|89

---

lg tg $35^\circ\ 16{,}87' =$ 9,84975 $-$ 10.

3) Gesucht wird

lg cos $42^\circ\ 24{,}38'$. (Seite 122)

lg cos $42^\circ\ 24'$ $=$ 9,86832 $-$ 10; $D = -\,11$.

$3 \cdot \frac{D}{10} = -$ 3|3

$8 \cdot \frac{D}{100} = -$ |88

---

lg cos $42^\circ\ 24{,}38' =$ 9,86828 $-$ 10.

4) Gesucht wird

lg ctg $58^\circ\ 19{,}19'$. (Seite 101.)

lg ctg $58^\circ\ 19'$ $=$ 9,79043 $-$ 10; $D = -\,28$.

$1 \cdot \frac{D}{10} = -$ 2|8

$9 \cdot \frac{D}{100} = -$ 2|52

---

lg ctg $58^\circ\ 19{,}19' =$ 9,79038 $-$ 10.

5) Gesucht wird

lg sin 3° 40,27′.		(Seite 45.)
lg sin 3° 40′	= 8,80585	− 10; $D = +197$.
$2 \cdot \frac{D}{10} = 38{,}0 + 1{,}4 =$	39|4	
$7 \cdot \frac{D}{100} = 13{,}30 + 0{,}49 =$	13|79	
lg sin 3° 40,27′	= 8,80638	− 10.

Aufsuchen des Winkels:

6) Gegeben lg sin x = 9,43373 − 10; (Seite 69.)
lg sin 15° 45′ = 9,43367 − 10; $D = +45$

kleine Differenz d	= 6	;
darin ist enthalten $1 \cdot \frac{D}{10}$	= 4|5	;
Rest	1|50	;
darin ist enthalten $3 \cdot \frac{D}{100}$	= 1|35	also

$x = 15° \, 45{,}13'$.

7) Gegeben lg cos y = 9,84278 − 10. (Seite 126.)
lg cos 45° 52′ = 9,84282 − 10; $D = -13$.

d	= − 4	
darin ist enthalten $3 \cdot \frac{D}{10}$	= − 3|9	
Rest	− |10	
darin ist enthalten $1 \cdot \frac{D}{100}$	= − |13	(abgekürzt); also

$y = 45° \, 52{,}31'$.

8) Gegeben lg tg z $= 8{,}66384 - 10$. (Seite 43.)
lg tg $2^\circ 38' = 8{,}66269 - 10$

$D = 274\ (270 + 4)$. $d = +115$

darin $4 \cdot \frac{D}{10} = 108{,}0 + 1{,}6 =$ 109 | 6

Rest 5 | 40

darin $2 \cdot \frac{D}{100} = 5{,}40 + 0{,}08$ 5 | 48 (abgekürzt);

also ist $z = 2^\circ 38{,}42'$.

Die Genauigkeit kann in derselben Weise wie bei den einfachen Logarithmentafeln beurteilt werden. Beim Aufschlagen der Logarithmen kann man, wenn man genügend viel Dezimalstellen der Minuten berücksichtigt (bei den größten Differenzen bis Tausendstel Minuten) und beim Interpolieren nicht abkürzt, erreichen, daß die Unsicherheit weniger als eine halbe Einheit der fünften Stelle beträgt bis auf einen für die Praxis unerheblichen Bruchteil. Nur bei den Logarithmen der Sinus, Tangenten und Kotangenten kleiner Winkel (unter drei Grad) kann die Unsicherheit bis auf eine ganze Einheit der fünften Stelle steigen. Bei den eingeklammerten Differenzen könnte sie sogar eine solche Einheit übersteigen. Beim Aufsuchen des Winkels beträgt die Unsicherheit, wenn der gegebene Logarithmus genau ist, $\frac{1}{2D}$ Minuten, wozu noch der meist unerhebliche Fehler durch das Abkürzen tritt. Die Ungenauigkeit des gegebenen Logarithmen kann wie auf Seite 174 berücksichtigt werden. Setzt man also voraus, daß in den drei letzten Beispielen die Logarithmen genau gegeben sind, so beträgt die Unsicherheit

bei x: $\frac{1}{90}'$, d. h. etwa $0{,}01'$; x liegt demnach zwischen $15^\circ 55{,}12'$ und $15^\circ 45{,}14'$;

bei y: $\frac{1}{28}'$, d. h. etwa $0{,}04'$; y liegt demnach zwischen $45^\circ 52{,}27'$ und $45^\circ 52{,}35'$;

bei z: $\frac{1}{548}'$; d. h. etwa 0,002'.

Beim Aufsuchen von z hätte demnach sogar noch die dritte Dezimalstelle der Minuten berücksichtigt werden können. (Ein so einfaches Gesetz, wie das über die verhältnismäfsige Genauigkeit der Numeri bei den Logarithmen existiert für die Winkel nicht.)

§. 18.

Die Logarithmen der Sinus und der Tangenten kleiner Winkel.

Wenn sich der Winkel dem Grenzwert Null nähert, geschieht dasſelbe mit dem Sinus und dem Tangens, folglich werden die Logarithmen dieser Funktionen für unendlich kleine Winkel negativ unendlich grofs. Hiermit hängt es zusammen, dafs die einfache Interpolation für die Logarithmen der Sinus und der Tangenten sehr kleiner Winkel ungenaue Resultate liefern würde. Bei fünfstelligen Tafeln wird die Ungenauigkeit gröfser als eine Einheit der letzten Stelle, wenn der Winkel kleiner als 1° 44' ist.

Man kann aber beweisen, dafs wenn der Winkel kleiner als 8° ist, auf mehr als fünf Dezimalstellen genau

$$\sin x' = x' \cdot \sqrt[3]{\cos x'}, \text{ also } \operatorname{tg} x' = \frac{x'}{\left(\sqrt[3]{\cos x'}\right)^2} \text{ ist.}$$

Es ist aber $x' = x \cdot 1' = x \cdot 0{,}00029089$. (Vgl. Tafel III.) Durch Logarithmierung erhält man dann die unter den Tafeln Seite 39 und 41 angegebenen Gleichungen, welche nicht nur zur Berechnung der Logarithmen der Funktionen, sondern auch umgekehrt zum Aufsuchen der Winkel dienen können, da beim Cosinus, für den die Differenz 0 oder 1 ist, nicht interpoliert zu werden braucht, wenn man statt des eigentlichen Winkels x den zunächst liegenden aus den Tafeln berücksichtigt.

Es versteht sich von selbst, dafs die Tafeln auch für lg cos x und lg ctg x gebraucht werden können, wenn x wenig von einem rechten Winkel differiert.

Die genannten Formeln ersetzen vollständig die in den früheren Auflagen auf Seite 67 gegebene Hilfstafel. Für das praktische Rechnen ist es hierbei bequem, die Logarithmen der Cosinus, welche sehr wenig von Null differieren und negativ sind, gleich durch eine einzige algebraische Zahl auszudrücken, also z. B. lg cos 55′ = — 0,00006.

Beispiele:

1) Gesucht wird

$$\lg \sin 54{,}772' = \lg \cos 89^\circ\, 5{,}228'$$

$$\lg 1' = 6{,}46373 - 10.$$

$$\lg 54{,}772 = 1{,}73856$$

$$8{,}20229 - 10$$

$$\tfrac{1}{3} \lg \cos 55' = -\tfrac{1}{3} \cdot 0{,}00006 = -0{,}00002$$

$$\lg \sin 54{,}772' = 8{,}20227 - 10.$$

2) Gesucht wird

$$\lg \operatorname{tg} 77{,}485' = \lg \operatorname{ctg} 88^\circ\, 42{,}515'$$

$$\lg 1' = 6{,}46373 - 10.$$

$$\lg 77{,}485 = 1{,}88922$$

$$-\tfrac{2}{3} \lg \cos 77' = +\tfrac{2}{3} \cdot 0{,}00011 = +0{,}00007$$

$$\lg \operatorname{tg} 1^\circ\, 17{,}485' = 8{,}35302 - 10.$$

3) Gegeben $\lg \sin x' = 8{,}27453 - 10$; x' angen. 65′

$$-\tfrac{1}{3} \lg \cos 65' = +\tfrac{1}{3} \cdot 0{,}00008 = 0{,}00003$$

$$8{,}27456 - 10$$

$$-\lg 1' = -6{,}46373 + 10$$

$$\lg x = 1{,}81083$$

$$x' = 64{,}689' = 1^\circ\, 4{,}689'.$$

4) Gegeben $\lg \operatorname{ctg} y' = 8{,}40723 - 10.$ $90^\circ - y' = z'$

$\lg \operatorname{tg} z' = 8{,}40723 - 10$; z' angenähert 88′

$$\tfrac{2}{3} \lg \cos 88' = -\tfrac{2}{3} \cdot 0{,}00014 = -0{,}00009$$

$$8{,}40714 - 10$$

$$-\lg 1' = -6{,}46373 + 10$$

$$\lg z = 1{,}94341$$

$$z' = 87{,}782' \qquad = 1^\circ\ 27{,}782'$$
$$y' = 88^\circ\ 32{,}218'.$$

Für die ersten $15'$ vereinfacht sich die Sache noch mehr, da dann auf fünf Dezimalstellen lg cos $x = 0$ ist, also der Sinus und der Tangens dem Werte des Winkels gleich wird.

§. 19.

Besondere Bemerkungen über Tafel VIII

Seite 142—151.

Für manche Rechnungen ist es bequem, die Werte der trigonometrischen Funktionen selbst zu kennen. Deshalb sind dieselben in Tafel VIII, und zwar in Intervallen von 10 zu 10 Minuten auf sieben Dezimalstellen genau angegeben. Nur bei den Kotangenten sehr kleiner Winkel ist die Zahl der Dezimalstellen kleiner, weil bei ihnen die letzten Stellen von zu geringem Einflufs sind.

Für die meisten Anwendungen wird zwar eine geringere Zahl von Dezimalstellen, etwa vier oder fünf, genügen, und in diesem Falle kann man die in den Tafeln enthaltenen Werte entsprechend abkürzen. Namentlich ist bemerkenswert, dafs man durch einfaches Interpolieren den Sinus und Cosinus aus dieser Tafel stets auf fünf Dezimalstellen genau erhält, den Tangens nur wenn der Winkel nicht zu grofs ist.

Will man für einen Winkel, der nicht in den Tafeln als Index steht, die trigonometrischen Funktionen genau haben, was freilich nur in seltenen Fällen erforderlich sein wird, so kann man sich der bekannten trigonometrischen Formeln bedienen. Wenn nämlich der Winkel α' kleiner als zehn Minuten ist, so ist auf sieben Dezimalstellen genau $\sin \alpha' = \operatorname{tg} \alpha' = \alpha'$ und $\cos \alpha' = 1 - \frac{1}{2} (\alpha')^2$; also ergibt sich, wenn x den nächst niederen in der Tafel enthaltenen Winkel bedeutet,

$$\sin (x + \alpha') = (1 - \tfrac{1}{2} (\alpha')^2) \cdot \sin x + \alpha' \cos x;$$
$$\operatorname{tg} (x + \alpha') = \frac{\operatorname{tg} x' + \alpha'}{1 - \alpha' \operatorname{tg} x'} = \frac{1 + \alpha' \operatorname{ctg} x'}{\operatorname{ctg} x' - \alpha'}.$$

Der Wert von $\alpha' = \frac{\alpha \pi}{10800}$ kann aus Tafel III Seite 36 leicht berechnet werden. Für Cosinus und Cotangens kann man die entsprechenden Formeln durch Übergang zu den Komplementwinkeln oder direkt aufstellen.

Noch bequemer ist es, eine Reihe aufeinander folgender in den Tafeln enthaltener Funktionswerte als Glieder einer arithmetischen Reihe höherer Ordnung zu betrachten und dann nach den für diese geltenden Gesetzen zu interpolieren.

Man mufs zu diesem Zwecke für eine Anzahl hinter einander folgender Funktionswerte aufser der Reihe der Differenzen auch die Reihe der Differenzen dieser Differenzen, die sogenannte zweite Differenzenreihe aufstellen, ebenso die dritte, vierte u. s. f. Nennt man die ersten Glieder dieser Reihen bezüglich $\Delta_{1,1}$ $\Delta_{2,1}$ $\Delta_{3,1}$ . . . . . und bezeichnet $f(x)$ diejenige Funktion, um welche es sich handelt, x den in der Tafel enthaltenen Winkel, α' den Zuwachs, den der Winkel erhalten soll, so ist bei einem Intervall von 10 zu 10 Minuten

$$f(x+\alpha) = f(x) + \frac{\alpha}{10}\Delta_{1,1} + \frac{\frac{\alpha}{10}\left(\frac{\alpha}{10}-1\right)}{1\cdot 2}\Delta_{2,1}$$

$$+ \frac{\frac{\alpha}{10}\left(\frac{\alpha}{10}-1\right)\left(\frac{\alpha}{10}-2\right)}{1\cdot 2\cdot 3}\Delta_{3,1} + + \cdots$$

Wieviel Glieder dieser Reihe benutzt werden müssen, um durch die Interpolation aus genauen Werten die Resultate bis auf einen unerheblichen Bruchteil genau zu erhalten, kann durch die Entwickelung der Funktion in eine Potenzreihe entschieden werden. Es ist aber zu beachten, dafs zu diesem Fehler, den man beliebig klein machen könnte, ein andrer Fehler tritt, der unvermeidlich ist, da er davon herrührt, dafs die Funktionswerte in den Tafeln nicht ganz genau, sondern nur auf sieben Stellen genau sind. (Vgl. §. 6). Dieser Fehler wächst nun bedeutend bei Benutzung einer gröfseren Zahl von Gliedern, er kann bei drei Gliedern $\frac{5}{8}$, bei vier Gliedern 0,8 Einheiten der letzten Stelle erreichen. Deshalb wird dieses Interpolationsverfahren nur dann zweckmäfsig sein, wenn drei Glieder zur Interpolation genügen.

Dies ist für Sinus und Cosinus im ganzen Bereich der Tafel der Fall, beim Tangens nur wenn der Winkel nicht zu grofs ist. In diesem Falle ist man also auf die zuerst angegebene Methode angewiesen.

Soll zu einem gegebenen siebenstelligen Funktionswerte, der nicht in der Tafel enthalten ist, der zugehörige Winkel so genau wie möglich gesucht werden, so könnte man in den oben angegebenen Gleichungen, in welchen $(x + \alpha)$ gegeben und x aus den Tafeln zu ermitteln ist, die Unbekannte α berechnen, was freilich ziemlich umständlich ist. Bequemer ist es, zunächst durch einfache Interpolation oder mit Hilfe der Tafeln II und IV den gesuchten Winkel in zwei möglichst enge Grenzen einzuschliefsen, für diese dann nach der oben beschriebenen Art die Funktionswerte auf sieben Stellen genau zu berechnen, und endlich den gesuchten Winkel durch einfaches Interpolieren aus diesen beiden Funktionswerten zu bestimmen.

Das Verfahren bleibt allerdings auch so ziemlich umständlich, immerhin gibt es aber die Möglichkeit, fast dieselbe Genauigkeit zu erreichen, wie mit siebenstelligen Tafeln, wenn dies in **einzelnen** Fällen nötig sein sollte, und kann zugleich als eine Anwendung der wichtigsten allgemeinen Interpolationsmethode dienen. Zu einer gröfseren Rechnung, die durchweg siebenstellige Genauigkeit verlangt, wird man sich von vornherein der entsprechenden Tafeln bedienen.

Beispiele:

1) Gesucht wird sin 53° 13,723'.

Die Tafel ergibt	Differenzenreihen Erste	Zweite	Dritte
sin 53° 10' = 0,8003827			
	$\Delta_{1,1} = +17405$		
20' = 0,8021232		$\Delta_{2,1} = -68$	
	$\Delta_{1,2} = +17337$		$\Delta_{3,1} = -1.$
30' = 0,8038569		$\Delta_{2,2} = -69$	
	$\Delta_{1,3} = +17268$		
40' = 0,8055837			

Es sind nur drei Glieder zu berücksichtigen; setzt man also $x = 53^\circ\ 10'$, $\alpha' = 3{,}723'$, so wird

$$\sin(x + \alpha) = \sin x + \frac{\alpha}{10}\Delta_{1,1} + \frac{\frac{\alpha}{10}\left(\frac{\alpha}{10} - 1\right)}{1 \cdot 2}\Delta_{2,1}$$

$$\sin x = 0{,}8003827$$

$$\frac{\alpha}{10} \cdot \Delta_{1,1} = 0{,}3723 \cdot 17405 = 6479|8$$

$$\frac{\frac{\alpha}{10}\left(\frac{\alpha}{10} - 1\right)}{2} \cdot \Delta_{2,1} = \frac{0{,}3723 \cdot 0{,}6277}{2} \cdot 68 = 7|9$$

$$\sin 53^\circ\ 13{,}723' = 0{,}8010314|7$$

abgekürzt 0,8010315.

2) Gesucht wird

$$\operatorname{tg} 72^\circ\ 34{,}273';$$

dies berechnen wir nach der Formel für $\operatorname{tg}(x + \alpha')$;

$x = 72^\circ\ 30'$, $\alpha' = 4{,}273' = 0{,}0012430$ (Vgl. Tafel III.)

$$\operatorname{tg} 72^\circ\ 34{,}273' = \frac{1 + 0{,}0012430 \cdot 0{,}3152988}{0{,}3152988 - 0{,}0012430} = \frac{1{,}0003919}{0{,}3140558} = 3{,}1853954.$$

Die Interpolation durch arithmetische Reihen würde hier noch umständlicher sein.

3) Gegeben ist $\sin x = 0{,}7642359$; x zu berechnen. Aus Tafel II findet man $\lg \sin x = 9{,}88323 - 10$; dann aus IV als

erste Annäherung $x = 49^\circ\ 50{,}4'$.

Zur Korrektion berechnet man aus Tafel VII wie im ersten Beispiel

$\sin 49^\circ\ 50{,}4' = 0{,}7642464$

$\sin 49^\circ\ 50{,}3' = 0{,}7642277$, und interpoliert einfach:

$$D = 187;\ d = 83,\ \frac{d}{D} = 0{,}44;$$

also genauer $x = 49^\circ\ 50{,}344'$, und zwar würde für jede halbe

Einheit der siebenten Stelle, um welche sin x schwankt, der Winkel um $\frac{1}{8740}'$ schwanken, d. i. um weniger als ein halbes Tausendstel der Minute.

§. 20.

Formeln zur Berechnung der trigonometrischen Funktionen.

1) Es ist $e^x = \lim\left(1 + \frac{x}{n}\right)^n = 1 + \frac{x}{1} + \frac{x^2}{1 \cdot 2} + \frac{x^3}{1 \cdot 2 \cdot 3} + + \ldots\ldots$ (stets konvergent).

2) $e^{xi} = \cos x + i \sin x$; also

3) $\cos x = 1 - \frac{x^2}{1 \cdot 2} + \frac{x^4}{1 \cdot 2 \cdot 3 \cdot 4} - + - + \ldots$ (stets konvergent).

4) $\sin x = x - \frac{x^3}{1 \cdot 2 \cdot 3} + \frac{x^5}{1 \cdot 2 \cdot 3 \cdot 4 \cdot 5} - + - + \ldots\ldots$ (stets konvergent).

5) $\operatorname{tg} x = \frac{\sin x}{\cos x}$; $\sec x = \frac{1}{\cos x} = \operatorname{tg} x + \operatorname{ctg}\left(\frac{x}{2} + \frac{\pi}{4}\right)$;

$\operatorname{ctg} x = \frac{\cos x}{\sin x}$; $\operatorname{coces} x = \frac{1}{\sin x} = \operatorname{ctg} x + \operatorname{tg} \frac{x}{2}$.

6) $x = \operatorname{tg} x - \frac{1}{3}(\operatorname{tg} x)^3 + \frac{1}{5}(\operatorname{tg} x)^5 - + - \ldots$; (nur konvergent, wenn $\operatorname{tg} x \overline{\overline{<}} 1$.)

Setzt man hierin $x = \frac{\pi}{4}$, so wird $\operatorname{tg} x = 1$ und man erhält:

7) $\frac{\pi}{4} = 1 - \frac{1}{3} + \frac{1}{5} - \frac{1}{7} + -$ (Leibnizſche Reihe.)

Mit Hilfe dieser Formeln können die trigonometrischen Funktionen und die Zahl π berechnet werden. Für die wirkliche Ausrechnung bedient man sich häufig noch bequemerer Ausdrücke.

§. 21. Anhang.

Tafel der Quadratzahlen. Seite 152—157.

Es ist für viele Untersuchungen wichtig, rasch die Quadratzahlen oder Quadratwurzeln gegebener Zahlen, wenn auch nur auf wenige Dezimalstellen genau, zu finden. Dazu dient die S. 152 bis 157 mitgeteilte Tafel, in welcher die ersten drei Ziffern der Zahlen 0,000 bis 2,099 den Zeilen-Index, die vierte Ziffer den Spalten-Index bilden und die Quadratzahl selbst sich an der durch dieselben bestimmten Stelle findet, indem zugleich die Differenzen je zweier auf einander folgenden Quadratzahlen mit ihren Proportionalteilen in der Spalte P. P. beigefügt sind.

Für alle Zahlen von 0,000 bis 2,099 kann also die Quadratzahl unmittelbar aus der Tafel bis auf 4 Stellen gefunden werden; ebenso für jede Zahl zwischen 0,0000 und 4,4058 die Quadratwurzel; wenn man eben so verfährt, wie bei der Auffindung der Logarithmen zu den Zahlen und der Zahlen zu den Logarithmen oben gezeigt ist.

Es ist also

$$\begin{array}{rlrl} 0{,}864^2 & = 0{,}7465 & \sqrt{1{,}7161} & = 1{,}310 \\ 0{,}9364^2 & = 0{,}8761 & \sqrt{1{,}4169} & = 1{,}190| \\ & +\ldots\ 8 & & +\ldots\ |3 \\ \hline & = 0{,}8769. & & = 1{,}190|3. \end{array}$$

Soll zu anderen Zahlen, die nicht in der Tabelle enthalten sind, die Quadratzahl gefunden werden, so ist eine Division mit 5, oder Multiplikation mit 0,2 vorher vorzunehmen, wodurch eine Zahl gefunden wird, die in den Tafeln vorhanden ist. Das Resultat ist dann mit 25 oder $\frac{100}{4}$ zu multiplizieren.

Es ist $9{,}318^2 = 5^2 \cdot 1{,}8636^2$

Nun ist $1{,}8636^2 = 3{,}4708$ also $9{,}318^2 = 86{,}825$.

$$\begin{array}{r} 3{,}4708 \\ +\ 22 \\ \hline = 3{,}4730 \end{array}$$

Soll die Wurzel einer Zahl bestimmt werden, welche über 4,4058 hinausgeht, so dividiere man dieselbe durch 4, um eine in den Tafeln befindliche Quadratzahl zu erhalten, zu der die Wurzel aufgesucht und mit 2 multipliziert werden muſs.

So ist $\sqrt{9{,}983} = \sqrt{4 \cdot 2{,}49575}$

Es ist aber $\sqrt{2{,}4957} = 1{,}579778$; also $\sqrt{9{,}983} = 3{,}1596$.

Astronomische und terrestrische Angaben.
Seite 158 161.

Erklärung der Präzession. Der Nordpol des Äquators beschreibt um den Nordpol der Ekliptik fast genau einen Kreis von Osten nach Westen (rückläufig), deſſen scheinbarer Radius die Schiefe der Ekliptik ist. Dies bedingt die Präzession. Noch genauer bewegt er sich rückläufig in etwa $18\frac{1}{2}$ Jahren auf einer kleinen Ellipse, deren scheinbare Halbachsen $0{,}15'$ und $0{,}11'$ sind, während der Mittelpunkt dieser Ellipse die oben beschriebene Bewegung ausführt. (Nutation.)

Das Gauſsſche Maſs für die Anziehung der Sonne, welches für viele astronomische Rechnungen benutzt wird, bezieht sich auf die Sonnenweite als Längeneinheit und den mittleren Sonnentag als Zeiteinheit und gibt diejenige Winkelgeschwindigkeit an, welche ein Atom in der Entfernung Eins senkrecht gegen die Richtung nach dem Mittelpunkt der Sonne haben müſste, damit es sich infolge der Anziehung der Sonne gleichförmig auf einem Kreise um jenen Mittelpunkt bewegte. Der diese Geschwindigkeit meſſende Winkel ist erstens seinem Werte nach, zweitens in Sekunden ausgedrückt.

Erläuterung zur Planetentafel. Die heliocentrische Länge und Breite eines Gestirnes werden an der Himmelskugel, d. h. an einer Kugel, die wir uns um den Mittelpunkt der Sonne mit beliebig groſsem Radius beschrieben und auf welche wir vom Centrum aus alle Gestirne projiziert denken, in ähnlicher Weise definiert, wie die geographische Länge und Breite auf der Erdkugel, nur daſs statt des Äquators die Ekliptik d. h. derjenige gröſste Kreis gewählt wird, in deſſen Ebene sich die Erde um die Sonne bewegt. Als Anfangspunkt wird bei der sogenannten tropischen Länge der Frühlingspunkt genommen, das ist derjenige Punkt der Ekliptik, in welchem die Erde, von der Sonne aus gesehen, sich in unserem Frühling zur Tag- und Nachtgleiche befindet. Die

Längen werden positiv im Sinne der Bewegung der Planeten, also von Westen nach Osten gezählt.

Der aufsteigende und der absteigende Knoten eines Planeten sind die Durchschnittspunkte seiner Bahn mit der Ekliptik, der aufsteigende ist derjenige, durch welchen der Planet von der südlichen nach der nördlichen Seite der Ekliptik übergeht.

Die Neigung der Bahn ist der Winkel, unter welchem sich die positiven Richtungen der Planetenbahn und der Ekliptik schneiden. Durch die Länge des aufsteigenden Knotens und die Neigung ist die Ebene der Planetenbahn bestimmt. Um die Planetenbahn in dieser Ebene zu bestimmen, dienen nun noch folgende Elemente. Die numerische Excentrizität oder das Verhältnis des Abstandes des Brennpunktes der Bahnellipse (der Sonne) von ihrem Mittelpunkte, zur grofsen Halbachse derselben (der mittleren Entfernung des Planeten von der Sonne) bestimmt die Gestalt der Bahn, die mittlere Entfernung ihre Gröfse, die Länge des Perihels endlich die Lage der grofsen Achse.

Die Bewegung des Planeten würde in dieser Bahn und zwar genau den Keplerfchen Gesetzen entsprechend vor sich gehen, wenn die Sonne allein auf den Planeten anziehend wirkte. Die Anziehung der übrigen Planeten bringt Abweichungen von der so bestimmten Bahn (Störungen) hervor, welche sich in den Änderungen der Elemente bemerklich machen. Diese Veränderungen sind aufserdem noch im Zusammenhang mit dem folgenden Umstande. Der Frühlingspunkt, welcher als Anfangspunkt der tropischen Längen gewählt wird, ist kein fester Punkt, sondern er geht wegen der Präzession der Tag- und Nachtgleichen jährlich um 0,8374′ zurück (nach Westen). (Hierauf beruht auch der Unterschied zwischen tropischer und siderischer Umlaufszeit.) Ferner ist zu beachten, dafs auch die Ebene der Erdbahn keine unveränderliche ist, und dafs in die Elemente der Bahn eines Planeten, da sie relativ gegen die Ekliptik bestimmt sind, auch diese Veränderungen mit eingehen.

FSC
www.fsc.org
MIX
Papier | Fördert
gute Waldnutzung
FSC® C083411

Kolibri 360 GmbH
Ferdinand-Jühlke-Straße 7
99095 Erfurt, Deutschland
produktsicherheit@kolibri360.de